"十二五"职业教育国家规划教材

经全国职业教育教材审定委员会审定

新编高等职业教育电子信息、机电类规划教材·通信技术专业

现代通信原理

（第5版）

陶亚雄　主　编

黄　祎　副主编

林　勇　主　审

电子工业出版社·

Publishing House of Electronics Industry

北京·BEIJING

内 容 简 介

本教材为第 5 版，根据教育部关于高职院校通信专业的教学大纲编写。全书共 8 章，主要介绍通信中的基本概念和术语；模拟调制系统中的线性 AM、DSB、SSB 和 VSB 方式及非线性 FM、PM 方式；脉冲编码调制 PCM 系统；数字基带调制系统；数字频带调制 ASK、FSK 和 PSK 系统；信息的概念和度量、信源编码和信道编码的原则以及原理；最佳接收原理；通信中载波同步、位同步和群同步的概念及其实现原理，每章的后面附有小结和习题。此外，还在各章最后一节分别介绍了现行各种实际通信系统的工作原理、技术。

本书极力淡化枯燥的理论分析，尽量结合实际通信系统进行原理阐述，并配有大量的插图说明，浅显易懂，既是高职高专通信、电子和网络类专业的教材，同时也可用做工程技术人员的相关参考书籍。

图书在版编目（CIP）数据

现代通信原理/陶亚雄主编 . —5 版 . —北京：电子工业出版社，2017.1（2022.6 重印）
ISBN 978-7-121-30544-3

Ⅰ. ①现… Ⅱ. ①陶… Ⅲ. ①通信原理-高等学校-教材 Ⅳ. ①TN911
中国版本图书馆 CIP 数据核字（2016）第 290031 号

策划编辑：陈晓明
责任编辑：郭乃明 特约编辑：范 丽
印　　刷：三河市鑫金马印装有限公司
装　　订：三河市鑫金马印装有限公司
出版发行：电子工业出版社
　　　　　北京市海淀区万寿路 173 信箱　邮编 100036
开　　本：787×1 092　1/16　印张：16.25　字数：416 千字
版　　次：2004 年 1 月第 1 版
　　　　　2017 年 1 月第 5 版
印　　次：2022 年 6 月第 12 次印刷
定　　价：38.00 元

前　言

本教材是"新编高等职业教育电子信息、机电类规划教材"通信技术专业主干课程《现代通信原理》第 5 版。本着教育部关于适当降低高等职业教育的理论深度、强化实际动手能力训练、培养新一代综合应用型人才的精神，按教育部高职教育电子与通信类专业"现代通信原理"的教学大纲，结合前四版教材使用反馈意见修改、编写而成。

本教材在内容选取、章节安排和编写上，具有如下特点：

1. 充分考虑高职学生的文化基础和学习能力，文字上力求浅显通俗，并适当增加了一些示意性的插图和例题，以帮助学生更好地理解教材内容。

2. 内容选取上更强调针对性和实用性，尽量避免了本课程容易流于泛泛而谈的情况。

3. 为进一步在教学内容上体现现有通信系统的有关新知识、新技术和新方法，教材对现行实际主要通信系统的基本原理、技术和功能进行了详尽的分析阐述，其核心技术安排在相应篇章的最后一节，力求使读者在阅读本书时可获得有效的实用知识而非枯燥的原理与公式。

4. 在教学内容上突出对基本概念和性质的掌握，注重对学生科学思维方法和学习能力的有效培养。

5. 鉴于通信原理教材中普遍存在的练习题题型单调、题量小、计算题中不注意对学生分析理解并解答问题能力的逐步引导等情况，本版教材继续有大量多种类型的基本概念掌握与强化（填空、单项选择、多项选择、判断等）、理论知识分析与扩展（计算、画图等）练习，既有利于学生理解掌握所学知识，也为教师开展教学提供了有力帮助。

6. 免费提供相关电子课件，力求协助教师顺利完成教学工作以及学生达成学习目的。

全书共八章，分别介绍了模拟通信和数字通信系统中常用的调制与解调方式、多路信号复用、收发同步以及最佳接收的问题，并简要讲述了信息论的有关基本概念和编码理论，本课程参考学时为 80～90 学时（含实验学时）。

本教材是通信、电子类教学用书，同时也可作为计算机通信、网络类专业相关课程的教学用书，还可作为相关工程技术人员的参考用书。

该书由重庆职业技术学院陶亚雄教授主编，黄祎统稿，林勇教授主审。其中，第 1、2 章，第 3 章，第 4 章，第 5、7 章，第 6 章，第 8 章分别由重庆电子工程职业学院黄祎、陶亚雄、郭谕、郭燕、张林生、刘之舟编撰、改写。此外，本书编写过程中得到天津师范大学通信学院刘南平教授及其所在院校的大力支持和帮助，在此一并表示由衷的感谢；同时，也对为本书付出辛苦劳动的电子工业出版社编审人员，以及提供大量文献参考资料的专家、学者们表示深深的敬意。

由于能力与水平限制，疏漏甚至错误之处在所难免，欢迎各位读者批评指正。

编者

2016 年 7 月

目　　录

第1章　序论 ……………………………………………………………………………… (1)

1.1　通信的概念及其发展简史 …………………………………………………………… (1)

 1.1.1　通信的定义 ……………………………………………………………………… (1)

 1.1.2　通信的方式 ……………………………………………………………………… (1)

 1.1.3　通信发展史 ……………………………………………………………………… (5)

1.2　通信系统的基本概念 ………………………………………………………………… (6)

 1.2.1　信息、信号及分类 ……………………………………………………………… (6)

 1.2.2　通信系统的构成 ………………………………………………………………… (7)

 1.2.3　通信系统的主要性能指标 ……………………………………………………… (9)

1.3　通信的频段划分 …………………………………………………………………… (11)

1.4　现代通信的发展方向 ……………………………………………………………… (12)

习题1 ……………………………………………………………………………………… (13)

第2章　模拟调制系统 ………………………………………………………………… (16)

2.1　调制的功能及分类 ………………………………………………………………… (16)

 2.1.1　调制的功能 …………………………………………………………………… (16)

 2.1.2　调制的分类 …………………………………………………………………… (17)

2.2　线性调制系统 ……………………………………………………………………… (18)

 2.2.1　常规双边带调制系统 ………………………………………………………… (18)

 2.2.2　抑制载波的双边带调制（DSB） ……………………………………………… (23)

 2.2.3　单边带调制（SSB）和残留边带调制（VSB） ……………………………… (27)

2.3　非线性调制系统 …………………………………………………………………… (31)

 2.3.1　一般概念 ……………………………………………………………………… (31)

 2.3.2　频率调制（FM） ……………………………………………………………… (32)

 2.3.3　相位调制（PM） ……………………………………………………………… (37)

2.4　模拟调制系统的抗噪声性能 ……………………………………………………… (38)

 2.4.1　线性调制系统的抗噪声性能 ………………………………………………… (38)

 2.4.2　非线性调制系统的抗噪声性能 ……………………………………………… (40)

本章小结 ………………………………………………………………………………… (41)

习题2 ……………………………………………………………………………………… (42)

第3章　数字基带调制与传输 ………………………………………………………… (48)

3.1　数字基带信号的码型及其功率谱 ………………………………………………… (48)

 3.1.1　二元码 ………………………………………………………………………… (49)

 3.1.2　差分码 ………………………………………………………………………… (50)

 3.1.3　非归零单极性码的功率谱 …………………………………………………… (51)

 3.1.4　非归零双极性码的功率谱 …………………………………………………… (53)

    3.1.5　伪三元码及其功率谱 ·· (53)

  3.2　脉冲编码调制（PCM）·· (55)

    3.2.1　抽样和抽样定理 ·· (56)

    3.2.2　量化 ··· (59)

    3.2.3　编码 ··· (65)

  3.3　PCM 系统的噪声 ·· (72)

  3.4　差分脉冲编码调制（DPCM）·· (74)

    3.4.1　差分脉冲编码调制（DPCM）的原理 ······························ (74)

    3.4.2　DPCM 的编、译码过程 ·· (74)

    3.4.3　DPCM 的性能 ··· (75)

  3.5　增量调制 ΔM（DM）·· (75)

    3.5.1　增量调制原理 ·· (75)

    3.5.2　增量调制的量化噪声 ·· (77)

  3.6　数字基带传输系统及其误码率 ·· (78)

    3.6.1　数字基带传输系统结构 ·· (78)

    3.6.2　升余弦滚降滤波器 ··· (79)

    3.6.3　码率和误码率 ·· (83)

    3.6.4　误码率的一般公式 ··· (84)

    3.6.5　眼图 ··· (86)

  3.7　信道均衡及部分响应系统 ·· (88)

    3.7.1　时域均衡及其功能 ··· (88)

    3.7.2　部分响应系统概念 ··· (89)

  本章小结 ··· (92)

  习题3 ·· (92)

第4章　数字频带调制 ·· (98)

  4.1　幅度键控（ASK）系统 ·· (98)

  4.2　频移键控（FSK）系统 ·· (100)

    4.2.1　频移键控（FSK）·· (100)

    4.2.2　频移键控（FSK）的解调 ·· (101)

    4.2.3　相位连续的频移键控（CPFSK）····································· (103)

    4.2.4　最小频移键控（MSK）与高斯最小频移键控（GMSK）调制系统 ··· (104)

  4.3　相移键控（PSK）系统 ·· (106)

    4.3.1　绝对相移键控 ·· (106)

    4.3.2　绝对相移键控的解调 ·· (107)

    4.3.3　二进制相对相移键控（2DPSK）····································· (108)

    4.3.4　相对相移键控（DPSK）的解调 ······································ (110)

    4.3.5　FSK/PSK/DPSK 调制/解调电路举例 ·································· (111)

  4.4　四相绝对移相键控（QPSK）系统 ····································· (113)

    4.4.1　四相绝对移相键控（QPSK）、相对移相键控（QDPSK）调制 ······· (113)

    4.4.2　四相绝对移相键控（QPSK）、相对移相键控（QDPSK）的解调 ····· (117)

  4.5　多元数字频带调制 ·· (120)

    4.5.1　多电平调幅（MASK）··· (120)

4.5.2　其他多元调制方式 ··· (121)

本章小结 ·· (122)

习题 4 ··· (122)

第 5 章　信道复用 ·· (128)

5.1　通信信道概述 ·· (128)

　　5.1.1　信道定义 ··· (128)

　　5.1.2　传输媒介 ··· (129)

5.2　频分复用（FDM） ··· (133)

5.3　时分复用（TDM） ··· (135)

5.4　复合调制与多级调制系统 ·· (137)

5.5　多址通信方式 ·· (137)

　　5.5.1　频分多址（FDMA）方式 ··· (138)

　　5.5.2　时分多址（TDMA）方式 ··· (140)

　　5.5.3　码分多址（CDMA）方式 ··· (142)

　　5.5.4　混合多址方式 ··· (142)

本章小结 ·· (144)

习题 5 ··· (144)

第 6 章　编码技术 ·· (149)

6.1　信源编码 ·· (149)

　　6.1.1　信息的度量 ··· (149)

　　6.1.2　信源编码 ··· (155)

6.2　信道容量与香农公式 ·· (159)

6.3　信道编码 ·· (165)

　　6.3.1　差错控制原理 ··· (165)

　　6.3.2　码重与码距 ··· (168)

　　6.3.3　几种常用的差错控制码 ·· (169)

6.4　线性分组码 ·· (172)

　　6.4.1　线性分组码的定义及性质 ·· (172)

　　6.4.2　生成矩阵 G 和监督矩阵 H ···································· (173)

　　6.4.3　汉明码 ··· (175)

6.5　循环码 ··· (177)

　　6.5.1　循环码的特点 ··· (177)

　　6.5.2　循环码的生成多项式 ·· (178)

　　6.5.3　循环码的编码过程 ·· (179)

　　6.5.4　循环码的编码电路 ·· (180)

　　6.5.5　循环码的译码 ··· (182)

本章小结 ·· (184)

习题 6 ··· (184)

第 7 章　最佳接收机 ·· (188)

7.1　最大输出信噪比准则和匹配滤波接收机 ·································· (188)

　　7.1.1　最大输出信噪比准则 ·· (188)

      7.1.2　匹配滤波器的传递函数 $H(f)$ ·· (188)

      7.1.3　匹配滤波器的冲激响应 $h(t)$ ··· (189)

      7.1.4　匹配滤波器的输出波形 $s_0(t)$ ··· (190)

      7.1.5　最大输出信噪比接收 ··· (191)

  7.2　最小均方误差接收机 ··· (192)

  7.3　最小错误概率接收 ·· (194)

  7.4　最大后验概率接收 ·· (195)

  本章小结 ··· (196)

  习题 7 ··· (196)

第 8 章　同步原理 ·· (199)

  8.1　载波同步 ··· (199)

      8.1.1　直接法 ··· (200)

      8.1.2　插入导频法 ··· (209)

      8.1.3　载波同步系统的性能 ·· (213)

  8.2　位同步 ·· (214)

      8.2.1　外同步法 ·· (215)

      8.2.2　直接法 ··· (217)

      8.2.3　位同步系统的性能 ··· (223)

  8.3　群同步 ·· (225)

      8.3.1　连贯插入法 ··· (225)

      8.3.2　间隔式插入法 ·· (228)

      8.3.3　群同步系统的性能 ··· (230)

      8.3.4　群同步的保护 ·· (232)

  8.4　网同步 ·· (232)

      8.4.1　网同步原理 ··· (232)

      8.4.2　数字同步网中的时钟及其应用 ··· (235)

  本章小结 ··· (239)

  习题 8 ··· (240)

部分参考答案 ··· (245)

参考文献 ·· (252)

第1章 序 论

内容提要

通信技术，特别是数字通信技术近年来发展非常迅速，它的应用越来越广泛。本章主要介绍通信的基本概念及其发展简史，通信的频段划分，现代通信的发展方向等。这些基本概念是学习和理解现代通信原理与技术的基础。

1.1 通信的概念及其发展简史

从远古时代到现在高度文明发达的信息社会，人类的各种活动都与通信密切相关。特别是进入信息时代以来，随着通信技术、计算机技术和控制技术的不断发展与相互融合，极大地扩展了通信的功能，使得人们可以随时随地通过各种通信手段获取和交换各种各样的信息。通信渗入到社会生产和生活的各个领域，通信产品随处可见。通信已经成为现代文明的标志之一，对人们日常生活和社会活动的影响越来越大。

1.1.1 通信的定义

一般地说，通信（Communication）是指不在同一地点的双方或多方之间进行迅速有效的信息传递。我国古代的烽火传警、击鼓作战、鸣金收兵以及古希腊用火炬位置表示字母等，就是人类最早的利用光或声音进行通信的实例，当然，这些原始通信方式在传输距离的远近以及速度的快慢等方面都不能和今天的通信相提并论。

在各种各样的通信方式中，利用电磁波或光波来传递各种消息的通信方法就是通常所说的电信（Telecommunication）。由于电信具有信息传递迅速、准确、可靠而且几乎不受时间和空间距离限制等特点，电信技术得到了飞速发展和广泛应用。现在所说的"通信"在通常意义上都是指"电信"，本书也是如此。因此，我们不妨在这里对现代通信的概念进行重新定义：利用光或电技术手段，借助光波或电磁波，实现从一地向另一地迅速而准确的信息传递和交换。

通信从本质上讲就是实现信息传递的一门科学技术。随着社会的发展，人们对信息的需求量日益增加，要求通信传递的信息内容已从单一的语音或文字转换为集声音、文字、数据、图像等多种信息融合在一起的多媒体信息，对传递速度的要求也越来越高。当今的通信网不仅能有效地传递信息，还可以存储、处理、采集及显示信息，实现了可视图文、电子信箱、可视电话、会议电视等多种信息业务功能。通信已成为信息科学技术的一个重要组成部分。

1.1.2 通信的方式

信号在信道中的传输方式从不同的角度考虑，可以有许多种。按照信息在信道中的传输方向，可以把通信方式分为单工通信、半双工通信和全双工通信；按照通信双方传输信息的路数，通信方式又可分为串行通信和并行通信；按照信息在信道中传输的控制方式，通信方式可分为同步传输和异步传输；根据信源、信宿之间不同线路连接与信号的交互方式，通信又可以分为点到点的通信、点到多点通信以及多点到多点的通信；按照信息在通信网中的传递方式，可以将信息传输方式分为两点间直通传输、分支传输和交换传输等，不一而足。下面就这些传输方式进行简单介绍。

1. 单工传输、半双工传输和全双工传输

如果通信仅在两点之间进行，根据信号的传输方向与时间的关系，信号的传输方式可分为单工传输、半双工传输和全双工传输三类。

（1）单工传输。信号只能单方向传送，在任何时候都不能进行反向传输的通信方式叫做单工传输，如图1.1（a）所示。广播、电视系统就是典型的单工传输系统，收音机、电视机都只能接收信号，而不能向电台、电视台发送信号。

（2）半双工传输。半双工传输方式中，信号可以在两个方向上传输，但时间上不能重叠，即通信双方不能同时既发送信号又接收信号而只能交替进行。即同一时间内一方不允许向两个方向传送，即只能有一个发送方，一个接收方，如对讲机。这种方式使用的是双向信道，如图1.1（b）所示。

（3）全双工传输。全双工传输方式中，信号可以同时在两个方向上传输，如图1.1（c）所示。这种方案使用的也是双向信道，这种通信方式使用最多。

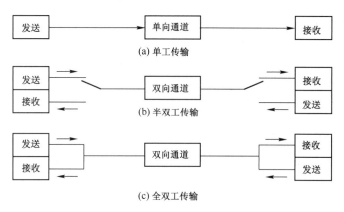

图 1.1　单工、半双工、全双工传输

2. 串行传输和并行传输

按照数字信息数据码元在信道中传递时是一个码元一个码元地依次传送还是一次同时并列地一起传几个码元，可将信号的传输方式分为串行传输和并行传输两类。

（1）串行传输。在串行传输中，数据流的各个码元是一位接一位地在一条信道上传输的，如图1.2（a）所示。对采用这种通信方式的系统而言，同步极为重要，收发双方必须要保持位同步和字同步，才能在接收端正确恢复原始信息。串行传输中，收发双方只需要一条传输通道。因此，该传输方式实现容易，也是实际系统中比较常用的一种传输方式。

（2）并行传输。并行传输中，构成一个编码的所有码元都是同时传送的，码组中的每一位都单独使用一条通道，如图 1.2（b）所示。并行传输通常用于现场通信或计算机与外设之间的数据传输。

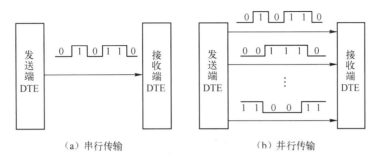

（a）串行传输　　　　　　　　　　（b）并行传输

图 1.2　串行传输和并行传输

并行传输一次传送一个字符，收发之间不存在字同步问题。由于并行信道成本高，主要用于设备内部或近距离传输，长距离传输时一般多采用串行信道。所以串行传输存在着并/串、串/并变换问题，即发送端要将输入的字符通过并/串变换，形成一连串的单个字符才能进入串行信道；接收端再通过串/并变换，将收到的串行码元还原成原来的并行字符结构后输出。显然，并行传输的速率高于串行传输。

3. 同步传输和异步传输

按照信息传输过程中，收、发两端采取的不同同步原理，可将信号的传输方式分为异步传输和同步传输两类。

（1）异步传输。异步传输也称起止式传输，它是利用起止法来达到收发同步的。异步传输每次只传送一个字符，用起始位和停止位来指示被传输字符的开始和结束。

在异步传输中，字符的传输由起始位（如逻辑电平 1）引导，表示一个新字符的开始，占一位码元时间。在每个传送的信息码之后加一个停止位（如逻辑电平 0），表示一个字符的结束，通常取停止位的宽度为 1、1.5 或 2 位码元宽度，可根据不同的需要选择。这样，接收端在收到下一个字符的起始位前，线路一直处于逻辑 0 状态，接收方就可根据特定宽度的逻辑电平从 0 到 1 的跳变来识别一个新字符的开始，如图 1.3 所示。

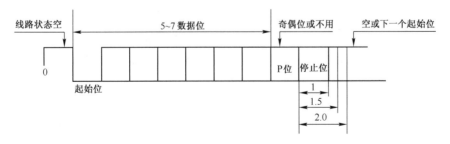

图 1.3　异步传输

异步传输方式中每个字符的发送都是独立和随机的，以不均匀的速率发送，所以这种方式被称为异步传输。该传输方法简单，但每传输一个信码都要增加 2~3 位的附加位，故传输效率较低。例如，传输一个 ASCII 码字符，每个 ASCII 码有 7 位，若停止位用 2 位，再加上 1 位奇偶校验位和 1 位起始位, 共计 11 位。11 位传输码中只有 7 位是有用信息, 其传输效率只有 64%。

（2）同步传输。同步传输不是以一个字符而是以一个数据块为单位进行信息传输的。为了使接收方能准确地确定每个数据块的开始和结束, 需在数据块的前面加上一个前文（Preamble）, 表示传输数据块的开始; 在数据块的后面再加上一个后文（Postamble）, 表示数据块的结束, 通常把这种加有前文和后文的一个数据块称为一帧（Frame）。前文和后文的具体格式视传输控制规程而定。图 1.4 画出了面向字符型和面向比特型的帧结构。面向字符型的方案中, 每个数据块以一个或多个同步字符 SYN 作为开始, 后文是一确定的控制字符, 如图 1.4（a）所示。面向比特型的方案中, 若采用高级数据链路控制（HDLC）规程, 则前文和后文都采用标志字段 01111110, 以区分一帧的开始和结束。

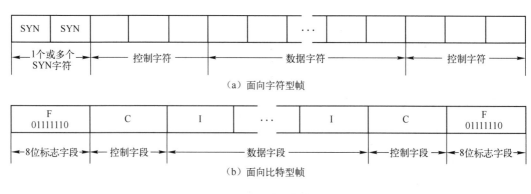

图 1.4　同步传输

在同步传输方式中, 数据的传输是由定时信号控制的。定时信号可由终端设备产生, 也可由通信设备（如调制解调器、多路复用器等）提供。在接收端, 通常由通信设备从接收信号中提取定时信号。

在实际通信过程中, 常将同步传输称为同步通信, 异步传输称为异步通信。显然, 同步通信的效率要比异步通信的效率高, 因此同步通信方式更适用于高速数据传输的场合。

4. 两点间直通传输、分支传输和交换传输

按照信息在通信网中的传递方式, 可以将信息传输方式分为两点间直通传输、分支传输和交换传输三种, 如图 1.5 所示。两点间直通传输方式是通信网中最简单的一种形式, 终端 A 与终端 B 之间的线路是专用的, 可以直接进行信息交流。在分支传输方式中, 它的每一个终端（如 A、B、C、…、N 等）经过同一个信道与转接站相互连接, 各终端之间不能直通信息, 而必须经过转接站转接, 此种方式只在数字通信系统中出现。交换传输方式是终端之间通过交换设备灵活地进行线路交换的一种通信方式, 既可以把要求通信的两个终端之间的线路（自动）接通, 也可以通过程序控制, 先把发来的消息储存起来, 然后再转发至收方。这种消息转发可以是实时的, 也可是延时的。

分支传输方式及交换传输方式均属于网络通信的范畴。和两点间直通传输方式相比, 这两种网络通信方式既存在信息控制问题, 也有网络同步的问题。尽管如此, 网络通信的基础仍是点到点的通信, 因此, 本书主要讲述点到点的通信方式。

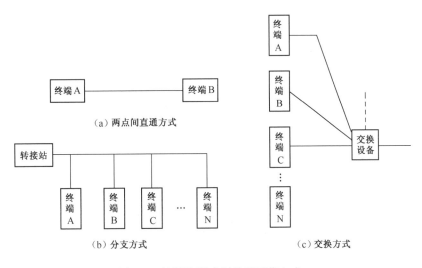

图 1.5　按网络形式划分的通信方式

1.1.3　通信发展史

人类自存在以来，为了生存从未停止过劳动和斗争，而这一过程是必须进行思想交流和信息传递的。所以说，有人类就有通信。最初人类利用表情和动作进行信息交换，这就是最原始的通信。在漫长的生活和劳动进化中，人类创造了语言和文字，进而用它们进行消息的传递，并一直沿用至今。

在电信号出现之前，人们还创造了许多种消息传递的方式，如古代的烽火台、击鼓、旌旗，航行用的信号灯等。所有这些都无法在较远的两地之间及时而准确地完成消息的传递。

从 1800 年伏打（Votta）发明电源以来，人们就开始努力试图利用电来进行通信了。

1837 年，莫尔斯（Morse）发明有线电报。这种电报通信通过导线中电流的有无来区别传号和空号，并利用传号和空号的长短进行电报符号的编码，这给远距离的消息传递揭开了崭新的一页。

1876 年，贝尔（A. G. Bell）利用电磁感应原理发明了电话机，直接利用导线上电流的强弱来传送语音信号，使通信技术的发展又进了一步。这种有线通信方式一直保留到现在，但这种系统的线路建设和维修花费很大，而且在有些环境情况下是难以实现的。

1864 年，麦克斯韦（Maxwell）预言了电磁波辐射的存在，1887 年，赫兹（Hertz）通过实验加以证实，为现代的无线电通信提供了理论根据。由于无线电波可以在空气中传播，避免了有线系统昂贵的线路建设投资，极大地推动了通信技术的发展。

20 世纪初，出现了用消息的电信号去控制高频正弦信号振幅的调制方式，这就是最早的幅度调制 AM。它的产生大大扩展了通信的内容，由原来单一的语音传送变为语音、音乐、图像等多种信号的传送，使点对点通信发展到点对面通信（如广播、电视等），促进了人类社会文化交流和宣传教育的发展，对人类的生活具有深刻的影响。

1936 年，频率调制 FM 技术出现了。FM 信号克服了 AM 信号在传送过程中容易受到干扰而失真的缺点，不仅改善了通信的质量，还推动了移动通信的发展。AM 制和 FM 制的应用，标志着 20 世纪 30 年代是世界上模拟通信的鼎盛时期。

从 1928 年奈奎斯特（Nyquist）定理被提出到 1937 年瑞维斯（A. H. Reeves）发明 PCM

（脉冲编码调制）通信，通信技术由频分复用（FDM）发展到时分复用（TDM），开始由模拟通信向数字通信发展。但由于器件限制，当时未能实现这一系统。直到1948年晶体管出现后，贝尔实验室才于1950年试制出第一台实用PCM设备。通过PCM技术，使模拟信号被数字化传送，进一步提高了抗干扰能力。

数字通信不仅优化了通信质量，还实现了人与机器、机器与机器之间的通信和数据交换，为现代通信网的产生和发展奠定了基础。

随着通信容量的增加和通信范围的扩大，1955年皮尔斯（Pierce）提出了卫星通信的设想。1960年，人类历史上第一颗通信卫星（TELSTAR）发射成功，为国际通信开辟了通道。这一技术的发展与大规模集成电路（LSI）的出现有着密切的关系。集成电路的出现，使通信设备小型化，可靠性提高，对空间通信有极大的促进作用。

20世纪60年代，出现了电缆电视、激光通信、雷达、计算机网络和数字技术，光电处理技术和射电天文学飞速发展。

20世纪70年代，大规模集成电路、商用卫星通信、程控数字交换机、光纤通信、微处理机迅猛发展。

20世纪80年代，超大规模集成电路、移动通信、光纤通信得到广泛应用，综合业务数字网迅速崛起。

1990年以后，卫星通信、移动通信和光纤通信进一步飞速发展，高清晰彩色数字电视技术不断成熟，全球定位系统（GPS）得到广泛应用。

当今社会是信息社会，人们要求通信系统能够更加迅速、有效、准确、可靠地传递信息，充分利用社会的现有财富，更好地发挥各种资源的效用。一个完整的、综合性的信息交换网已经形成并正在日趋完善。

20世纪40～50年代，出现了通信理论的发展高峰，现代通信中的主要理论如过滤和预测理论、香农公式和不失真编码原理、纠错编码原理、信号和噪声理论、调制的原理以及信号检测理论等都诞生于这一时期，它们使通信的有效性和可靠性研究出现了质的突破，使通信由一门新兴的实用技术跃变而成为一门成熟的学科，并且还在不断地朝着更高更新的目标进步。

1.2 通信系统的基本概念

1.2.1 信息、信号及分类

消息由信源产生，它具有与信源相应的特征及属性，常见的消息有语音、文字、数据和图像消息等。不同的信源要求有不同的通信系统与之对应，从而形成了多种多样的通信系统，如电话通信系统、图像通信系统等。信息是抽象的消息，一般是用数据来表示的。表示信息的数据通常都要经过适当的变换和处理，变成适合在信道上传输的信号（电或光信号）才可以传输。可以说，信号是信息的一种电磁表示方法，它利用某种可以被感知的物理参量——如电压、电流、光波强度或频率等来携带信息，即信号是信息的载体。

信号一般以时间为自变量，以表示信息的某个参量（如电信号的振幅、频率或相位等）为因变量。根据信号的因变量的取值是否连续，可以分为模拟信号和数字信号。模拟信号就是因变量完全连续地随信息的变化而变化的信号，其自变量可以是连续的，也可以是离散的，但因变量一定是连续的。电视图像信号、语音信号、温度压力传感器的输出信号以及许多遥感遥测信号等都是模拟信号；脉冲幅度调制信号（PAM）、脉冲相位调制信号（PPM）以及脉冲宽度调制信号（PWM）等也属于模拟信号，这两类信号的差异只是在于它们的自变量取值连续与否。

模拟信号的特点是信号的强度（如电压或电流）取值随时间而发生连续的变化，如图1.6（a）所示。正是由于这个原因，模拟信号通常也被称为连续信号。这个连续的含义是指在某一取值范围内，信号的强度可以有无限多个取值。如图1.6（a）中所示的信号电压，在1～1.2V之间就可以取1.1V、1.11V、1.111V等无限多个数量值。

数字信号是指信号的因变量和自变量取值都是离散的信号。由于因变量离散取值，其状态数量即强度的取值个数必然有限，故通常又把数字信号称为离散信号，如图1.6中（b）、（c）所示。其中，图1.6（b）所示为二进制数字信号，即该信号只有0、1两种可能的取值，图1.6（c）所示为四进制数字信号，即该信号共有0、1、2、3四种可能取值。计算机以及数字电话等系统中传输和处理的都是数字信号。

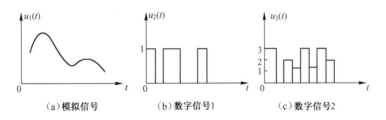

图1.6　模拟信号、数字信号示例

由于模拟信号与数字信号物理特性不同，它们对信号传输通路的要求及其各自的信号传输处理过程也各不相同，但二者之间并非不可逾越，在一定条件下它们也可以相互转化。模拟信号可以通过抽样、编码等处理过程变成数字信号，而数字信号也可以通过解码、平滑变为模拟信号输出。

1.2.2　通信系统的构成

1. 通信系统模型

尽管通信系统种类繁多、形式各异，但其实质都是完成从一地到另一地的信息传递或交换。因此，可以把通信系统概括为一个统一的模型，如图1.7所示。

图1.7　通信系统的基本模型

从图1.7中看到，一个通信系统最少应包括信源、变换器、信道、反变换器、信宿和噪声源六个部分。

（1）信源和信宿。信源是信息的发出者，信宿是信息传送的终点，也就是信息接收者。

在两个人通信的情况下，信源是发出信息的人，信宿则是接收信息的人；收听广播时，收音机是信源，听收音机的人是信宿；反之，在收音机接收信号的过程中，信源是电台，而收音机却变成了信宿。

在双工通信中，信源同时也是信宿；而在半双工通信中，信源也是信宿，但通信中的同一方是不同时地充当信源和信宿的。

（2）变换器。把信源发出的消息变换成适合在信道上传输的信号的设备就是变换器。电话通信系统中，送话器就是最简单的变换器，它把语音信号变换成电信号传送出去。在很多通信系统中为了更有效、可靠地传递信息，其变换处理装置更复杂但功能更完善。

（3）信道。信道是所有信号传输媒介的总称，通常分有线和无线信道两种。双绞线、电缆、同轴电缆和光纤等就属于有线信道，而传输电磁信号的自由空间则是无线信道。

（4）反变换器。反变换器具有与变换器相反的逆变换功能。变换器把不同形式的消息变换处理成适合在信道上传输的信号，但这些信号形式一般情况下是不能被信息接收者直接接收的，故接收端必须通过反变换器，把从信道上接收的信号还原成原来的消息形式。

（5）噪声源。噪声源并不是一个人为实现的实体，但它在实际通信系统中是客观存在的。虽然噪声可以由消息的初始产生环境、构成变换器的电子设备、传输信道以及各种接收设备等信号传输所经过环节中的一个或几个中产生，为分析方便起见，在模型中把噪声集中由一个噪声源表示，从信道中以叠加的方式引入。

既然信号可以分为模拟信号和数字信号，相应的通信系统也可分为模拟通信系统和数字通信系统。

2. 模拟通信系统

信源发出的消息经变换器变换处理后，送往信道上传输的是模拟信号的通信系统就称为模拟通信系统，或者说，模拟通信系统传送和处理的都是模拟信号。如图1.8所示是根据早期模拟电话通信系统结构画出的模拟通信系统模型。图中的送话器和受话器相当于变换器和反变换器，分别完成语音/电信号和电信号/语音的转换，使通话双方的语音信号得以以电信号的形式传送，不再受到距离的约束和限制。

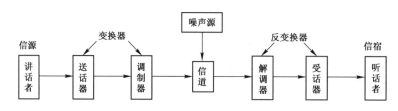

图1.8　模拟通信系统模型

由于模拟信号的频谱较窄，模拟通信系统的信道利用率较高。但因为连续信号中混入噪声后很难清除，使得输出的还原信号产生波形失真，系统抗干扰能力差，且不易实现保密通信。

3. 数字通信系统

信源发出的信息经变换处理后，送往信道上传输的是数字信号的通信系统就是数字通信系统，即传送和处理数字信号的系统就是数字通信系统，如图1.9所示就是根据数字电话传输系统的结构画出的数字通信系统模型。在发送端，声/电变换设备将语音变换为模拟电信号，再由模/数变换设备将该模拟电信号转换成二进制数字信号，经编码、加密后送至信道传输。在接收端，该数字信号经解码、解密及数/模变换和电/声变换，最后还原成声音信号送给听话者。

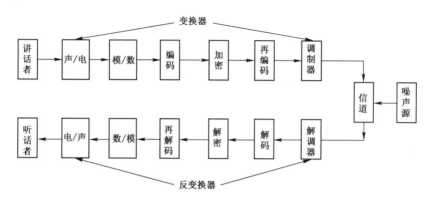

图1.9 数字通信系统模型

和模拟通信系统相比，数字通信主要具有如下优点：

（1）抗干扰能力强，数字信号可以通过中继再生消除噪声积累，理论上其传输距离可以无限远。

（2）可以通过差错控制编码，在接收端发现甚至纠正错误，提高了通信的可靠性。

（3）数字信号传输一般采用二进制，故可以使用计算机进行信号处理，实现复杂系统的远距离控制，如由雷达、数字通信设备、计算机及导弹系统组成的自动化空防系统。

（4）由于数字信号易于加密处理，所以数字通信保密性强。

（5）数字通信系统易于集成化，体积小、重量轻、可靠性高。

但是，数字通信最突出的缺点就是占用频带宽，如一路模拟电话信号占用4kHz带宽，而一路数字电话信号却要占用20～64kHz的带宽。当然，随着高频率、短波长通信技术的不断发展和完善，带宽问题已基本上得到缓解和解决。

1.2.3 通信系统的主要性能指标

通信系统的性能指标是衡量一个通信系统好坏与否的标准。没有这些指标，就无法评价一个系统，也无法设计一个系统。因此，了解通信系统的性能指标是很重要的。

通信系统的性能指标是一个十分复杂的问题，它涉及到系统的各个方面，诸如有效性、可靠性、适应性、标准性、经济性以及维护使用等。通信的目的是为了迅速、准确地传输信息，通信系统的指标主要应从信息传输的有效性和可靠性两方面来考虑。

1. 有效性

有效性是指信息传输的效率问题，即衡量一个系统传输信息的多少和快慢。可靠性则是指系统接收信息的准确程度。两个指标对系统的要求常常相互矛盾，但可以彼此互换。

在模拟通信系统中，有效性一般用系统的有效传输频带来表示。采用不同的调制方式传输同样的信息，所需要的频带宽度和系统的性能都是不一样的。调频（FM）信号的频带宽度高于调幅（AM）信号，但它的抗噪声性能却优于 AM 信号。采用多路复用技术可以提高系统的有效性，显然，信道复用程度越高，则信号传输所用的频带越窄，系统的有效性就越好。

在数字通信系统中，一般用信息传输速率来衡量有效性。传输速率有码元速率和信息速率之分。码元速率（R_B）又称传码率，是指系统每秒传送的码元个数，而不管码元是何进制，单位为"波特"（Baud），简写为"B"。信息速率（R_b）又称比特率，指系统每秒传送的信息量，单位为比特/秒，常用符号 b/s 表示。

注意，虽然码元速率和信息速率都表示系统传输信息的速度，但二者的概念是不同的，使用时不可混淆。不过，它们之间在数值上可以换算。设信息速率为 R_b，N 进制码的码元速率为 R_{BN}，则二者之间的关系为：

$$R_b = R_{BN} \log_2 N \quad (b/s) \tag{1-1}$$

或者

$$R_{BN} = R_b / \log_2 N \quad (B) \tag{1-2}$$

若四进制码的码元速率为 1200B，则它的信息速率为 2400b/s。

在二进制码的传输过程中，如果信源发送 0、1 的概率相等，则其码元速率和信息速率在数值上也相等，只是单位不同。

$$R_b = R_{B2} \tag{1-3}$$

即这时每个二进制码元含 1bit 的信息量（详见第 6 章）。

比较两个通信系统的有效性时，有的情况下单看传输速率是不够的，因为两个传输速率相同的系统可能具有不同的频带宽度，这时，带宽窄的系统有效性显然应该更高一些。所以，衡量有效性更全面的指标应是系统的频带利用率 η，即系统在单位时间、单位频带上传输的信息量，它的单位是比特/秒/赫兹（bit/s/Hz 即 bit/(s·Hz)）。二进制基带系统中，最大的频带利用率为 $\eta = 2\text{bit}/(s·Hz)$，多进制基带系统中的最大频带利用率大于 $2\text{bit}/(s·Hz)$。

在频带调制系统中，不同调制方式的频带利用率可能不同。二进制调幅系统的频带利用率仅为 $0.5\text{bit}/(s·Hz)$，而多进制调幅或调相系统的频带利用率却可以达到 $6\text{bit}/(s·Hz)$。总而言之，单位频带利用率越高，则系统的有效性就越好。

2. 可靠性

可靠性是关于消息传输质量的指标，它衡量收、发信息之间的相似程度，取决于系统的抗干扰能力。

在模拟通信中，可靠性通常用系统的输出信噪比来衡量。通常，接收端恢复的信号与发送端发送的原始信号是有差别的，这种差别受两个方面的影响：

（1）信号传输时叠加噪声，即产生加性干扰。

（2）信道传输特性不理想导致的影响，即形成乘性干扰。

加性干扰无论信号的有无始终存在，而乘性干扰却只有当信号存在时才存在。由于加性干扰不可克服，一般在噪声分析过程中，主要考虑加性干扰的影响。这种影响造成的误差可以用输出信噪比来衡量，输出信噪比越高，通信的质量就越好。输出信噪比除了与信号功率和噪声功率的大小有关以外，还与信号的调制方式有关，所以改变调制方式，也可以改善系统的可靠性。

数字通信系统的可靠性用差错率，即误比特率和误码率来衡量。误码率（P_e）是指错误接收的码元个数在传输的码元总数中所占的比例。更确切地说，误码率是指码元在传输过程中被错误接收的概率，即

$$P_e = \frac{\text{传错码元的个数}}{\text{传输的码元总数}} \tag{1-4}$$

误比特率（P_b）是指错误接收信息的比特数在传输信息的总比特数中所占的比例，它表示传输每 1 比特信息被错误接收的概率，即

$$P_b = \frac{\text{传错的比特数}}{\text{传输的总比特数}} \tag{1-5}$$

有效性和可靠性是相互矛盾的，提高有效性就会降低可靠性，反之亦然。因此，在设计、调试一个系统时，必须要兼顾二者，合理解决，根据实际情况，在首先满足其中一项指标的前提下，尽量提高另一项指标。

1.3 通信的频段划分

为了最大限度地有效利用频率资源，避免或减小通信设备的相互干扰，根据各类通信采用的技术手段、发展趋势及其社会需求量，划分规定出各类通信设备的工作频率而不允许逾越。按照各类通信使用的波长或频率，大致可将通信分为长波通信、中波通信、短波通信和微波通信等。为了使读者能够对各种通信过程中所使用的频段形成一个比较全面的印象，如表 1.1 所示列出了各类通信使用的频段及其说明，以供参考。

表 1.1　通信使用的频段及主要用途

频段名称	频率范围（f）	波段名称	波长（λ）	常用传输媒介	用　　途
甚低频 （VLF）	3Hz～30kHz	超长波	$10^8 \sim 10^4$ m	有线线对 长波无线电	音频、电话、数据终端、长距离导航、时标
低频 （LF）	30～300kHz	长波	$10^4 \sim 10^3$ m	有线线对 长波无线电	导航、信标、电力线通信
中频 （MF）	0.3～3MHz	中波	$10^3 \sim 10^2$ m	同轴电缆 中波无线电	调幅广播、移动陆地通信、业余无线电
高频 （HF）	3～30MHz	短波	100～10m	同轴电缆 短波无线电	移动无线电话、短波广播、定点军用通信、业余无线电
甚高频 （VHF）	30～300MHz	米波	10～1m	同轴电缆 米波无线电	电视、调频广播、空中管制、车辆通信、导航、集群通信、无线寻呼
特高频 （UHF）	0.3～3GHz	分米波	100～10cm	波导 分米波无线电	电视、空间遥测、雷达导航、点对点通信、移动通信
超高频 （SHF）	3～30GHz	厘米波	10～1cm	波导 厘米波无线电	雷达、微波接力、卫星和空间通信
极高频 （EHF）	30～300GHz	毫米波	10～1mm	波导 毫米波无线电	雷达、微波接力、射电天文学
紫外、红外可见光	$10^5 \sim 10^7$ GHz	光波	$3 \times 10^{-4} \sim$ 3×10^{-6} cm	光纤（有线） 激光空间通信（无线）	光通信

其中，工作频率 f 和工作波长 λ 可按式（1-6）进行互换，c 为电波在自由空间中的传播速度，通常取 $c = 3 \times 10^8 \mathrm{m/s}$。

$$\lambda = c/f \qquad (1-6)$$

1.4　现代通信的发展方向

随着社会信息化程度的深入，信息交流已经成为人们随时随地的需要，而实现信息传递和交流的通信已经由单一的通信设备、技术、体制发展演变为一个集光纤通信、移动通信、卫星通信和微波中继通信等多种通信手段于一身、具有多种业务功能的复杂的综合通信网，满足人们更高的通信需求。

下面从几个现代通信技术发展的热点领域来介绍现代通信的发展。

1.　光纤通信

由于光载波的频率约 100THz，远远高于微波载波频率（1～10GHz），使得光纤通信系统的信息容量增加约 100 倍，每芯光纤的通话路数高达百万。据计算，人类有史以来积累的所有知识，在一条单模光纤里，用 3～5 分钟即可传输完毕。

这种巨大的带宽潜力，再加上光纤通信传输损耗小、中继距离长、抗电磁干扰能力强、保密性好、体积小、重量轻等优点，推动了光纤通信系统在全球的开发与应用。

自 1977 年世界上第一个光纤通信系统在芝加哥投入运行以来，光纤通信的发展速度极快，截至 1995 年，全球铺设光缆总长度达 1100 万千米。

进入 21 世纪，光纤通信以高速光传输技术、宽带光接入技术、节点光交换技术、智能光联网技术为核心，重点开发全光通信、光孤子通信、密集波分复用、宽带副载波光通信、光量子通信等技术。

2.　移动通信

在微电子技术和计算机技术的推动下，移动通信得到了迅猛的发展，从最初简单的无线对讲和广播方式发展成为把有线、无线融为一体，固定、移动互连互通的遍及全球的通信系统。目前正是移动通信技术发展最为活跃的时期，而且这种势头还将至少保持 10 年。

移动通信利用多种新技术，尤其是超大规模的集成电路工艺、技术的发展，通过固定接入、移动蜂窝接入和无线本地环路接入等多种接入设备接入核心网，实现了无线宽带接入，使无线传输速率从第二代系统（2G）的 9.6Kb/s 提高到第三代的不小于 2Mb/s，乃至第四代的 100Mb/s，充分支持各种多媒体无线数据业务，如手机支付、视频通话等，进一步促进了移动业务与 IP 业务的融合。

总之，未来的移动通信就是在更高的频段上实现更高的频率利用率，以宽带化、分组化、智能化、综合化和个人化为趋势，向数字化、微型化和标准化发展。

3.　卫星通信

卫星通信是在空间技术和微波通信技术的基础上发展起来的一种通信方式，它利用人造地球卫星作为中继站来转发无线电信号，可实现两个或多个地球站之间的通信。

通信卫星可分为非同步（含低轨道 LEO、中轨道 MEO）和同步（同步轨道 GEO）两类。以低轨道卫星为基础的系统，具有时延短、路径损耗小、能有效地频率复用、卫星互为备份、抗毁能力强等特点，多星组网可实现真正意义的全球覆盖，如典型的"铱"系统、"全球星"系统。以静止轨道卫星为基础的系统，使用卫星少，可实现昼夜通信，监控卫星系统简单。这些系统正在逐步产业化、商业化和国防化。

从 1964 年 4 月美国成立了一个国际商用卫星通信组织起，卫星通信由于其通信距离远、覆盖面积广、不受地理条件限制且可以大容量传输等优点，使用遍及全球，通信容量极大增加。随着小天线地球站——VSAT 卫星通信系统和 GPS 全球定位系统等技术发展成熟，现在，几乎绝大部分国际活动都通过卫星进行实况转播，使全球各国人们及时同步地了解国际事件，增进了人们的相互沟通和理解，缩短了人们的空间距离。

我国自 20 世纪 70 年代就开始使用卫星通信完成国际通信业务，并从 1985 年开始利用卫星进行国内通信。目前，我国已有多颗同步通信卫星与地球上近 200 个国家和地区开通了国际卫星通信业务。

4. 量子通信

量子通信是指利用量子纠缠效应进行信息传递的一种新型的通信方式，是近二十年发展起来的新型交叉学科，是量子论和信息论相结合的新的研究领域。量子通信主要涉及：量子密码通信、量子远程传态和量子密集编码等几个方面。

2016 年 8 月 16 日，中国成功发射了世界第一颗量子科学实验卫星"墨子号"，用于探索卫星平台量子通信的可行性。该卫星由中国科学技术大学和中国科学院上海技术物理研究所共同研制，卫星上装备了量子密钥通信机、量子纠缠发射机、量子纠缠源等载荷设备，是世界上第一个太空中的量子通信终端。

以中华文明的物理学创始人墨翟（墨子）命名，"墨子号"量子科学实验卫星将开创人类量子通信卫星的先河，在实现一系列量子通信科学实验目标的同时，还尝试通过地面站与地面光纤量子通信网络的链接，为未来覆盖全球的天地一体化量子通信网络建立技术基础。量子通信作为未来通信安全的关键技术，必将会被大规模商用，为信息社会的发展提供更为可靠的安全保障。

习　题　1

一、填空题

1.1　通信（Communication）是指不在（　　）地点的（　　）或（　　）之间进行迅速有效的信息传递。

1.2　串行传输的数据码元是一位接一位地在（　　）条信道上传输的。对采用这种通信方式的系统而言，同步极为重要，收发双方必须要保持（　　）同步和（　　）同步，才能在接收端正确恢复原始信息。

1.3　在并行传输中，构成一个编码的所有码元都是同时传送的。由于一次传送一个字符，并行传输的收发之间不存在（　　）同步问题，但可能存在（　　）变换和（　　）变换问题。显然，并行传输的速率高于串行传输。由于并行信道成本高，主要用于（　　）或（　　）传输，（　　）传输时一般多采用串行信道。

1.4 同步传输不是以一个字符而是以一个数据块为单位进行信息传输的。为使接收方能准确确定每个数据块的（　　）和（　　），需要给数据块分别加上一个前文和后文。通常把这种加有前文和后文的一个数据块称为（　　）。前文和后文的具体格式根据（　　）而定。

1.5 模拟信号就是（　　）完全连续地随信息的变化而变化的信号，其自变量可以是（　　）或（　　）的，但（　　）一定是连续的。

1.6 模拟通信系统的有效性一般用系统（　　）来表示。采用不同调制方式传输同样的信息，所需要的频带宽度和系统的性能都是（　　）的。

1.7 数字通信的主要优点是（　　）、（　　）和（　　），主要质量指标是（　　）和（　　），它们在数字通信系统中具体为（　　）和（　　）。

1.8 衡量通信系统主要指标是有效性和可靠性，前者主要是消息传输的（　　），后者指消息传输的（　　）。当数字基带信号的传码率上升时，误码率会变（　　）。

二、单选题

1.9 在传统方式下，广播、电视系统是典型的（　　）传输系统；当某广播或电视频道节目采用听众/观众互动方式进行时，该广播、电视系统又成为（　　）传输系统。因此，综合而言，广播、电视系统是典型的（　　）传输系统。

A. 单工　　　　　　B. 半双工　　　　　　C. 双工　　　　　　D. 不确定

1.10 异步传输方法简单，但每传输一个信码都要增加2～3位的附加位，故传输效率较低。如传输一个汉字字符，每个汉字码有16位，若停止位用2位，再加上1位奇偶校验位和1位起始位，其传输效率只有（　　）。

A. 50%　　　　　　B. 60%　　　　　　C. 70%　　　　　　D. 80%

1.11 信道是所有信号传输媒介的总称，通常分有线信道和（　　）两种。

A. 卫星信道　　　B. 无线信道　　　C. 移动信道　　　D. 电磁信道

1.12 数字通信最突出的缺点就是（　　）。

A. 码间串扰严重　　B. 占用频带宽　　C. 传输效率不高　　D. 传输速率低

1.13 衡量系统有效性最全面的指标是（　　）。

A. 系统的频带利用率　B. 系统的带宽　　C. 系统的响应速率　D. 系统的传输速率

三、多选题

1.14 在异步传输中，字符的传输由起始位引导，表示一个新字符的开始，占（　　）位码元时间。每个传送的信息码之后都有停止位，表示一个字符的结束，其宽度通常为（　　）位码元宽度。

A. 1　　　　　　　B. 1.5　　　　　　C. 2　　　　　　　D. 4

1.15 信号是信息的一种电磁表示方法，它利用某种可以被感知的物理参量，如（　　）等来携带信息。

A. 电压　　　　　　B. 电流　　　　　　C. 光波强度　　　　D. 频率

1.16 数字信号是信号的（　　）取值都是离散的信号，其状态数量即强度的取值个数必然有限。计算机以及数字电话等系统中传输和处理的都是数字信号。

A. 电流　　　　　　B. 电压幅度　　　　C. 因变量　　　　　D. 自变量

1.17 和模拟通信系统相比，数字通信系统主要具有（　　）等优点。

A. 抗干扰力强　　　　　　　　　　B. 传输可靠性高

C. 通信保密性强　　　　　　　　　D. 易于集成，体积小、重量轻

1.18 通信系统的指标主要应从信息传输的（　　）方面来考虑的。

A. 经济性   B. 有效性   C. 可靠性   D. 电磁污染

1.19　在二进制基带系统中，最大的频带利用率为（　　）；多进制基带系统中的最大频带利用率可能为（　　）。

A. $1\text{bit}/(\text{s}\cdot\text{Hz})$　　B. $2\text{bit}/(\text{s}\cdot\text{Hz})$　　C. $3\text{bit}/(\text{s}\cdot\text{Hz})$　　D. $4\text{bit}/(\text{s}\cdot\text{Hz})$

1.20　模拟通信系统的输出信噪比会受到（　　）的影响。

A. 信号传输时叠加的噪声　　　　　　B. 元件的非线性

C. 信道传输特性不理想导致　　　　　D. 转接器件的密合性

1.21　按照各类通信使用的波长或频率，大致可将通信分为（　　）等。

A. 长波通信   B. 中波通信   C. 短波通信   D. 微波通信

四、判断题（正确的打 ✓，错误的打 ×）

1.22　（　　）通信就是利用电磁波或光波来传递各种消息的。

1.23　（　　）根据信号传输方向与时间的关系，信号的传输方式可分为单工传输、半双工传输和全双工传输三类。

1.24　（　　）一般情况下，并行传输的速率低于串行传输。

1.25　（　　）在异步传输方式中，虽然每个字符的发送都是独立和随机的，但其发送速率仍然是均匀的。

1.26　（　　）由于同步通信的效率高于异步通信，高速数据传输的场合下一般都选用同步通信方式。

1.27　（　　）表示信息的数据通常都要经过适当的变换和处理，才能变成适合在信道上传输的信号进行传输。

1.28　（　　）虽然噪声可以由消息的初始产生环境、构成变换器的电子设备、传输信道以及各种接收设备等所有信号传输环节中的一个或几个产生，为分析方便起见，在模型中把噪声集中由一个噪声源表示，从信道中以叠加方式引入。

1.29　（　　）码元速率（R_B）又称传码率，是指系统每秒传送的码元个数；信息速率（R_b）又称比特率，指系统每秒传送的信息量。一般情况下，（R_B）≥（R_b）。

1.30　（　　）无论有无信号，加性干扰始终存在，而乘性干扰却只当信号存在时才存在。

1.31　（　　）有效性和可靠性是相互矛盾的，提高有效性就会降低可靠性，反之亦然。

第2章 模拟调制系统

内容提要

现代通信从模拟通信方式开始，数字通信后来居上，已经逐步取代了模拟通信，但数字调制理论是建立在模拟调制的基础上；而且，在现有各类通信系统中，仍然还有大量模拟通信设备承担着相当数量的通信任务，由于资金投入以及系统建设、设备更换所需时间等原因，这些模拟设施还将继续使用一段时间。因此，虽然本书以数字通信为主要内容，但仍然首先介绍模拟通信的有关基本理论。

本章在介绍和分析线性调制、非线性调制方式中常见调制方式（常规双边带调制 AM、抑制载波的双边带调制 DSB、单边带调制 SSB、残留边带调制 VSB、频率调制、相位调制）的基本原理和调制解调实现电路基础上，对线性调制和非线性调制系统在频带利用率和抗干扰能力方面进行对比分析。

2.1 调制的功能及分类

2.1.1 调制的功能

为避免电磁信号之间的无序干扰，各类传输系统都必须严格遵照其规定频率范围进行工作，如调频广播发射信号频率只能在 88 ~ 108 MHz 范围内，而中波广播和短波通信的频率范围则分别是 535 ~ 1640 kHz 和 2 ~ 30 MHz。但我们明确知道，这些系统实际所需要传输的信号却往往是基带信号，它们的频率一般较低，甚至有的还包含直流成分。如果把这些低频信号都直接用基带方式传送，将会出现不可想象的相互干扰以及信道衰减，从而导致通信失败。

为了避免上述情况发生，有效地利用频率资源，必须在发送端将基带信号的频率搬移至适合于信道传输的某个较高的频率范围，在接收端再通过相反的操作过程将它搬移至原来的频率范围。发送端的这个搬移过程就称做调制（Modulation），而接收端的反向操作则称为解调（Demodulation）。可以说，调制就是使高频信号的某个参数（如幅度、频率或相位）随基带信号发生相应的变化，其中，利用参数来携带信息的高频信号称为载波（Carrier），而把基带信号称做调制信号，调制后的信号则称做已调波或已调信号。解调就是在接收端将调制信号还原成原来的基带信号。

调制和解调在一个通信系统中总是同时出现的，因此往往把调制和解调系统统称为调制系统或调制方式，它们是通信系统中极为重要的一个组成部分。对任何调制系统，它都一定具有如下功能或特点：

（1）对消息信号进行频谱搬移，使之适合信道传输的要求。

（2）把基带信号调制到较高的频率（一般调制到数百千赫兹到数百兆赫兹甚至更高的频率），使天线容易辐射。

（3）便于频率分配。为使无线电台发出的信号互不干扰，每个发射台都被分配给不同的频率。

（4）有利于实现信道多路复用，提高系统的传输有效性。

（5）可以减小噪声和干扰的影响，提高系统的传输可靠性。

2.1.2 调制的分类

按照不同的划分依据，调制有很多种类，下面仅列举几种最为常见的。

1. 根据调制信号分类

根据调制信号的不同，可将调制分为模拟和数字调制两类。在模拟调制中，调制信号是模拟信号；反之，调制信号是数字信号的调制就是数字调制。

2. 根据载波分类

由于用于携带信息的高频载波既可以是正弦波，也可以是脉冲序列，其相应的调制也可由此进行分类。以正弦信号作载波的调制称连续载波调制；以脉冲序列作载波的调制就是脉冲载波调制。在脉冲载波调制中，载波信号是时间间隔均匀的矩形脉冲。

3. 根据调制器的功能分类

根据调制器对载波信号的参数改变，可把调制分为幅度调制、频率调制和相位调制。

（1）幅度调制——调制信号 $u_\Omega(t)$ 改变载波信号 $u_c(t)$ 的振幅参数，即利用 $u_c(t)$ 的幅度变化来传送 $u_\Omega(t)$ 的信息，如调幅（AM）、脉冲振幅调制（PAM）和振幅键控（ASK）等。

（2）频率调制——调制信号 $u_\Omega(t)$ 改变载波信号 $u_c(t)$ 的频率参数，即利用 $u_c(t)$ 的频率变化来传送 $u_\Omega(t)$ 的信息，如调频（FM）、脉冲频率调制（PFM）和频率键控（FSK）等。

（3）相位调制——调制信号 $u_\Omega(t)$ 改变载波信号 $u_c(t)$ 的相位参数，即利用 $u_c(t)$ 的相位变化来传送 $u_\Omega(t)$ 的信息，如调相（PM）、脉冲位置调制（PPM）、相位键控（PSK）等。

4. 根据调制前后信号的频谱结构关系分类

根据已调信号的频谱结构和未调制前信号频谱之间的关系，可把调制分为线性调制和非线性调制两种。

（1）线性调制——输出已调信号 $x_c(t)$ 的频谱和调制信号 $u_\Omega(t)$ 的频谱之间呈线性关系，如（AM）、双边带调制（DSB）、单边带调制（SSB）等。

（2）非线性调制——输出已调信号 $x_c(t)$ 的频谱和调制信号 $u_\Omega(t)$ 的频谱之间没有线性对应关系，即已调信号的频谱中含有与调制信号频谱无线性对应关系的频谱成分，如 FM、FSK 等。

2.2 线性调制系统

线性调制就是将基带信号的频谱沿频率轴线做线性搬移的过程，故已调信号的频谱结构和基带信号的频谱结构相同，只不过搬移了一个频率位置。根据已调信号频谱与调制信号频谱之间的不同线性关系，可以得到不同的线性调制，如常规双边带调制（AM）、抑制载波的双边带调制（DSB）、单边带调制（SSB）和残留边带调制（VSB）等。下面分别给予介绍。

2.2.1 常规双边带调制系统

常规双边带调制是指用信号 $f(t)$ 叠加一个直流分量后去控制载波 $u_c(t)$ 的振幅，使已调信号的包络按照 $f(t)$ 的规律线性变化，通常也把这种调制称为调幅（Amplitude Modulation），简记为 AM。

1. 常规双边带调制（AM）信号的时域表示

调幅就是用调制信号去控制载波的振幅，使载波的幅度按调制信号的变化规律而变化。常规双边带调制信号的时域表达式为：

$$s_{AM}(t) = [A + f(t)] u_c(t) = A_c [A + f(t)] \cos(\omega_c t + \varphi_0) \qquad (2-1)$$

式中，A_c、ω_c、φ_0 分别表示余弦载波信号 $u_c(t)$ 的幅度、角频率和初始相位，为使分析简便，通常取 $\varphi_0 = 0$，$A_c = 1$。

如图 2.1 所示表示常规双边带信号的调制过程。其中，图 2.1（a）为基带调制信号 $f(t)$，图中它是一个低频余弦信号，初相为 0；图 2.1（b）为等幅高频载波信号 $u_c(t)$；图 2.1（c）则是调制信号叠加了一个直流分量 A 后的输出 $[f(t) + A]$；图 2.1（d）就是输出的常规双边带调制信号 $s_{AM}(t)$。

可以看出，调幅输出波形 $s_{AM}(t)$ 就是使载波 $u_c(t)$ 的振幅按照调制信号 $f(t)$ 的变化而变化的高频振荡信号。将图中高频振荡信号的各个最大点用虚线描出，所得曲线就称为调幅波形 $s_{AM}(t)$ 的"包络"。显然，$s_{AM}(t)$ 的包络与调制信号 $f(t)$ 的波形完全相似，而频率则维持载波频率，也就是说，每一个高频载波的周期都是相等的，因而其波形的疏密程度均匀一致，与未调制时的载波波形疏密程度相同。

设图 2.1 中的低频调制信号 $f(t)$ 为：

$$f(t) = A_m \cos \omega_m t = A_m \cos 2\pi f_m t \qquad (2-2)$$

则双边带调制信号 $s_{AM}(t)$ 为：

$$s_{AM}(t) = [A + A_m \cos 2\pi f_m t] \cos \omega_c t = A[1 + m_a \cos \omega_m t] \cos \omega_c t \qquad (2-3)$$

式中，m_a 为比例常数，一般由调制电路确定，称为调幅指数或调幅度。

$$m_a = A_m / A \qquad (2-4)$$

若 $m_a > 1$，则已调信号 $s_{AM}(t)$ 的包络将严重失真，在接收端检波后无法再恢复原来的调

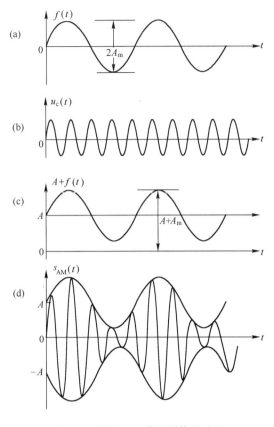

图 2.1 常规双边带调制信号波形

制信号波形 $f(t)$，称这种情况为过量调幅。因此，为避免失真，应保证调幅指数不超过 1，即 $m_a \leqslant 1$。

前面所谈的是调制信号 $f(t)$ 为单频信号时的情况，但通常传送的信号（如语言、图像等）往往是由许多不同频率分量组成的多频信号。和前面单频信号调制一样，调幅波的振幅将分别随着各个频率分量调制信号的规律而变化，由于这些变化都分别和每个调制分量成比例，故最后输出的调幅信号依然和原始信号规律一致，即它的幅度携带了原始信号所代表的信息。另一方面，任何复杂信号都可以分解为许多不同频率和幅度的正弦分量之和，故一般为使分析简单，都以正弦信号为例。

图 2.2 是调制信号为非正弦波时的已调波形。从图中可以看出，该已调信号 $s_{AM}(t)$ 的包络形状与调制信号 $f(t)$ 仍然相似。同样的，当叠加的直流分量 A 小于调制信号的最大值时，该信号的包络形状将不再和调制信号一致，即由于过度调幅而导致失真，所以，必须要求 $A + f(t) \geqslant 0$。

2. 常规双边带调制信号的频域表示

对常规双边带调制信号 $s_{AM}(t)$ 的时域表达式进行傅里叶变换，设 $f(t)$ 的频谱为 $F(\omega)$，即可求出其频谱表达式 $s_{AM}(\omega)$ 为：

$$S_{AM}(\omega) = F\{[A + f(t)]u_c(t)\}$$

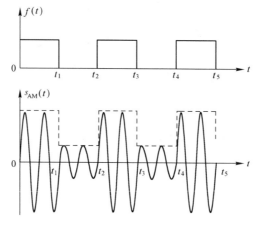

图 2.2　非正弦波调制时的调幅波波形

$$= \pi A\left[\delta(\omega + \omega_c) + \delta(\omega - \omega_c)\right] + \frac{1}{2}\left[F(\omega - \omega_c) + F(\omega + \omega_c)\right] \qquad (2\text{-}5)$$

从式（2-5）可知，常规双边带调制信号 $s_{AM}(t)$ 的频谱就是将调制信号 $f(t)$ 的频谱幅度减小一半后，分别搬移到以 $\pm\omega_c$ 为中心处，再在 $\pm\omega_c$ 处各叠加一个强度 πA 的冲击分量，如图 2.3 所示。图中，ω_m 为调制信号的最高角频率。

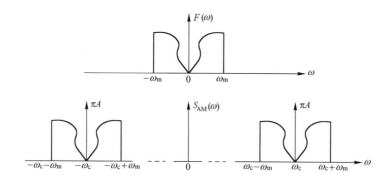

图 2.3　常规双边带调制信号频谱

当调制信号 $f(t)$ 是单频正弦信号 $A_m\cos2\pi f_m t$ 时，由于 $F(\omega)$ 为 $\pm\omega_m$（或 $\pm2\pi f_m$）处的两条谱线，故此时已调双边带信号的频谱 $s_{AM}(\omega)$ 为强度等于原调制信号谱线强度的 $\frac{1}{2}$、角频率分别为 $\pm(\omega_c \pm \omega_m)$ 的四条谱线，并在 $\pm\omega_c$ 处分别叠加上强度为 πA 的冲击分量，如图 2.4 所示。

其实通过对该调制信号的时域表达式利用三角公式展开，也可得出同样的结论。

$$\begin{aligned} s_{AM}(t) &= A\left[1 + m_a\cos2\pi f_m t\right]\cos2\pi f_c t \\ &= A\cos2\pi f_c t + \frac{A}{2}\left[m_a\cos2\pi(f_c + f_m)t + m_a\cos2\pi(f_c - f_m)t\right] \end{aligned} \qquad (2\text{-}6)$$

由式（2-6）可以看出，该调幅波包含三个频率分量，也就是说它是由三个正弦信号分

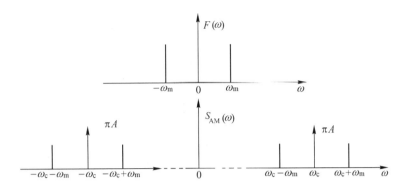

图 2.4　单频正弦信号双边带调制信号频谱

量叠加而成的。第一个正弦分量的频率是载波频率 f_c，它与调制信号无关；第二个正弦分量频率等于载波与调制信号 $f(t)$ 的频率之和，即 $(f_c + f_m)$，常称之为上边频；第三个正弦分量频率等于载频与调制信号 $f(t)$ 的频率之差，即 $(f_c - f_m)$，称之为下边频。上、下边频分量是由调制导致的新频率分量，相对于载频对称分布，其幅度都与调制信号 $f(t)$ 的幅度成正比，说明上、下边频份量中都包含有与调制信号有关的信息。因此，常规双边带已调信号 $s_{AM}(t)$ 的带宽 B_{AM} 为：

$$B_{AM} = (f_c + f_m) - (f_c - f_m) = 2f_m \qquad (2-7)$$

对于非单频信号调制的情况，其频谱表达式和图形分别如式（2-5）和图 2-3。由于非单频调制信号可以分解为多个频率分量，故其频谱示意图中不再用单一谱线来表示，但基本的变换关系仍然一样，只是由对称结构的上、下边频 $\pm f_m$ 换成了关于载频对称的上、下边带 $\pm B_m$。因此，非单频调制信号情况下，常规双边带调制信号的带宽为：

$$B_{AM} = (f_c + f_m) - (f_c - f_m) = 2f_m \qquad (2-8)$$

从式（2-7）和式（2-8）可以看出，调幅波的带宽为调制信号最高频率的 2 倍，故称此调制为常规双边带调制。如用频率为 $300 \sim 3400\text{Hz}$ 的语音信号进行调幅，则已调波的带宽为 $2 \times 3400\text{Hz} = 6800\text{Hz}$。为避免各电台信号之间互相干扰，对不同频段与不同用途的电台允许占用带宽都有十分严格的规定。我国规定广播电台的带宽为 9kHz，即调制信号的最高频率限制在 4.5kHz。

3. 常规双边带调制信号的功率和效率

通常将信号的功率用该信号在 1Ω 电阻上产生的平均功率来表示，它等于该信号的方均值，即对信号的时域表达式先进行平方后，再求其平均值。因此，双边带调制信号 $s_{AM}(t)$ 的功率平均 S_{AM} 为：

$$\begin{aligned} S_{AM} &= \overline{s_{AM}^2(t)} = \overline{\left[A + f(t)\right]^2 \cos^2 \omega_c t} \\ &= \frac{1}{2} E\left\{\left[A^2 + f^2(t) + 2Af(t)\right] \cdot \left(1 + \cos 2\omega_c t\right)\right\} \end{aligned} \qquad (2-9)$$

一般情况下，可以认为 $f(t)$ 是均值为 0 的信号，且 $f(t)$ 与载波的二倍频信号 $\cos 2\omega_c t$ 及

直流分量 A 之间彼此两两独立。根据平均值的性质,式(2-9)可展开为:

$$\frac{1}{2}\overline{A^2} + \frac{1}{2}\overline{f^2(t)} + \overline{A} \cdot \overline{f(t)} + \frac{1}{2}\overline{A^2\cos 2\omega_c t} + \frac{1}{2}\overline{f^2(t)\cos 2\omega_c t} + \overline{A \cdot f(t)\cos 2\omega_c t}$$

由于 $\overline{\cos 2\omega_c t} = 0$,求得双边带调制信号的功率 S_{AM} 为:

$$S_{AM} = \frac{1}{2}\overline{A^2} + \frac{1}{2}\overline{f^2(t)} \qquad (2\text{-}10)$$

式(2-10)说明:常规双边带调制信号的功率包含两个部分,其中一项(式(2-10)中的第一项)与信号无关,称做无用功率,第二项(式(2-10)中的第二项)才是我们所需要的信号功率。

一般定义信号功率与调制信号的总功率之比为调制效率,记做 η_{AM},则:

$$\eta_{AM} = \frac{\overline{f^2(t)}}{A^2 + \overline{f^2(t)}} \qquad (2\text{-}11)$$

前已指出,只有满足条件 $A + f(t) \geq 0$ 时,接收端才可能无失真地恢复出原始发送信号,可以推知:

$$A \geq |f(t)|_{\max} \qquad (2\text{-}12)$$

当调制信号为单频余弦信号 $f(t) = A_m\cos\omega_m t$ 时,必有 $A \geq A_m$。故此时信号功率为:

$$\frac{1}{2}\overline{f^2(t)} = \frac{1}{4}A_m^2 \qquad (2\text{-}13)$$

对于调制信号为正弦信号的常规双边带调制,其调制效率最高仅 33%。当调制信号为矩形波时,常规双边带调制的效率最高,但也仅有 50%。因此,常规双边带调制最大的缺点就是调制效率低,其功率的大部分甚至绝大部分都消耗在载波信号和直流分量上,这是极为浪费的。

4. AM 的调制与解调

根据双边带调制信号的时域表达式 $s_{AM}(t) = [A + f(t)]\cos\omega_c t$,可以画出其调制电路框图,如图 2.5 所示。图中所用的相乘器一般都是利用半导体器件的平方律特性或开关特性来实现的。载波信号则通过高频振荡电路直接获得,或者将其振荡输出信号再经过倍频电路来获得。

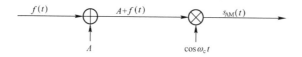

图 2.5 $s_{AM}(t)$ 调制器原理框图

由于 $s_{AM}(t)$ 信号的包络具有调制信号的形状,它的解调通常有两种方式,一是直接采用包络检波法,用非线性器件和滤波器分离提取出调制信号的包络,获得所需的 $f(t)$ 信息,有的教材上也称之为 $s_{AM}(t)$ 信号的非相干检波,其原理框图如图 2.6(a)所示。与此相对的,另一种解调方法就是相干解调，即通过相乘器将收到的 $s_{AM}(t)$ 信号与接收机产生的、与调制信号中的载波同频同相的本地载波信号相乘，然后再经过低通滤波，即可恢复出原来的调制信号 $f(t)$，如图 2.6（b）所示。

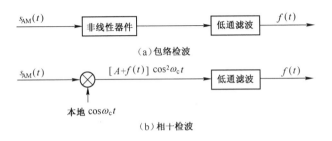

图 2.6　$s_{AM}(t)$ 信号的解调

通过上述分析，不难发现，双边带调制的最大优点就是它的调制及解调电路都很简单，设备要求低。尤其是采用检波法解调时，只需要一个二极管和一只电容就可完成。但该调制信号抗干扰能力较差，信道中的加性噪声、选择性衰落等都会引起它的包络失真。

此外，常规双边带调制还有一个十分致命的缺陷，即调制效率低，采用正弦信号进行调制时最高仅 33%。且实际系统中，很多情况下 m_a 甚至还不到 0.1，其调制效率就更低了。因此，常规双边带调制常用于通信设备成本低、对通信质量要求不高的场合，如中、短波调幅广播系统。

2.2.2　抑制载波的双边带调制（DSB）

1. 抑制载波的双边带调制原理

前已指出，常规双边带调制的最大缺点就是调制效率低，其功率大部分都消耗在本身并不携带有用信息的直流分量上，为了克服常规双边带调制的这一缺点，人们提出了只发射边频分量而不发射载波分量的调制方式，这就是抑制载波的双边带调制，简称 DSB。

抑制载波的双边带调制 DSB 将常规双边带调制中的直流成分 A 完全取消，从而使调制效率提高到 100%。DSB 已调信号的时域表达式 $s_{DSB}(t)$ 为：

$$s_{DSB}(t) = f(t)\cos\omega_c t = f(t)\cos 2\pi f_c t \qquad (2-14)$$

$s_{DSB}(t)$ 就是 $s_{AM}(t)$ 信号当 $A=0$ 时的特例，其输出波形及产生过程如图 2.7 所示。明显地，$s_{DSB}(t)$ 信号的包络已经不再具有调制信号 $f(t)$ 的形状，故不能再采用包络检波法对其进行解调，但仍可使用相干解调方式。

对 $s_{DSB}(t)$ 信号的时域表达式求傅里叶变换，仍然设 $f(t)$ 的频谱为 $F(\omega)$，可以得出其频谱 $S_{DSB}(\omega)$：

$$S_{DSB}(\omega) = F[f(t)u_c(t)] = \frac{1}{2}[F(\omega - \omega_c) + F(\omega + \omega_c)] \qquad (2-15)$$

式（2-15）说明，抑制载波双边带调制信号 $s_{DSB}(t)$ 的频谱和常规双边带信号一样，都

是将调制信号 $f(t)$ 的频谱幅度减小一半后，分别搬移到以 $\pm\omega_c$ 为中心处，如图 2.8 所示，其中，ω_m 为调制信号的最高角频率。显然，$S_{DSB}(\omega)$ 没有像 $S_{AM}(\omega)$ 那样在 $\pm\omega_c$ 处分别叠加强度为 πA 的冲击分量。

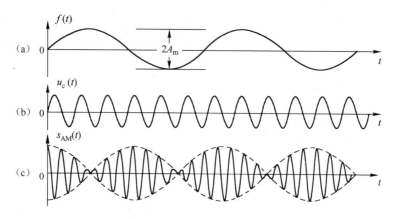

图 2.7 抑制载波双边带调制信号 $s_{DSB}(t)$ 波形

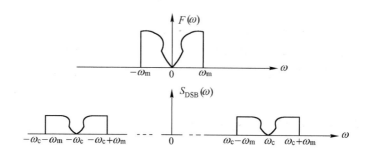

图 2.8 抑制载波双边带调制信号频谱

当调制信号 $f(t)$ 是单频信号 $A_m\cos 2\pi f_m t$ 时，其频谱 $S_{DSB}(\omega)$ 如图 2.9 所示。

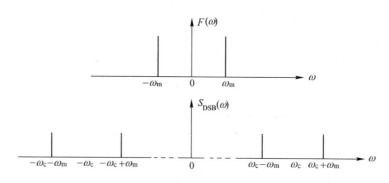

图 2.9 单频信号的抑制载波双边带调制信号频谱

根据抑制载波双边带调制信号的时域表达式 $s_{DSB}(t) = f(t)\cos\omega_c t$，可画出其调制电路框图如图 2.10 所示。

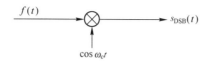

图 2.10　$s_{DSB}(t)$ 调制器原理框图

由于 $s_{DSB}(t)$ 信号的包络不再具有调制信号的形状，其解调只能使用相干方式，才能恢复出原来的调制信号 $f(t)$，如图 2.11 所示。图 2.11 中，相乘器的输出为：

$$s_{DSB}(t) \cdot \cos\omega_c t = f(t)\cos^2\omega_c t = \frac{1}{2}f(t) + \frac{1}{2}f(t)\cos 2\omega_c t$$

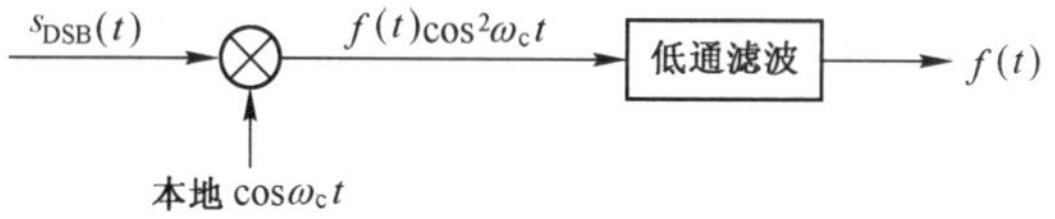

图 2.11　$s_{DSB}(t)$ 信号的解调

该相乘器的输出信号经过低通滤波后，得到解调输出 $\frac{1}{2}f(t)$。显然，该电路实现无失真解调的关键在于相乘的本地载波信号是否与收到信号完全同频同相。

抑制载波双边带调制方式比常规双边带调制的效率大大提高，但从 $s_{DSB}(t)$ 信号的频谱图可以看出，它和 $s_{AM}(t)$ 信号的带宽一样，都等于调制信号 $f(t)$ 带宽的 2 倍，即上、下边带宽度之和。但是上、下两个边带是完全对称的，即它们携带的信息完全一样。从频带的角度来说，这两种双边带调制都浪费了一半的频率资源。为改进这一不足，人们提出了单边带和残留边带两种效率高，且节约频带的调制方式。

2. 双边带调制/解调电路实例

工程实际中，通常将信号调制、检波、鉴频、混频、鉴相等双边带信号的调制与解调过程看做两个信号的多次相乘及其后续处理，常采用集成模拟乘法器件予以实现，其电路远比分离器件简单得多，性能也更优越，目前在无线通信、广播电视等方面应用较多。

（1）双边带调制电路。集成双平衡四象限模拟乘法器 MC1496 就是一个常用的模拟调制及解调器件，下面以图 2.12 所示湖北众友公司的双边带调幅电路为例进行分析、说明。

图中，TP05、TP06、TP07 分别为各波形测试点。载波 $u_c(t)$ 经高频电容 C08 耦合输入至 MC1496 的引脚 10，低频调制信号 $f(t)$ 经耦合电容 E05 输入至 MC1496 的引脚 1，调幅信号 $s_{AM}(t)$ 从 MC1496 的引脚 12 输出。

C08、E06 分别为高、低频旁路电容。引脚 2、3 之间的外接反馈电阻 R19 用于扩展调制信号的线性动态范围，当 R19 增大时，输入 $f(t)$ 的线性范围也随之增大，但乘法器增益随之减小。引脚 14 为负电源端（双电源供电时）或接地端（单电源供电时）。

引脚 1、4 所接的两个 100Ω、750Ω 电阻及 47kΩ 电位器用于调节输入馈通电压，调节 P01，可以引入一个直流补偿电压，由于调制电压与直流补偿电压相串联，相当于给调制信

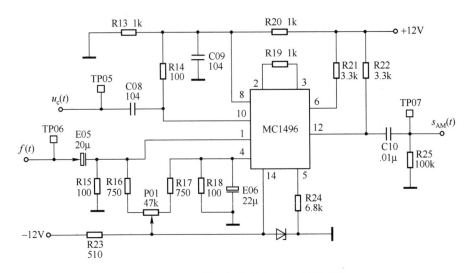

图 2.12　双边带调幅信号产生电路原理图

号叠加了某一直流电压后，再使其与载波信号相乘，从而实现常规双边带调幅。

　　MC1496 输出的调幅信号还需通过一个射随电路后输出，以增加电路的负载能力。为保证输出调幅信号的质量，射随器输出还经过了图 2.13 所示滤波电路。

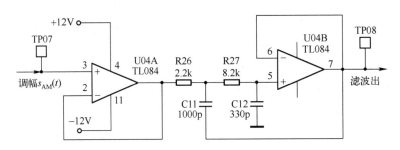

图 2.13　双边带调幅信号的滤波

　　我们知道，连续信号的振幅调制与解调，即高频载波信号 $u_c(t)$ 的幅度受到调制信号 $f(t)$ 的控制，使其幅度发生与 $f(t)$ 一致的起伏变化，生成常规调幅信号 $S_{AM}(t)$。图 2.12 中，

$$u_c(t) = U_m \cos 2\pi f_c t, \ f(t) = A_m \cos 2\pi f_m t, \text{且} f_c \gg f_m$$

$$s_{AM}(t) = [A + f(t)] \cdot u_c(t) = [A + A_m \cos 2\pi f_m t] \cos 2\pi f_c t$$

　　当调幅指数当 $m_a < 1$ 时，相应可在 TP05、TP06、TP07 分别测得载波 $u_c(t)$、调制信号 $f(t)$ 和常规双边带调幅信号 $s_{AM}(t)$ 的波形如图 2.14 所示。

　　改变叠加的直流分量 A 的值，即改变调幅指数 m_a，即可在 TP07 测得 $s_{AM}(t)$ 的波形变化，体现出过调制的情况，如图 2.15 所示。

　　（2）双边带解调电路。由于电路简单，工程实际中，常规双边带调制信号的解调常采用非相干的包络检波方式，如图 2.16 所示。

　　本检波电路由一个二极管检波器和一个低通滤波器组成，为实现高频包络检波，二极管

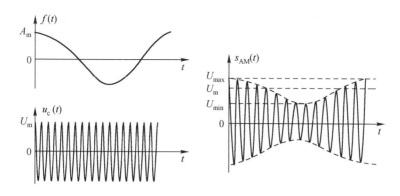

图 2.14 常规双边带调幅电路各点波形

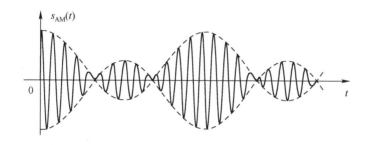

图 2.15 过调制波形

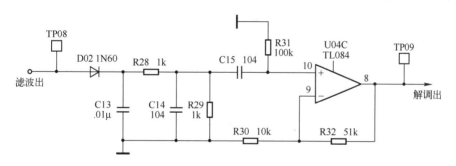

图 2.16 二极管包络检波解调电路

D20 的正向导通压降越小越好，故常采用锗二极管（正向导通电压 $U_F \leqslant 0.3\text{V}$）。

R28、C14 分别为负载电阻、电容，故 C14 的高频阻抗应远小于 R，可视为短路；而其低频阻抗应远大于 R，可视为开路。这样利用二极管的单向导电性和负载回路 RC 的充放电作用，就可以还原出与调幅信号包络基本一致的信号。

2.2.3 单边带调制（SSB）和残留边带调制（VSB）

1. 单边带调制

不管是 DSB 还是 AM 调制，从频域角度来看，都是将基带信号的频谱搬移到载频两侧，形成上、下两个完全一样的边带。显然，每个边带所包含的调制信号信息也完全一样，因此可以只传输一个边带。这种仅利用一个边带传输信息的调制方式就是单边带调制，简称SSB，其已调信号记做 $s_{SSB}(t)$。

单边带调制分上边带调制和下边带调制，相应有上边带调制信号 $s_{HSB}(t)$ 和下边带调制信号 $s_{LSB}(t)$，如图 2.17 所示。其中，（b）图为上边带调制信号，（c）图则为下边带调制信号。

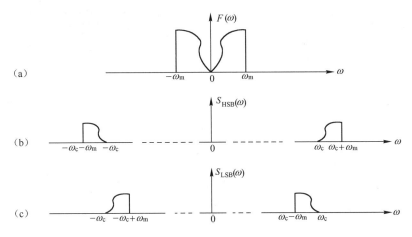

图 2.17　上、下边带调制信号频谱

单边带调制有滤波法、移相法、移相滤波法三种方式，移相滤波法由于通信质量较差而很少采用。滤波法对调制信号进行抑制载波的双边带调制后，通过滤波器从 $s_{DSB}(t)$ 中滤出所需要的上（或下）边带信号，如图 2.18 所示。当滤波器选通频带为 $[\omega_c \sim (\omega_c + \omega_m)]$ 时，输出上边带 $s_{HSB}(t)$ 信号；通带为 $[(\omega_c - \omega_m) \sim \omega_c]$ 时，输出下边带信号 $s_{LSB}(t)$。

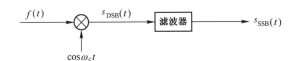

图 2.18　滤波法实现 $s_{SSB}(t)$ 调制框图

这种电路实现方法简单，但由于调制信号多为中、低频信号甚至包含直流成分，其频谱中上、下边带的间隔小，过渡带狭窄，对滤波器的边沿特性要求很高，即滤波器必须具有极为陡峭的上升和下降边沿，制作难度大，只能采用多级调制、滤波方可实现。

当调制信号 $f(t)$ 为单频信号 $A_m\cos\omega_m t$ 时，根据抑制载波双边带调制信号 $s_{DSB}(t)$ 的时域表达式，结合单边带信号的频谱，可以导出上、下边带信号的表达式：

$$s_{DSB}(t) = f(t)\cos\omega_c t = A_m\cos\omega_m t\cos\omega_c t$$
$$= \frac{1}{2}A_m\cos(\omega_c + \omega_m)t + \frac{1}{2}A_m\cos(\omega_c - \omega_m)t \tag{2-16}$$

$$s_{HSB}(t) = \frac{1}{2}A_m\cos(\omega_c + \omega_m)t = \frac{1}{2}A_m[\cos\omega_c t\cos\omega_m t - \sin\omega_c t\sin\omega_m t] \tag{2-17}$$

$$s_{LSB}(t) = \frac{1}{2}A_m\cos(\omega_c - \omega_m)t = \frac{1}{2}A_m[\cos\omega_c t\cos\omega_m t + \sin\omega_c t\sin\omega_m t] \tag{2-18}$$

根据式（2-17）、式（2-18），可以画出调制信号为单频信号时，用移相法实现单边带调制的原理框图如图 2.19 所示。其中，当移相器 2 选择移相 $+\dfrac{\pi}{2}$ 时，输出上边带信号 $s_{HSB}(t)$；反之，输出下边带信号 $s_{LSB}(t)$。

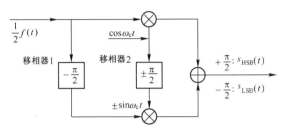

图 2.19　移相法形成单边带信号

图 2.19 是当 $f(t)=A_m\cos\omega_m t$ 时得出的。但事实上，只要把移相器 1 由对单一频率信号移相 $-\dfrac{\pi}{2}$ 的窄带移相电路换成对调制信号频带中每一个频率分量都移相 $-\dfrac{\pi}{2}$ 的宽带移相器，即可实现单边带调制。实际中，上述宽带移相器通常采用希尔伯特滤波器来完成。

和抑制载波的双边带信号一样，单边带调制信号通常采用相干解调法完成解调，其框图如图 2.20 所示。电路工作原理与前相干解调类似，只是宽带相移器 1 的输出将是信号 $\dfrac{1}{2}f(t)$ 的希尔伯特变换 $\dfrac{1}{2}\hat{f}(t)$，我们对此不做要求，不再具体分析。

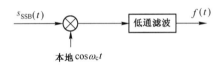

图 2.20　$s_{SSB}(t)$ 信号的解调

由上述介绍不难看出，单边带调制比双边带调制节省一半的传输频带，提高了频带利用率，而且单边带信号由于只有一个边带，不存在传输过程中载频和上、下边带的相位关系容易遭到破坏的缺点，抗选择性衰落能力有所增强。但对于低频成分极为丰富的调制信号，其单边带实现电路很难制作，从而产生介于单双边带调制之间的残留边带调制。

2. 残留边带调制（VSB）

残留边带调制简记为 VSB。它不像单边带那样对不传送的边带进行完全抑制，而是使它逐渐截止，这样就会使需要被抑制的边带信号在已调信号中保留了一小部分，其频谱如图 2.21 所示。

图 2.21 中，图（b）、（c）所示分别为残留部分下、上边带调制信号的频谱。显然，和单边带调制类似，残留边带调制可用滤波法来实现，其框图和图 2.18 完全一样，只是其中滤波器由单边带滤波器 $H_{SSB}(\omega)$ 换成残留边带滤波器 $H_{VSB}(\omega)$。这两种滤波器的传递函数如图 2.22 所示。其中，（a）、（b）两图分别对应上、下边带调制滤波器；（c）、（d）两图则分别对应残留部分下、上边带的调制滤波器。显然，两类滤波器的区别只是 $H_{VSB}(\omega)$ 的边带特性不像 $H_{SSB}(\omega)$ 那么陡峭，故残留边带调制的实现相对容易得多。

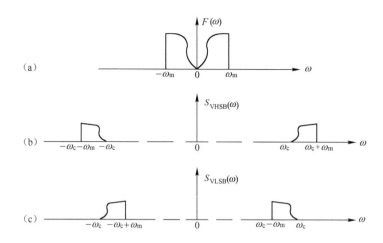

图 2.21 残留部分边带调制信号频谱

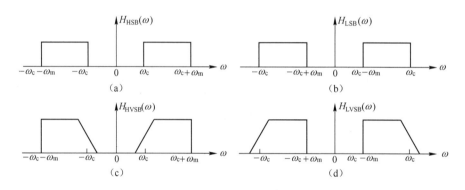

图 2.22 单边带和残留边带调制滤波器

残留边带信号的解调也采用相干解调法,但必须保证滤波器的截止特性将使传输边带在载频附近被抑制的部分由抑制边带的残留部分进行精确补偿,即其滤波器的传递函数必须具有互补对称特性,即满足条件式(2-19),接收端才能不失真地恢复原始调制信号。式(2-19)所表达的关系如图 2.23 所示。

$$H_{VSB}(\omega - \omega_c) + H_{VSB}(\omega + \omega_c) = 常数 \tag{2-19}$$

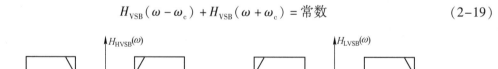

图 2.23 残留边带滤波器的互补对称特性

电视图像信号都采用残留边带调制,其载频和上边带信号全部传送出去,而下边带信号则只传不高于 0.75MHz 的低频信号部分。

残留边带调制在低频信号的调制过程中,由于滤波器制作比单边带容易,且频带利用率也比较高,是含有大量低频成分信号的首选调制方式。

2.3 非线性调制系统

2.3.1 一般概念

调制实质上就是利用高频载波的三个参数（幅度、频率、相位）之一携带调制信号的信息。线性调制使载波的幅度随调制信号 $f(t)$ 发生线性变化，而载波的瞬时频率或相位随 $f(t)$ 而线性变化，即 $f(t)$ 控制载波的瞬时频率或相位变化，其变化的周期由 $f(t)$ 的频率决定，而幅度保持不变的调制就是角调制。根据 $f(t)$ 控制的是载波的角频率还是相位，可将角调制分为频率调制（Frequency Modulation）和相位调制（Phase Modulation）。其中，频率调制简称调频，记为 FM；相位调制简称调相，记为 PM。

角调制中已调信号的频谱不像线性调制那样还和调制信号频谱之间保持某种线性关系，其频谱结构已经完全变化，出现许多新频率分量。因此，也称角调制为非线性调制。

设载波信号为 $A\cos(\omega_c t + \phi_0)$，则角调制信号可统一表示为瞬时相位 $\theta(t)$ 的函数：

$$s(t) = A\cos[\theta(t)] \tag{2-20}$$

由此，可以推出调频信号和调相信号的时域表达式。

根据前面对调频的定义，调频信号的载波频率增量将和调制信号 $f(t)$ 成比例，即：

$$\Delta\omega = K_{FM} f(t) \tag{2-21}$$

故调频信号的瞬时频率为：

$$\omega = \omega_c + \Delta\omega = \omega_c + K_{FM} f(t) \tag{2-22}$$

式中，K_{FM} 称做频偏指数，它完全由电路参数确定。由于瞬时角频率 $\omega(t)$ 和瞬时相角 $\theta(t)$ 之间存在如下关系：

$$\omega(t) = \frac{d\theta(t)}{dt} \tag{2-23}$$

可以求得此时的瞬时相位 $\theta(t)$ 为：

$$\theta(t) = \omega_c t + K_{FM} \int f(t)\, dt \tag{2-24}$$

故调频信号的时域表达式为：

$$s_{FM}(t) = A\cos\left[\omega_c t + K_{FM} \int f(t)\, dt\right] \tag{2-25}$$

与此类似，调相信号的相位增量为：

$$\Delta\theta = K_{PM} f(t) \tag{2-26}$$

其中，K_{FM} 称做相偏指数，由电路参数决定，故调相信号的时域表达式为：

$$s_{PM}(t) = A\cos[\omega_c t + K_{PM} f(t)] \tag{2-27}$$

令调制信号 $f(t) = A_m\cos\omega_m(t)$，代入式（2-25）、式（2-27），可以得出单频正弦信号的调频、调相信号表达式分别为：

$$s_{FM}(t) = A\cos[\omega_c t + \beta_{FM}\sin\omega_m t] \tag{2-28}$$

$$s_{PM}(t) = A_m\cos[\omega_c t + \beta_{PM}\cos\omega_m t] \tag{2-29}$$

式中，$\beta_{FM} = \dfrac{K_{FM} \cdot A_m}{\omega_m} = \dfrac{\Delta\omega_{max}}{\omega_m} = \dfrac{\Delta f_{max}}{f_m}$，称为调频指数；

Δf_{max}为调频过程中的最大频偏;

$\beta_{PM} = K_{PM}A_m$,称为调相指数,它表示调相过程中的最大相位偏移$\Delta\omega_{max}$。

显然,调频指数β_{FM}和调相指数β_{PM}由电路参数和调制信号的参量共同决定。

根据式(2-28)、式(2-29),可画出单频信号$f(t) = A_m\cos\omega_m(t)$对载波$A\cos\omega_c t$分别进行调频、调相的波形,如图2.24所示,其中(a)为调频信号$s_{FM}(t)$,(b)为调相信号$s_{PM}(t)$。

比较图(a)、图(b)可以看出,调频信号的波形疏密程度和调制信号$f(t)$完全一致。当$f(t)$取正的最大值时,$s_{FM}(t)$频率最高,即此时频偏最大,波形上对应位置处密度最大;当$f(t)$取负的最小值时,$s_{FM}(t)$频率最低,此时频偏也最大,但波形上对应位置处却密度最小,即此时的频偏是最大负频偏。而调相信号的波形疏密程度却和调制信号$f(t)$有90°的偏差,这是因为瞬时相位和瞬时频率之间是一个微分、积分的关系。

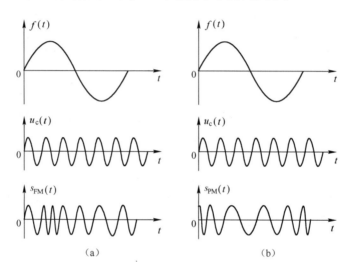

图2.24　调频、调相信号波形

下面分别具体分析频率调制和相位调制的相关问题。

2.3.2　频率调制(FM)

频率调制可分为窄带调频和宽带调频。其划分依据是瞬时相位偏移是否远小于0.5或$\dfrac{\pi}{6}$。根据前面介绍,可以写出该划分依据的数学表示式为:

$$K_{FM}\int f(t)\,dt \ll \frac{\pi}{6} \text{ 或 } 0.5(弧度) \tag{2-30}$$

当满足式(2-30)时,调频为窄带调频;否则为宽带调频。

一般将窄带调频简记为NBFM,而宽带调频则记为WBFM。

1. 窄带频率调制 NBFM

根据频率调制信号的时域表达式及式(2-30),窄带调频信号的时域表达式为:

$$s_{FM}(t) = A\cos\left[\omega_c t + K_{FM}\int f(t)\,dt\right]$$

$$= Af(t) \cdot \cos\left[K_{FM}\int f(t)\,dt\right] - A\sin\omega_c t \cdot \sin\left[K_{FM}\int f(t)\,dt\right] \qquad (2\text{--}31)$$

因为
$$K_{FM}\int f(t)\,dt \ll \frac{\pi}{6} \text{ 或 } 0.5(\text{弧度})$$

所以
$$\cos\left[K_{FM}\int f(t)\,dt\right] \approx 1 ; \sin\left[K_{FM}\int f(t)\,dt\right] \approx K_{FM}\int f(t)\,dt$$

将其代入式（2-31）中，可得：

$$s_{NBFM}(t) = A\cos\omega_c t - \left[AK_{FM}\int f(t)\,dt\right]\sin\omega_c t \qquad (2\text{--}32)$$

设调制信号 $f(t)$ 为零均值信号，其频谱为 $F(\omega)$，对式（2-32）进行傅里叶变换，可得出窄带调频信号的频谱为：

$$S_{NBFM}(\omega) = \pi A\left[\delta(\omega - \omega_c) + \delta(\omega + \omega_c)\right] + \frac{AK_{FM}}{2}\left[\frac{F(\omega - \omega_c)}{\omega - \omega_c} - \frac{F(\omega + \omega_c)}{\omega + \omega_c}\right] \qquad (2\text{--}33)$$

若调制信号为单频信号，即 $f(t) = \cos\omega_m(t)$，由式（2-33）可画出调频信号的频谱如图 2.25（c）。其中图（a）、（b）分别为调制信号 $f(t)$、常规双边带调制信号 $s_{AM}(t)$ 的频谱。

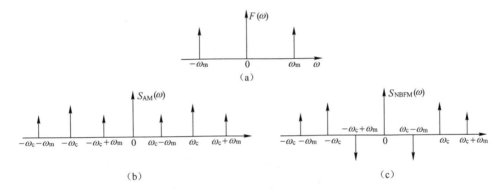

图 2.25 单频调制时的常规调幅和窄带调频信号频谱

图 2.25 中，图（b）、图（c）非常相似，这说明窄带单频调频信号和常规调幅信号的频谱是比较接近的，它们都含有（ω_c）和（$\omega_c \pm \omega_m$）频率分量，且两种信号的带宽一样，即 $B_{AM} = B_{NBFM} = 2f_m$，只是窄带调频信号中（$\omega_c + \omega_m$）分量与（$\omega_c - \omega_m$）分量是反相的，即图（c）中（$\omega_c + \omega_m$）频率分量的谱线是向下的。

由式（2-33），同样可以画出任意波形的窄带调频信号频谱，且它们同样也和常规调幅信号频谱相似，也是窄带调频信号的频谱中（$\omega_c + \omega_m$）与（$\omega_c - \omega_m$）彼此反向，带宽也为 $B_{NBFM} = 2f_m$（f_m 为调制信号的最高频率）。

2. 宽带调频 WBFM

当调频信号的瞬时相位偏移不满足前述窄带调频的条件式（2-30）时，就称此频率调制为宽带调频。

由于不满足条件式（2-30），式（2-25）不能简化为式（2-32）那样的形式。对一般信号的调频信号分析比较困难，我们主要介绍单频信号调制下的宽带调频信号，使读者由此对宽带调频信号的基本性质有所理解和掌握。

对于单频信号进行调制生成的调频信号，根据式（2-25）、式（2-28），利用三角公式得：

$$s_{FM}(t) = A\cos(\omega_c t + \beta_{FM}\sin\omega_m t)$$
$$= A\cos\omega_c t\cos(\beta_{FM}\sin\omega_m t) - A\sin\omega_c t\sin(\beta_{FM}\sin\omega_m t) \tag{2-34}$$

其中，

$$\cos(\beta_{FM}\sin\omega_m t) = J_0(\beta_{FM}) + 2\sum_{n=1}^{\infty}J_{2n}(\beta_{FM})\cos2n\omega_m t \tag{2-35}$$

$$\sin(\beta_{FM}\sin\omega_m t) = 2\sum_{n=1}^{\infty}J_{2n-1}(\beta_{FM})\sin(2n-1)\omega_m t \tag{2-36}$$

式中，$J_n(\beta_{FM})$ 被称为第一类 n 阶贝塞尔函数，它具有如下 3 个基本性质：

（1）$J_{-n}(\beta_{FM}) = (-1)^n J_n(\beta_{FM})$ （2-37）

即：当 n 为奇数时，$J_{-n}(\beta_{FM}) = -J_n(\beta_{FM})$；

当 n 为偶数时，$J_{-n}(\beta_{FM}) = J_n(\beta_{FM})$。

（2）当调频指数 β_{FM} 很小时，有：

$$J_0(\beta_{FM}) \approx 1$$
$$J_1(\beta_{FM}) \approx \frac{\beta_{FM}}{2} \tag{2-38}$$
$$J_n(\beta_{FM}) \approx 0, (n > 1)$$

（3）对 β_{FM} 的任意取值，各阶贝塞尔函数的平方和恒为 1，即：

$$\sum_{n=-\infty}^{\infty}J_n^2(\beta_{FM}) \equiv 1 \tag{2-39}$$

利用上述贝塞尔函数性质及式（2-35）、式（2-36），可将式（2-34）改写为：

$$s_{FM}(t) = A\sum_{n=-\infty}^{\infty}J_n(\beta_{FM})\cos(\omega_c + n\omega_m)t \tag{2-40}$$

对式（2-40）进行傅里叶变换，得出单频调制时宽带调频信号的频谱为：

$$S_{FM}(\omega) = \pi A\sum J_n(\beta_{FM})\left[\delta(\omega - \omega_c - n\omega_m) + \delta(\omega + \omega_c + n\omega_m)\right] \tag{2-41}$$

式（2-41）说明，调频信号将生成无限多个频谱分量，各分量都以 ω_m 的间隔等距离地以载频 ω_c 为中心分布，每个边频分量（$\omega_c + n\omega_m$）的幅度都正比于 $J_n(\beta_{FM})$ 的值，而载频分量的幅度则正比于 $J_0(\beta_{FM})$。由此可知，调频信号的带宽应当为无穷大。但通过贝塞尔函数表，我们发现，随着 n 的增大，$J_n(\beta_{FM})$ 的值迅速减小，故调频产生的绝大部分高次边频分量的幅度非常小，完全可以忽略不计。因此，实际工程分析中，都按照卡森公式来计算调频信号的带宽：

$$B_{FM} = 2(1 + \beta_{FM})f_m = 2(\Delta f_{max} + f_m) = 2\Delta f_{max}\left(1 + \frac{1}{\beta_{FM}}\right) \tag{2-42}$$

也就是说，对于 $n \geq (\beta_{FM} + 2)$ 次的边频分量，可以忽略不计。

当 $\beta_{FM} \ll 1$，即窄带调频时，卡森公式可近似为：$B_{FM} = 2f_m$

当 $\beta_{FM} \gg 1$ 时，卡森公式可近似为：$B_{FM} = 2\beta_{FM}f_m = 2\Delta f_{max}$

由贝塞尔函数的基本性质（3）可知，调频信号的所有边频分量的功率之和加上载频分量的功率将为常数。可以证明，这个常数值就是未调载波的功率 $\frac{A^2}{2}$。也就是说，由于调频信号只改变载波的频率疏密程度，而不改变其幅度，故调频前后信号的总功率不变，只是由调频前的信号功率全部分在载波上改为调频后分配在载频和各次边频分量上。

例 2.1 设一个由 10kHz 的单频信号调制的调频信号，其最大频偏 $2\Delta f_{max}$ 为 40kHz，试画出该调频信号的频谱，并求其载波分量以及前 5 次边频分量的功率之和。

解：由已知条件求出调频指数为：$B_{FM} = \dfrac{\Delta f_{max}}{f_m} = \dfrac{40}{10} = 4$

查贝塞尔函数表可得：

$$J_0(4) = -0.4 \qquad J_1(4) = -0.07 \qquad J_2(4) = 0.36$$
$$J_3(4) = 0.43 \qquad J_4(4) = 0.28 \qquad J_5(4) = 0.13$$

根据式（2-40），可知载波分量的功率为：

$$S_0 = \frac{A^2}{2} \times J_0^2(4) = 0.16 \times \frac{A^2}{2} = \frac{A^2}{2} \times 16\%$$

而前 5 次边频分量的功率之和为：

$$S_{5S} = \frac{A^2}{2} \times \left[J_1^2(4) + J_2^2(4) + J_3^2(4) + J_4^2(4) + J_5^2(4) \right] \times 2$$

$$= \frac{A^2}{2} \times \left[(-0.07)^2 + 0.36^2 + 0.43^2 + 0.28^2 + 0.13^2 \right] = 0.8294 \times \frac{A^2}{2} = \frac{A^2}{2} \times 82.94\%$$

上面的计算说明，经过调频，载波分量的功率下降，其减少的功率就是分到各次边频上的功率。本例中只求了前 5 次边频分量的功率之和，它们占总功率的 82.94%，而载波分量占 16%。两部分加起来占总功率的 98.94%，即剩余的所有无限多个边频分量的功率之和仅仅占总功率的 1.06%，故完全可以忽略这些高次分量。其频谱图如图 2.26 所示。为简便，只画出了正半轴频率部分的频谱，负半轴频谱与此完全对称。图中各谱线位置仅标（$\pm n\omega_m$）值，表示其频率为（$\omega_c \pm n\omega_m$）。

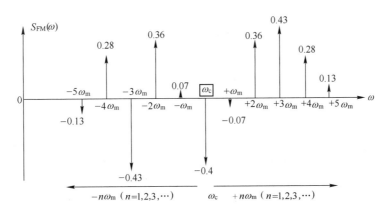

图 2.26 调频信号的频谱分布图

从以上数学分析及图 2.26 和式（2-41）可以看出，宽带调频的频谱由载频和无穷多个边频组成，这些边频都对称地分布在载频的两侧，相邻两点间隔 ω_m。但同阶的边频分量虽然对称分布于载频两侧，且幅度相等，但偶次边频幅度的符号相同，而奇次边频相对于载频的上、下谱线幅度则符号相反，即奇数阶下边频与其相应上边频互为反相。

调频信号的产生可以采用直接调频法和间接调频法两种。直接调频就是用调制信号 $f(t)$ 直接控制高频振荡器的元件参数（一般是电感或者电容），使其振荡频率随着 $f(t)$ 而变化。

实际中最常用的变容二极管调频电路，就是利用变容二极管的容量随外加电压变化而改变的特性来改变输出振荡频率的。

直接调频线路简单，调制的频偏可以做到很大，但外界干扰因素也会引起振荡器的谐振回路变化，其振荡频率的稳定性较差，必须有附加的稳频电路。

间接调频则是通过调相电路来产生调频信号的。根据式（2-25）、式（2-27）可知，若首先对调制信号 $f(t)$ 积分，然后再对该积分信号调相，其输出的就是调频信号，如图 2.27 所示。由于 $f(t)$ 不直接控制振荡器的振荡频率，故其输出频率较稳定，但频偏比较小，即调频程度不够深，一般都需要将该调频信号进行多次倍频后才能达到要求的调频指数 β_{FM}。通常，设初始调频指数为 β_{FM}，则经过 n 次倍频后，其调频指数将为 $n\beta_{FM}$。

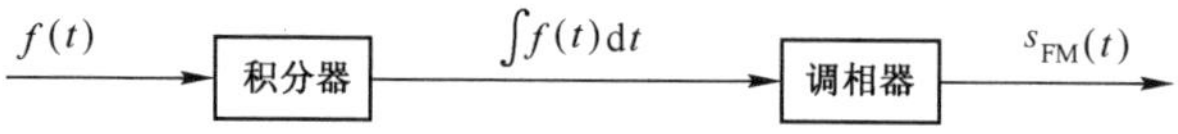

图 2.27　间接调频法原理框图

调频信号的解调可以采用相干解调和非相干解调。最简单的非相干解调就是鉴频。鉴频器的形式很多，但它们的基本原理都是将微分器与包络检波器组合起来，提取出调频信号中调制信号 $f(t)$ 的信息，即使鉴频器输出正比于 $K_{FM}f(t)$，其框图如图 2.28 所示。图中，输入调频信号为：

$$s_{FM}(t) = A\cos\left[\omega_c t + K_{FM}\int f(t)\,dt\right]$$

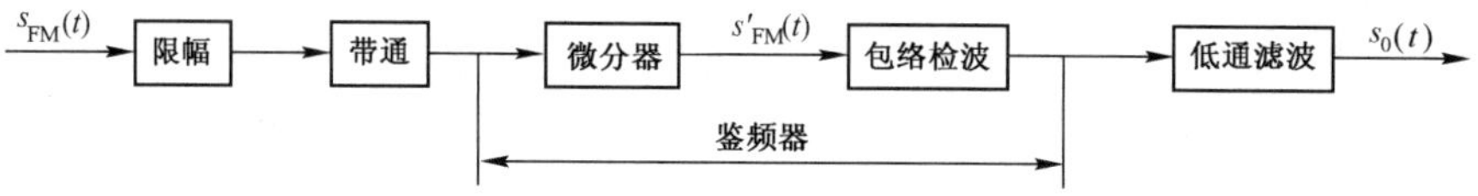

图 2.28　调频信号的鉴频解调

经过微分器后输出为：

$$s'_{FM}(t) = -A\left[\omega_c + K_{FM}f(t)\right]\sin\left[\omega_c t + K_{FM}\int f(t)\,dt\right] \tag{2-43}$$

由于包络检波只提取信号的包络信息，故经过滤波后，电路输出为：

$$s_0(t) = K_d K_{FM}f(t) \tag{2-44}$$

其中，K_d 为检波以及滤波电路引起的系数变化，这是一个常数，表征鉴频器对信号鉴频的影响或要求，通常称之为鉴频灵敏度。

图 2.28 中带通滤波器以及限幅电路都用来降低包络检波电路对于信道干扰等引起的幅度变化的响应灵敏度，即提高鉴频器的抗干扰能力。

在实际调频通信系统中，现在都采用集成锁相鉴频器，它的性能要比分离元件的鉴频器优越得多。在通信接收机与 EM 收音机中被大量应用。

由于窄带调频信号可以被分解为如式（2-32）所示的同相分量与正交分量之和的形式，故它的解调可以采取如线性调制信号那样的相干解调方式，如图 2.29 所示。图中，带通滤波器的输出信号为：

$$s_{NBFM}(t) = A\cos\omega_c t - \left[AK_{FM}\int f(t)\,dt\right]\sin\omega_c t$$

经过相乘器后，有：

$$s_p(t) = -\frac{1}{2}A\sin 2\omega_c t + \left[AK_{FM}\int f(t)\,dt\right]\sin^2\omega_c t$$

$$= -\frac{1}{2}A\sin2\omega_ct + \frac{AK_{FM}}{2}\int f(t)\,dt - \frac{AK_{FM}}{2}\big[\int f(t)\,dt\big]\cos2\omega_ct \qquad (2-45)$$

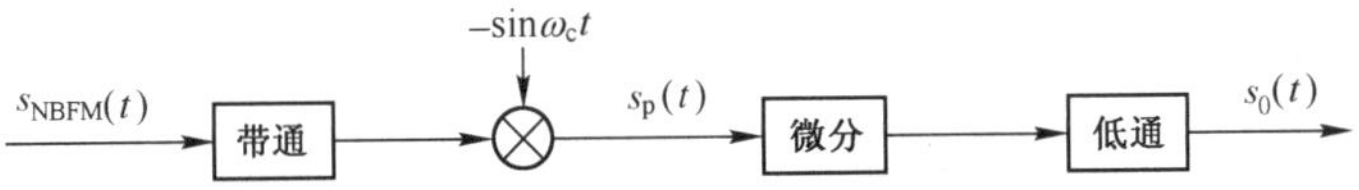

图 2.29　窄带调频信号的相干解调

经过微分以及滤波以后，其输出为：

$$s_0(t) = \frac{AK_{FM}}{2}f(t) \qquad (2-46)$$

明显地，该解调方法只适用于窄带调频信号。

2.3.3　相位调制（PM）

本节一开始就介绍了调相信号的波形以及时域表达式，它的瞬时相位 $\theta(t)$ 是调制信号 $f(t)$ 的线性函数，即：

$$s_{PM}(t) = A\cos\big[\omega_ct + K_{PM}f(t)\big]$$

和频率调制一样，调相也有宽带调相和窄带调相之分。它的划分依据是：

当 $|K_{PM}f(t)|_{max} \ll \dfrac{\pi}{6}$ 时，为窄带调相。 $\qquad (2-47)$

1. 窄带调相 NBPM

和窄带调频相似，利用条件式（2-47）可以得出窄带调相的表达式为：

$$S_{NBPM}(t) \approx A\cos\omega_ct - AK_{PM}f(t)\sin\omega_ct \qquad (2-48)$$

与此相应的，窄带调相的频谱为：

$$S_{NBPM}(\omega) = \pi A\big[\delta(\omega-\omega_c)+\delta(\omega+\omega_c)\big] + \frac{jAK_{FM}}{2}\big[F(\omega-\omega_c)-F(\omega+\omega_c)\big] \quad (2-49)$$

由式（2-49）可知，和窄带调频一样，窄带调相信号的频谱也和常规双边带调制信号频谱相似，只是调相信号中调制信号的频谱在搬移到 $\pm\omega_c$ 时分别移相 $\pm90°$。

2. 宽带调相 WBPM

当调相信号不满足条件式（2-47）时，就称之为宽带调相。由于宽带调相信号分析复杂，我们只考虑调制信号为单频信号时的情况。利用贝塞尔函数，可以得到单频调相信号的另一种表示形式为：

$$S_{PM}(t) = A\sum_{n=-\infty}^{\infty}J_n(\beta_{FM})\cos\big[(\omega_c+n\omega_m)t + \frac{1}{2}n\pi\big] \qquad (2-50)$$

同样地，可由式（2-50）得出单频调制时宽带调相信号的频谱为：

$$S_{PM}(\omega) = \pi A\sum J_n(\beta_{FM})\big[e^{\frac{jn\pi}{2}}\delta(\omega-\omega_c-n\omega_m) + e^{-\frac{jn\pi}{2}}\delta(\omega+\omega_c+n\omega_m)\big] \quad (2-51)$$

可以看出，调相信号的频谱和调频信号相似，也包含有无限多个频率分量，且都同样以 ω_m 的间隔等距离地分布在载频 ω_c 的两侧，其幅度都和 $J_n(\beta_{PM})$ 成正比，随着 n 的增加，$J_n(\beta_{PM})$ 迅速减小。因此，虽然调相信号的带宽也应当为无穷大，但它同样可以按照卡森公式来计算其带宽：

$$B_{\mathrm{PM}} = 2(1 + \beta_{\mathrm{PM}})f_{\mathrm{m}} \qquad (2\text{-}52)$$

即一般只考虑到 $(\beta_{\mathrm{PM}} + 1)$ 次边频分量就足够了。

由于调相指数 $\beta_{\mathrm{PM}} = K_{\mathrm{PM}}A_{\mathrm{m}}$，而调频指数 $\beta_{\mathrm{KM}} = \dfrac{K_{\mathrm{FM}}A_{\mathrm{m}}}{\omega_{\mathrm{m}}}$，所以，当调制信号 $f(t)$ 的角频率 ω_{m} 增大（或减少）时，β_{PM} 不变而 β_{FM} 将随之减少（或增大）。故调相信号的带宽就要随 $f(t)$ 的 ω_{m} 增加而增加，但调频信号由于其 β_{FM} 与 ω_{m} 反向变化，故调频信号的带宽随 ω_{m} 的变化而改变很小。这就是调频比调相应用广泛的主要原因。

比较式（2-25）、式（2-27）可以发现，如果令 $g_1(t) = \int f(t)\,\mathrm{d}t$，把 $g_1(t)$ 作为调制信号代入调相信号的表达式中，得到的将是 $g_1(t)$ 的调频信号。同样地，若令 $g_2(t) = \dfrac{\mathrm{d}f(t)}{\mathrm{d}t}$，再把 $g_2(t)$ 作为调制信号代入调频信号表达式中，则得到的是 $g_2(t)$ 的调相信号。因此可以说，调频和调相二者之间没有本质区别，这是因为载波频率的任何改变都必然会导致其相位的变化，反之亦然。所以，和图 2.27 一样，也可以利用频率调制电路来实现相位调制，即将 $f(t)$ 先进行微分，再进行调频即可得到调相信号，如图 2.30 所示。

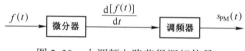

图 2.30　由调频电路获得调相信号

尽管调频和调相关系密切，但调频系统的性能优于调相系统。故一般模拟调制中都采用调频而非调相，只是把调相电路作为产生调频信号的一种方法。

和调幅制相比，角度调制的主要优点是抗干扰性能强，且这一能力将随着传输带宽的增大而增强。因此，在带宽条件允许的情况下，人们可以通过增加已调信号带宽来换取接收机输出信噪比的提高。但显然的，角度调制方式的设备比模拟调制复杂。

目前，调频技术主要用于调频广播、电视、通信及遥控遥测等设备中，而相位调制技术则主要用于数字通信系统和产生间接调频。

2.4　模拟调制系统的抗噪声性能

既然模拟调制可以被分为线性调制和非线性调制，下面首先分别介绍这两类调制的抗噪声性能，然后再进行综合比较。

2.4.1　线性调制系统的抗噪声性能

由于所有的线性调制都可以采用相干方式进行解调，一般就以系统经相干解调后的输出信噪比来衡量其抗噪能力。线性调制系统相干解调框图如图 2.31 所示。

所有线性调制信号都可用下式统一表达为：

$$s(t) = s_1(t)\cos\omega_c t + s_Q(t)\sin\omega_c t \qquad (2\text{-}53)$$

称式（2-53）中第一、二项分别为同相分量、正交分量。对抑制载波双边带调制信号，有：

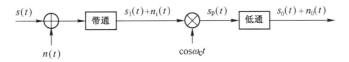

图 2.31 线性调制系统相干解调模型

$$s_I(t) = f(t); \qquad s_Q(t) = 0 \tag{2-54}$$

故

$$s_{DSB}(t) = f(t)\cos\omega_c t$$

而对单边带调制信号，则有：

$$s_I(t) = \frac{1}{2}f(t); \qquad s_Q(t) = \mp\frac{1}{2}\hat{f}(t) \tag{2-55}$$

故

$$s_{HSB}(t) = \frac{1}{2}f(t)\cos\omega_c t - \frac{1}{2}\hat{f}(t)\sin\omega_c t \tag{2-56}$$

$$s_{LSB}(t) = \frac{1}{2}f(t)\cos\omega_c t + \frac{1}{2}\hat{f}(t)\sin\omega_c t \tag{2-57}$$

对残留边带调制信号而言，有：

$$s_I(t) = \frac{1}{2}f(t); \qquad s_Q(t) = \mp\frac{1}{2}\tilde{f}(t) \tag{2-58}$$

故

$$s_{HVSB}(t) = \frac{1}{2}f(t)\cos\omega_c t - \frac{1}{2}\tilde{f}(t)\sin\omega_c t \tag{2-59}$$

$$s_{LVSB}(t) = \frac{1}{2}f(t)\cos\omega_c t + \frac{1}{2}\tilde{f}(t)\sin\omega_c t \tag{2-60}$$

其中，$\tilde{f}(t)$ 是调制信号通过残留边带滤波器以后的输出。

通常把输入的噪声视为各态历经的高斯白噪声信号，它经过图中的窄带带通滤波器（通带带宽远小于中心频率 ω_0 的滤波器就是窄带滤波器）以后，其输出信号可表示为：

$$n_I(t) = n_I(t)\cos\omega_0 t - n_Q(t)\sin\omega_0 t \tag{2-61}$$

且有：

$$E[n_I^2(t)] = E[n_I^2(t)] = E[n_Q^2(t)] = N_I = n_0 B \tag{2-62}$$

其中，N_i、n_0 分别为输入噪声信号的功率及单边功率谱密度；

B 是带通滤波器的通带带宽。

根据解调器框图 2.26，可知：

$$s_p(t) = [s_I(t) + n_I(t)] \cdot \cos\omega_c t$$
$$= s_I(t)\cos^2\omega_c t + s_Q(t)\sin\omega_c t\cos\omega_c t + n_I(t)\cos\omega_0 t\cos\omega_c t - n_Q(t)\sin\omega_0 t\cos\omega_c t$$

经过低通以后，输出：

$$s_0(t) + n_0(t) = \frac{1}{2}s_I(t) + \frac{1}{2}n_I(t)\cos(\omega_0 - \omega_c)t - \frac{1}{2}n_Q(t)\sin(\omega_0 - \omega_c)t \tag{2-63}$$

当输入常规双边带调制信号 $s_{AM}(t)$、抑制载波的双边带调制信号 $s_{DSB}(t)$ 时，输入信号功率与噪声功率分别为：

$$(S_i)_{AM} = \frac{1}{2}\left[A^2 + \overline{f^2(t)}\right]; \qquad (S_i)_{DSB} = \frac{1}{2}\overline{f^2(t)} \tag{2-64}$$

$$(N_i)_{AM} = n_0 W_{AM} = 2n_0 W; \quad (N_i)_{DSB} = n_0 W_{DSB} = 2n_0 W \tag{2-65}$$

式中，W 为调制信号的带宽。

则 $s_{AM}(t)$、$s_{DSB}(t)$ 的解调输入信噪比为：

$$(S_i/N_i)_{AM} = \frac{A^2 + \overline{f^2(t)}}{4n_0 W}; \qquad (S_i/N_i)_{DSB} = \frac{\overline{f^2(t)}}{4n_0 W} \tag{2-66}$$

由于双边带调制信号解调时，其带通滤波器的中心频率 ω_0 就是载波频率 ω_c，故

$$s_0(t) = \frac{1}{2}s_I(t) = \frac{1}{2}f(t); \qquad n_0(t) = \frac{1}{2}n_I(t) \tag{2-67}$$

所以

$$S_0 = \frac{1}{4}\overline{f^2(t)}; \qquad N_0 = \frac{1}{4}\overline{n_I^2(t)} = \frac{1}{4}N_i = \frac{1}{2}n_0 W \tag{2-68}$$

故双边带调制的输出信噪比为：

$$(S_0/N_0) = \frac{\overline{f^2(t)}}{2n_0 W} \tag{2-69}$$

单边带信号的解调分析与此类似，只是其中带通滤波器的中心频率不再与载波频率重合，而是存在式（2-70）所示的关系，且上边带时 $\omega_0 > \omega_c$，下边带时则正好相反。

$$|\omega_0 - \omega_c| = \pi W \tag{2-70}$$

代入式（2-63），可得：

$$(S_i)_{SSB} = \frac{1}{4}\overline{f^2(t)}; \qquad (N_i)_{SSB} = n_0 W \tag{2-71}$$

$$(S_0)_{SSB} = \frac{1}{16}\overline{f^2(t)}; (N_0)_{SSB} = \frac{1}{4}\left[\frac{1}{2}\overline{n_I^2(t)} + \frac{1}{2}\overline{n_Q^2(t)}\right] = \frac{1}{4}N_i = \frac{1}{4}n_0 W \tag{2-72}$$

故

$$(S_i/N_i)_{SSB} = \frac{\overline{f^2(t)}}{4n_0 W}; \qquad (S_0/N_0)_{SSB} = \frac{\overline{f^2(t)}}{4n_0 W} \tag{2-73}$$

残留边带调制的抗噪声性能分析更为复杂一些，我们不再要求。

2.4.2 非线性调制系统的抗噪声性能

由于前述调相信号在频带利用方面的缺点，实际系统中一般采用调频方式。因此，对于非线性系统的抗噪声性能分析，我们主要分析调频信号采用非相干解调时的性能。根据前面关于非相干解调的介绍，可以推得如下结果：

$$(S_i)_{FM} = \frac{1}{2}A^2 \tag{2-74}$$

$$(N_i)_{FM} = n_0 B_{FM} \tag{2-75}$$

故非相干解调的输入信噪比为：

$$(S_i/N_i)_{FM} = \frac{A^2}{2n_0 B_{FM}} \tag{2-76}$$

其相应的输出信噪比为：

$$\left(S_0/N_0 \right)_{\rm FM} = 3\left(\frac{\Delta f_{\rm max}}{f_{\rm m}} \right) \cdot \frac{\overline{f^2(t)}}{|f(t)|_{\rm max}^2} \cdot \frac{A^2}{2n_0 f_{\rm m}} \tag{2-77}$$

其中，$f_{\rm m}$、$\overline{f^2(t)}$、$|f(t)|_{\rm max}^2$ 分别为调制信号最高频率、方均值和最大幅度值平方。

当调制信号为单频信号时，相应的输出信噪比为：

$$\left(S_0/N_0 \right)_{\rm FM} = \frac{3}{2}\beta_{\rm FM}^2 \cdot \frac{A^2}{2n_0 B_{\rm FM}} \cdot \frac{B_{\rm FM}}{f_{\rm m}} = 3\beta_{\rm FM}^2 \cdot (\beta_{\rm FM} + 1) \cdot \frac{S_{\rm i}}{N_{\rm i}} \tag{2-78}$$

从式（2-78）可以看出，调频系统的解调输出信噪比较高，其输出信噪比和输入信噪比之比和调频指数 $\beta_{\rm FM}$ 的立方近似成比例。显然，$\beta_{\rm FM}$ 越高，输出信噪比越大，系统的信噪比改善也就越好。和前面线性调制系统相比，调频系统的抗噪声性能要好得多，尤其是宽带调频系统。但同时我们也应该看到，这种性能的改善是以带宽为代价的。线性调制系统的带宽最大仅为调制信号最大频率的 2 倍，而调频信号的带宽则是最高频率的 $2(\beta_{\rm FM} + 1)$ 倍。当 $\beta_{\rm FM} \gg 1$ 时，$B_{\rm FM} \gg B_{\rm AM}$ 或 $B_{\rm DSB}$，更不用说单边带或残留边带信号了。下面通过一个例题来说明这个问题。

例 2.2 若信道引入的加性高斯白噪声功率谱密度为 $n_0 = 0.5 \times 10^{-12}$ W/Hz，路径衰耗 60dB，输入单频调制信号的频率为 20kHz，输出信噪比为 50dB。试比较分别采用抑制载波的双边带调制和频率调制（调频指数为 10）时，发送端的最小发送载波功率。

解：两种调制情况下，已调信号带宽分别为：

$$B_{\rm DSB} = 2f_{\rm m} = 40{\rm kHz}, \qquad B_{\rm FM} = 2(\beta_{\rm FM} + 1)f_{\rm m} = 440{\rm kHz}$$

常规双边带调制时，由前面的分析结果可得：

$$\left(S_0/N_0 \right)_{\rm DSB} = \frac{\overline{f^2(t)}}{2n_0 B_{\rm DSB}} = \frac{1}{4} \cdot \frac{A^2}{n_0 \cdot B_{\rm DSB}} = \frac{1}{4} \cdot \frac{A^2}{0.5 \times 10^{-12} \times 2 \times 10^4} = 10^5$$

考虑路径衰耗，采用抑制载波的双边带调制时，发送端最小载波发射功率为：

$$\frac{1}{2}A^2 \times 10^6 = 10^3 {\rm W} = 1000 {\rm W}$$

调频方式时：

$$\left(S_{\rm i}/N_{\rm i} \right)_{\rm FM} = \frac{A^2}{2n_0 B_{\rm FM}} = \frac{A^2}{44} \times 10^8$$

$$\left(S_0/N_0 \right)_{\rm FM} = 3\beta_{\rm FM}^2 \cdot (\beta_{\rm FM} + 1) \cdot \frac{S_{\rm i}}{N_{\rm i}} = 3300 \times \frac{A^2}{44} \times 10^8 = 0.75A^2 \times 10^{10} = 10^5$$

考虑路径衰耗，调频方式下，发送端的最小载波发送功率为：

$$\frac{1}{2}A^2 \times 10^6 = \frac{2}{3} \times 10^{-5} \times 10^6 = 6.67 {\rm W}$$

显然，调频系统的发射功率远低于单边带调制系统，这是用带宽换取的。

本 章 小 结

本章通过对几种具体调制方式的介绍和分析，讲述了模拟调制的基本原理和性能。通常按照调制前、后信号频谱之间是否存在线性关系来将模拟调制分为线性调制和非线性调制两大类。其中，常规双边带调制 AM、抑制载波的双边带调制 DSB、单边带调制 SSB 和残留边带调制 VSB 属于线性调制，而频率调制和相位调制则都是非线性调制。总的来说，线性调制系统频带利用率较高，但抗干扰能力较差；非线性系统则正好与此相反。

为了使读者更好地熟悉、掌握各种调制方式的性能，表 2.1 列出了各系统在调制信号为单频信号时的基本特点及公式。

表 2.1 各系统在调制信号为单频信号时的基本特点及公式

调制方式	信号带宽	调制后信号	解调方式	输出信噪比	应　　用
AM	$2f_m$	$[A+f(t)]\cos\omega_c t$	1. 包络检波 2. 相干解调	$\dfrac{A_m^2}{4n_0 B_{AM}}$ （相干解调时）	很少
DSB	$2f_m$	$f(t)\cos\omega_c t$	相干解调	$\dfrac{A_m^2}{4n_0 B_{DSB}}$	短波无线通信
SSB	f_m	$\dfrac{1}{2}f(t)\cos\omega_c t \mp \dfrac{1}{2}\hat{f}(t)\sin\omega_c t$	相干解调	$\dfrac{A_m^2}{8n_0 B_{SSB}}$	民用收音机
VSB	$f_m < B < 2f_m$	$\dfrac{1}{2}f(t)\cos\omega_c t \mp \dfrac{1}{2}\widetilde{f}(t)\sin\omega_c t$	相干解调		电视通信
FM	$2f_m(1+\beta_{FM})$	$A\cos\left[\omega_c t + K_{FM}\int f(t)\,\mathrm{d}t\right]$	1. 非相干解调即鉴频 2. 相干解调 （对 NBFM 信号）	$\dfrac{3A^2}{4n_0 f_m^2}\beta_{FM}^2$	超短波通信、微波接力通信、卫星通信
PM	$2f_m(1+\beta_{PM})$	$A\cos\left[\omega_c t + K_{PM}f(t)\right]$	1. 非相干解调 2. 相干解调		极少

从抗噪声能力的角度出发，调频系统性能最好，单边带系统和抑制载波的双边带系统次之，常规双边带调制信号由于绝大部分功率分配在载波功率上，其抗噪声性能最差。调频系统的调频指数 β_{FM} 越大，其抗噪声性能越好，但传输信号所需的带宽也越宽，常用于高质量要求的远距离通信系统如微波接力、卫星通信系统以及调频广播系统中。单边带调制系统由于传输带宽最窄，且解调输出信噪比较高，被广泛用于短波无线电通信系统中。虽然 AM 信号的抗噪声性能最差，但该调制系统线路特别简单，现在仍在民用收音机系统中使用。

习　题　2

一、填空题

2.1　模拟信号基带传输以（　　）的形式在通信线路上直接传输，如公共交换电话网 PSTN 的用户接入网；模拟信号频带传输将基带信号经过调制，以（　　）的形式在信道中进行传输，其典型系统如卫星中继通信、调频广播等；模拟信号数字传输将模拟的基带信号通过（　　）转换，以（　　）的形式在信道中进行传输，在接收端则通过（　　）转换，还原输出模拟信号。

2.2　幅度调制就是调制信号 $u_\Omega(t)$ 改变载波信号 $u_c(t)$ 的（　　），即利用 $u_c(t)$ 的（　　）来传送 $u_\Omega(t)$ 的信息。

2.3　线性调制就是将基带信号的频谱沿频率轴线做（　　）的过程，其已调信号的频谱结构和基带信号的频谱结构（　　）。根据已调信号频谱与调制信号频谱之间的不同线性关系，可以得到（　　）、（　　）、（　　）和（　　）等不同的调制种类。

2.4　对于调制信号为正弦信号的常规双边带调制，其效率最高为（　　），当调制信号为（　　）

时，常规双边带调制效率最高为（　　）。因此，常规双边带调制 AM 的最大缺点就是（　　），其功率的大部分都消耗在（　　）和（　　）上，这是极为浪费的。

2.5　由于 AM 信号的包络具有（　　）的形状，它的解调可采用（　　），即用非线性器件和滤波器分离提取出调制信号的（　　），获得所需的信息。该方法也常被称为（　　）。

2.6　残留边带调制简记为（　　），它不像单边带那样对不传送的边带进行（　　），而是使它（　　），从而使需要被抑制的边带信号在已调信号中保留了（　　）。

2.7　单边带调制分（　　）调制和（　　）调制两种，一般用符号标记为（　　）和（　　）。

2.8　根据调制信号 $f(t)$ 控制的是载波的角频率还是相位，可将角调制分为（　　）调制 FM 和（　　）调制 PM。在角调制中，已调信号的频谱和调制信号频谱之间不再保持（　　）关系，出现许多（　　）分量。因此，也称角调制为（　　）。

2.9　调频信号的波形疏密程度和调制信号 $f(t)$ 完全一致，当 $f(t)$ 取（　　）时，$S_{FM}(t)$ 频率最高，即此时（　　）最大；当 $f(t)$ 取（　　）时，$S_{FM}(t)$ 频率最低，此时频偏达到（　　）。调相信号的波形疏密程度和调制信号 $f(t)$ 有（　　）的偏差，这是因为（　　）和（　　）之间是一个微分、积分的关系。

2.10　调频信号将生成无限多个频谱分量，各分量都以（　　）的间隔等距离地以（　　）为中心分布，每个边频分量的幅度都正比于（　　）的值，而载频分量的幅度则正比于（　　）。由此可知，调频信号的带宽应当为无穷大，在一般工程中，都按照卡森公式来计算调频信号的带宽，即对于（　　）次的边频分量，可以忽略不记。

2.11　由贝塞尔函数的基本性质（3）可知，调频信号的所有（　　）的功率之和加上（　　）的功率将等于（　　）。这是由于调频信号只改变载波的（　　），而不改变其（　　），故调频前后信号的总功率（　　）。

2.12　单频调制时宽带调相信号的频谱包含有（　　）个频率分量，都以 ω_m 的间隔等距离地分布在（　　）的两侧，其幅度随着 n 的增加（　　）。因此，按照卡森公式，其带宽为（　　）。当调制信号 $f(t)$ 的角频率 ω_m 增大时，调相指数 β_{PM}（　　）而调频指数 β_{FM} 将（　　）。故调相信号的带宽要随 $f(t)$ 的 ω_m 增加而（　　），但调频信号带宽随 ω_m 的变化而（　　）。因此，调频比调相应用（　　）。

2.13　调频系统的解调输出信噪比较高，其输出信噪比和输入信噪比之比和（　　）的立方近似成比例。但是，这种性能改善是以（　　）为代价的，线性调制系统的带宽最大仅为调制信号最大频率的（　　）倍，而调频信号的带宽则是最高频率的（　　）倍。

2.14　在相干解调时，DSB 系统的增益 $G = $ ＿＿＿＿＿＿，SSB 系统 $G = $ ＿＿＿＿＿＿，AM 系统在单音频调制时 $G_{max} = $ ＿＿＿＿＿＿。

2.15　在信噪比低到一定程度时，调频解调器会产生＿＿＿＿＿＿，输出信噪比急剧下降。

2.16　若调幅信号 $S_m(t) = 0.2\cos2\pi \times 10^4 t + 0.2\cos2\pi \times 1.4 \times 104t$，则该调幅信号属（　　）调制，其调制信号的频率为（　　）

二、单选题

2.17　根据已调信号的频谱结构和未调制前信号频谱之间的关系，可把调制分为线性调制和（　　）调制两种。

A. 幅度　　　　　　B. 频率　　　　　　C. 相位　　　　　　D. 非线性

2.18　AM 调制中，当调幅指数 $m_a = \dfrac{A_m}{A}$ 取值为（　　）时，已调信号包络将严重失真，使接收端检波后不能再恢复出原来的调制信号波形，即发生所谓的过量调幅。

A.（0，1）　　　　B.［0～1］　　　　C.［1，∞］　　　　D.（1，∞）

2.19　AM 信号的频谱就是将调制信号的频谱幅度减小一半后，分别搬移到以载波角频率 ω_c 为中心的（　　）处，并在其上再各自叠加一个强度为（　　）的冲击分量。

A. $\pm\omega_c/2$	B. $\pm\omega_c$	C. $\pm2\omega_c$	D. $\pm4\omega_c$
E. $\pi A/4$	F. $\pi A/2$	G. πA	H. $2\pi A$

2.20 抑制载波双边带调制信号的频谱就是将调制信号的频谱幅度减小一半后，分别搬移到以载波角频率 ω_c 为中心的（   ）处，并在其上再各自叠加一个强度为（   ）的冲击分量。

A. $\pm\omega_c/2$	B. $\pm\omega_c$	C. $\pm2\omega_c$	D. $\pm4\omega_c$
E. $\pi A/4$	F. $\pi A/2$	G. πA	H. 0

2.21 仅利用一个边带传输信息的调制方式就是（   ），简称 SSB。

A. 单边带调制   B. 双边带调制

C. 残留边带调制   D. 抑制载波双边带调制

2.22 残留边带信号的解调也采用相干解调法，但必须保证滤波器的截止特性使传输边带在载频附近被抑制的部分由抑制边带的残留部分进行精确补偿，即其滤波器的传递函数必须具有（   ）特性，即满足条件（   ），接收端才能不失真地恢复原始调制信号。

A. 对称   B. 互补   C. 互补对称   D. 相同的

E. $H_{VSB}(\omega-2\omega_c)+H_{VSB}(\omega+2\omega_c)=$ 常数

F. $H_{VSB}(\omega-\omega_c)+H_{VSB}(\omega+\omega_c)=$ 常数

G. $H_{VSB}(\omega-\omega_c)\times H_{VSB}(\omega+\omega_c)=$ 常数

H. $H_{VSB}(\omega-n\omega_c)+H_{VSB}(\omega+n\omega_c)=$ 常数

2.23 单频信号的窄带调频信号和常规调幅信号的频谱十分相像，它们都含有 ω_c 和 $\omega_c+\omega_m$ 频率分量，且两种信号的带宽一样。唯一的不同之处是（   ）。

A. 常规调幅信号频谱中 $(\omega_c+\omega_m)$ 频率分量的谱线向下

B. 窄带调频信号频谱中 $(\omega_c+\omega_m)$ 频率分量的谱线向下

C. 窄带调频信号中 $(\omega_c+\omega_m)$ 分量与 $(\omega_c-\omega_m)$ 分量都是负的

D. 常规调幅信号中 $(\omega_c+\omega_m)$ 分量与 $(\omega_c-\omega_m)$ 分量是彼此反相的

2.24 划分宽带调相和窄带调相的依据是（   ）。

A. 当 $|K_{PM}f(t)|_{max}<\dfrac{\pi}{6}$ 时，为窄带调相   B. 当 $|K_{PM}f(t)|_{max}\ll\dfrac{\pi}{6}$ 时，为宽带调相

C. 当 $|K_{PM}f(t)|_{max}\ll\dfrac{\pi}{6}$ 时，为窄带调相   D. 当 $|K_{PM}f(t)|_{max}>\dfrac{\pi}{6}$ 时，为窄带调相

2.25 单频调制时宽带调相信号的频谱包含有无限多个频率分量，都以 ω_m 的间隔等距离地分布在载频 ω_c 的两侧，其幅度都和（   ）成正比。

A. $J_0(\beta_{PM})$ B. $J_1(\beta_{PM})$ C. $J_2(\beta_{PM})$ D. $J_n(\beta_{PM})$

2.26 将单频信号 $f(t)$（   ），即可得到调相信号。

A. 先微分，再调幅   B. 先调幅，再微分

C. 先积分，再调频   D. 先微分，再调频

2.27 在下列各调制方式中，抗噪声能力从强到弱依次是（   ）。

A. 调频、常规双边带调制、单边带系统和抑制载波的双边带调制

B. 调频、单边带系统和抑制载波的双边带调制、常规双边带调制

C. 双边带调制调制、单边带系统和抑制载波的双边带调制、调频

D. 单边带系统和抑制载波的双边带调制、常规双边带调制调制、调频

三、多选题

2.28 按照通信系统可分为基带和频带传输系统的规则，现有的模拟信号传输系统可分为（   ）等。

A. 模拟信号基带传输   B. 模拟信号频带传输

C. 模拟信号数字传输   D. 数字信号模拟传输

2.29 调制就是使高频信号的某个参数如（ ）随基带信号发生相应变化，解调则是在接收端将调制信号还原成基带信号的过程。调制系统具有如下（ ）功能或特点。

    A. 时间   B. 频率   C. 幅度   D. 相位

    E. 对信号进行频谱搬移，使之适合信道传输的要求

    F. 把基带信号调制到较高的频率，使天线容易辐射

    G. 有利于实现信道复用，加快系统传输信号的速度

    H. 减小噪声和干扰的影响，提高系统传输的可靠性

2.30 在下列几种调制方式中，属于频率调制的是（ ），属于相位调制的是（ ）。

    A. 调频（FM）   B. 调相（PM）

    C. 脉冲位置调制（PPM）   D. 脉冲频率调制（PFM）

    E. 振幅键控（ASK）   F. 脉冲振幅调制（PAM）

    G. 频率键控（FSK）   H. 相位键控（PSK）

2.31 单边带调制由于只采用一个边带进行调制，和双边带调制相比，具有（ ）的特点。

    A. 节省传输频带，提高频带利用率   B. 较强的抗选择性衰落能力

    C. 电路实现较难   D. 较弱的抗选择性衰落能力

2.32 低频信号的调制过程中，残留边带调制由于（ ）特性而成为含有大量低频成分信号的首选调制方式。

    A. 滤波器制作比双边带容易   B. 滤波器制作比单边带容易

    C. 频带利用率较高   D. 频带利用率最高

2.33 划分窄带调频和宽带调频的依据为（ ）。

    A. 若瞬时相位偏移远小于 0.5 或 $\dfrac{\pi}{2}$，则为窄带调频

    B. 当 $K_{FM}\int f(t)\mathrm{d}t \ll 0.5$ 时为窄带调频

    C. 若瞬时相位偏移远小于 0.5 或 $\dfrac{\pi}{2}$，则为宽带调频

    D. 当 $K_{FM}\int f(t)\mathrm{d}t \ll 0.5$ 时为宽带调频

2.34 n 阶贝塞尔函数具有如下（ ）等基本性质。

    A. $\mathrm{J}_{-n}(\beta_{FM}) = (-1)^{2n+1}\mathrm{J}_n(\beta_{FM})$ B. $\mathrm{J}_{-n}(\beta_{FM}) = (-1)^{n}\mathrm{J}_n(\beta_{FM})$

    C. 当调频指数 β_{FM} 很小时，$\mathrm{J}_0(\beta_{FM}) \approx 1$；$\mathrm{J}_n(\beta_{FM}) \approx 0$，$(n > 1)$

    D. 各阶贝塞尔函数的平方和恒为 1，即 $\displaystyle\sum_{n=-\infty}^{\infty}\mathrm{J}_n^2(\beta_{FM}) = 1$

2.35 调频系统由于优良的抗噪声性能和较高的带宽要求，常用于高质量要求的远距离通信系统如（ ）中。

    A. 微波接力   B. 卫星通信系统

    C. 调频广播系统   D. 民用收音机系统

四、判断题（正确的打√，错误的打×）

2.36 （ ）按照携带信息的高频载波的种类，调制可以分为模拟调制和数字调制两种。

2.37 （ ）频率调制利用载波信号 $u_c(t)$ 的频率变化来传送调制信号 $u_\Omega(t)$ 的信息，如调频（FM）、脉冲位置调制（PPM）等。

2.38 （ ）常规双边带调制用信号 $f(t)$ 叠加一个直流分量后去控制载波 $u_c(t)$ 的振幅，使已调信号的包络按照 $f(t)$ 的规律线性变化，简记为 AM。

2.39 （ ）常规双边带调制 AM 当叠加的直流分量 A 和调制信号 $f(t)$ 之间满足 $A + f(t) \geq 0$ 时，已

调信号的包络形状将和调制信号不一致，即发生失真。

2.40　（　　）AM 信号的解调通常有包络检波法和相干解调法两种。

2.41　（　　）抑制载波双边带调制 DSB 信号的包络已经不再具有调制信号 $f(t)$ 的形状，故不能再采用包络检波法对其进行解调，但可使用相干解调方式解调。

2.42　（　　）电视图像信号都采用残留边带调制，其载频和下边带信号全部传送出去，而上边带信号则只传不低于 0.75MHz 的高频信号部分。

2.43　（　　）单频信号的窄带调频信号和常规调幅信号的频谱完全一样，都含有 ω_c 和 $\omega_c \pm \omega_m$ 频率分量，且两种信号的带宽都一样，所以存在关系 $B_{AM} = B_{NBFM} = 2f_m$。

2.44　（　　）严格来说，调频信号的带宽为无穷大。但随着 n 的增大，$J_n(\beta_{FM})$ 的值迅速减小，故绝大部分高次边频分量均可被忽略。

2.45　（　　）宽带调频的频谱由载频和无穷多个边频组成。各同阶边频分量虽然对称分布于载频两侧，且幅度相等，但偶次边频幅度的符号相同，而奇次边频相对于载频的上、下谱线幅度则符号相反。

2.46　（　　）调频信号的产生可以采用直接调频法和间接调频法两种。

2.47　（　　）窄带调相信号的频谱也和常规双边带调制信号频谱相似，只是频谱在搬移到 $\pm \omega_c$ 时分别移相了 $\pm 90°$。

2.48　（　　）和调幅制相比，角度调制的主要优点是电路实现简单，缺点是占用频带较宽。

五、分析与计算题

2.49　设已调信号为 $s(t) = (2 + \cos 100\pi t)\cos 10^6 \pi t (\text{V})$，试画出该信号的频谱及其经过包络检波后的输出波形。

2.50　若有某非线性器件的输入输出关系为 $s_0(t) = 2s_i(t) + s_i^2(t)$。当其输入为常规双边带调制信号 $s_i(t) = (1 + \cos 100\pi t)\cos 20000\pi t$ 时，相应的输出信号 $s_0(t)$ 中有哪些频率分量？

2.51　对调制信号 $s_1(t) = (1 + \cos\omega_m t)\cos\omega_c t$、$s_2(t) = \cos\omega_m t\cos\omega_c t$ 都采用相干解调方式，若接收端产生的本地载波信号与发送的载波信号有 $\Delta\Phi$ 的相位差，试分析它对解调结果的影响。

2.52　画出对单频信号 $f(t) = \cos 500\pi t$ 进行上边带调制的框图以及已调信号的频谱，并写出该已调信号的时域表达式。

2.53　用 10kHz 的单频正弦信号对 1MHz 的载波进行调制，峰值频偏为 2kHz，试求：

（1）该调频信号的带宽；

（2）若调制信号的幅度加倍，再求该调频信号的带宽；

（3）若调制信号的频率加倍，再求该调频信号的带宽。

2.54　幅为 1V、频率为 10MHz 载波受到幅度为 1V、频率为 100Hz 的正弦信号调制，最大频偏为 500Hz。问调制信号的幅度和频率各变为 2V、1000Hz 时，新调频信号的带宽为多少？写出两个调频信号的时域表达式。

2.55　有受 1kHz 正弦信号调制的信号为 $100\cos(\cos\omega_c t + 50\cos\omega_m t)$，试求该信号分别为调频信号和调相信号时，调制信号的角频率增加为原来的 2 倍、$\frac{1}{2}$ 倍时的调频指数及带宽。

2.56　用正弦信号 $s(t) = 2\cos 2000\pi t$ 进行了三种不同的角调制，若已调信号的带宽分别为 2、80 和 100kHz，它们各是什么角调制？

2.57　设信道中加性噪声的单边功率谱密度为 $0.5 \times 10^{-9}\text{W/Hz}$，路径衰耗为 60dB，调制信号是频率为 10kHz 的正弦信号。若希望解调输出信噪比为 40dB，试求下列情况下的最小发送功率。

（1）抑制载波的双边带调制，相干解调。

（2）单边带调制，相干解调。

（3）调频，最大频偏 10kHz，用鉴频器解调。

2.58 已知一个单频调制的调频信号，其载波未调制时在 100Ω 电阻上的输出功率为 100W，发射机的频偏从 0 开始逐渐加大，直到第一边频分量幅度为 0。试求：

（1）载频分量的功率。

（2）所有边频分量的功率之和。

（3）若载频频率为 10MHz，写出该调频信号的时域表达式。

2.59 用一个频率为 f_m 的正弦信号分别进行常规双边带调制和频率调制，若两个未调载波的功率相等，调频信号频偏为调幅信号带宽的 5 倍，且两种信号在离载频 $\pm f_m$ 处的边频分量幅度相等。试求调频信号的调频指数以及调幅信号的调幅指数。

第3章　数字基带调制与传输

内容提要

介绍数字通信系统中常用的单极性归零/非归零码、双极性归零/非归零码、差分码、AMI 码和 HDB$_3$ 码等二元、三元基带数字信号；指出模拟信号数字化的基本方法——PCM 脉冲编码调制，详细介绍其抽样、量化及编码三个过程，并对差分脉冲编码调制（DPCM）和增量调制（ΔM）进行原理介绍。提出数字基带传输过程中的常见问题，分析基带系统模型、理想低通系统、滚降滤波器、无码间干扰的滤波器系统特性以及信道均衡技术和部分响应技术，还给出眼图的概念。

3.1　数字基带信号的码型及其功率谱

一般而言，未经调制的数字信息代码所对应的电脉冲信号都是从低频甚至直流开始的，所以一般把它们叫做数字基带信号。由于基带信号直流或低频成分丰富、提取同步信息不便以及易产生码间串扰等，基带信号一般不能在普通信道中传输。但在某些有线信道中，尤其是近距离情况下，数字基带信号可以不经过调制直接传输，这就是数字信号的基带传输，而这个传输系统就是基带传输系统。

既然基带信号是数字信息的电脉冲表示，对同一组数字信息而言，它显然可以根据不同选择得出不同形式的对应基带信号，其频谱结构也将因此不同。所以，基带传输系统首先面临的问题就是信号形式的选择，包括确定码元的脉冲波形及码元序列的格式即码型，使其适合给定信道传输特性的频谱结构。

数字信息的电脉冲表示过程也称码型变换。长距离有线传输数字信号时，其高频分量的衰减将随着距离的增加而增加，且信道中常有的隔直电容和耦合变压器会对传输频带的高频和低频部分造成额外衰减。故为使基带信号在传输过程中获得优良的传输性能，一般都要对原始基带信号进行适当的码型变换，使其适应信道传输特性的要求。

根据一般信道的特点，选择传输码的码型时，主要应考虑以下几点：

（1）码型中低频和高频频率的分量应尽量少，尤其频谱中不能含有直流分量。

（2）码型中应包含定时信息：不能有长串的连 0 码或连 1 码，否则将难以从接收的码元中提取其中包含的同步定时信息。

（3）码型变换设备必须简单而且可靠。

（4）码型具有一定的检错能力：若传输的码型有一定规律，接收端就可以按照这一规律进行检测，并从这一规律是否被破坏来判断接收的信码正确与否。

（5）码型变换应与信源的统计特性无关。

数字基带信号的传输码型很多，根据各种基带信号中每个码元可以选取的幅度取值，可以将它划分为二元码、三元码和多元码。下面我们分别给予介绍。

3.1.1　二元码

最简单的二元码基带信号波形为矩形，只有两种幅度电平取值，分别对应于二进制代码的"1"和"0"。常见的二元码有如下几种，它们的波形如图 3.1 所示。

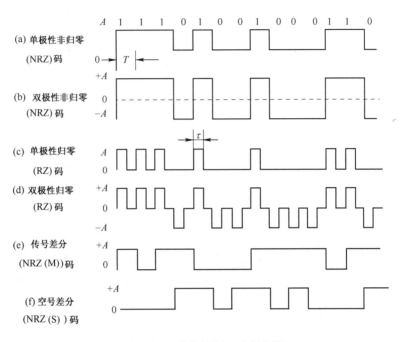

图 3.1　几种常见的二元码波形

1．单极性非归零码

单极性非归零码简称单极性码如图 3.1（a）所示，其中"1"和"0"分别对应正电压和零电位（或负电压和零电位），整个码元期间电平保持不变。这是一种最简单的传输码，但其性能较差，只适于极短距离的传输，故很少采用。其主要缺点表现为：

（1）含有直流成分，而一般有线信道低频传输特性比较差，故信号零频率附近的分量很难传送出去。

（2）接收波形的振幅和宽度容易受信道衰减等多种因素变化的影响，使判决电平不能稳定在最佳电平值上而导致抗噪声性能差。

（3）不能直接提取同步信号。

（4）传输时需要信道的一端接地，故不能用两根线均不接地的电缆等传输线来传输。

2．双极性非归零码

双极性非归零码简称双极性码如图 3.1（b）所示，该码用正电平和负电平分别表示 1 和 0，在整个码元期间电平保持不变。由于双极性非归零码无直流成分，可以在电缆等无接地的传输线上传输，因此得到了较多的应用，但仍然存在不能直接从信号中提取同步信号和信码 0、1 不等概率出现时仍有直流成分的缺点。

3. 单极性归零码

单极性归零码如图 3.1（c）所示，常记做 RZ 码。该码在发送 1 时仅在整个码元期间 T 内只持续一段时间 τ 的高电平，其余时间内则返回到零电平；发送 0 时就直接用零电平表示。称高电平持续时间和整个码元周期之比 $\dfrac{\tau}{T}$ 为占空比，通常使用半占空码，即其 $\dfrac{\tau}{T}$ =50%。

单极性归零码除仍有单极性码的一般缺点外，具有可以直接提取位定时信号的优点，是其他码型在提取位定时信号时通常需要采用的一种过渡码型，即对于采用了其他适合信道传输但不能直接提取同步信号码型的系统而言，可以先变换为单极性归零码后再提取同步信号。

4. 双极性归零码

双极性归零码如图 3.1（d）所示，用正极性的归零码和负极性的归零码分别表示 1 和 0。这种码兼有双极性和归零的特点。虽然它的幅度取值存在三种电平，但因它是用脉冲的正、负极性来表示 0、1 两种信码的，因此通常仍把它归入二元码一类。

其他还有许多二元码如数字双相码、传号反转码、密勒码等，我们在此不再多做介绍，有兴趣的读者可自行查阅有关书籍。以上讲述的四种是最简单的二元码，它们的功率谱中含有丰富的低频乃至直流分量如图 3.2 所示，故不适于有交流耦合的传输信道。当信息中出现长连 1 或长连 0 码时，非归零码将呈现出连续的固定电平波形而无电平跃变，也就不含定时信息。单极性归零码在出现连续 0 码时也存在同样的问题。由于这四种码的信息 1 和 0 分别独立地对应于某个传输电平，其相邻信号之间取值彼此独立，不存在任何相互制约，这种不相关性使这些基带信号不具备检错能力。因此，这四种码一般只用于机内和近距离的传输。

图 3.2 所示是典型的矩形波的功率谱。其分布似花瓣状，第一个过零点之内的花瓣最大，称为主瓣，其余的称为旁瓣。主瓣内集中了信号的绝大部分功率，所以主瓣的宽度可以作为信号的近似带宽，通常称为谱零点带宽。

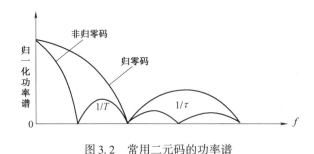

图 3.2　常用二元码的功率谱

3.1.2　差分码

在差分码中，1、0 分别用相邻码元电平是否发生跳变来表示。若用相邻电平发生跳变来表示码元 1，则称之为传号差分码，记做 NRZ（M）码。这是因为电报通信中，常把"1"

称为传号，而把"0"称为空号。反之，若用相邻电平发生跳变来表示码元 0，就叫做空号差分码，记为 NRZ(S) 码。图 3.1 中的图（e）和（f）分别画出传号差分码和空号差分码。

虽然差分码未能解决前面几种二元码所存在的全部问题，但由于它用电平的变化而非电平的大小来传输信息，即它的信码 1、0 与电平之间不存在绝对的对应关系，它可以解决相位键控同步解调时因接收端本地载波相位倒置而引起的信息 1、0 倒换问题，即相位模糊现象，故差分码得到广泛应用。由于差分码中的电平仅具有相对意义，因而又称之为相对码。

3.1.3 非归零单极性码的功率谱

前面主要介绍了几种典型的数字基带信号的时域波形，这对于信号传输的研究来说是不够的，还需要了解数字基带信号的频域特性，才能真正掌握各种基带信号的特点。

数字基带信号是随机的脉冲序列，收信者事先是不可能知道会接收到什么信息的。由于随机信号不能用确定的时间函数表示，也没有确定的频谱函数，所以只能用功率谱来描述它的频域特性。

对于随机脉冲序列，理论上必须首先求出随机序列的自相关函数，然后才能求出功率谱表达式。这一计算过程比较复杂，通常采用一种比较简单的方法来求一些简单码型的功率谱表达式。

设二进制随机序列中 1 码的基本波形为 $g_1(t)$，0 码的基本波形为 $g_2(t)$，T_s 为码元宽度。在前后码元统计独立的条件下，设 $g_1(t)$ 出现的概率为 P，则 $g_2(t)$ 出现的概率为 $(1-P)$，该随机过程可以表示为：

$$g(t) = \sum_{n=-\infty}^{\infty} g_n(t) \tag{3-1}$$

式中，

$$g_n(t) = \begin{cases} g_1(t - nT_s)，出现概率为：P \\ g_2(t - nT_s)，出现概率为：(1-P) \end{cases} \tag{3-2}$$

对于任意的随机信号 $g(t)$，都可以将其分解为两部分：一部分为稳态分量 $a(t)$，另一部分为随机变化的分量 $u(t)$，即：

$$g(t) = a(t) + u(t) \tag{3-3}$$

可以求出 $a(t)$ 的功率谱为：

$$P_a(f) = |a_n|^2 \delta(f - nf_s) = \frac{1}{T_s^2} \sum_{n=-\infty}^{\infty} |PG_1(nf_s) + (1-P)G_2(nf_s)|^2 \delta(f - nf_s) \tag{3-4}$$

$u(t)$ 的功率谱为：

$$P_u(f) = \lim_{T \to \infty} \frac{E\{|U_T(f)|^2\}}{T} = \lim_{T \to \infty} \frac{(2N+1)P(1-P)|G_1(f) - G_2(f)|^2}{(2N+1)T_s}$$

$$= \frac{1}{T_s} P(1-P) |G_1(f) - G_2(f)|^2 \tag{3-5}$$

故 $g(t)$ 的功率谱应为 $P_a(f)$ 和 $P_u(f)$ 两者之和，即：

$$P(f) = \frac{1}{T_s^2} \sum_{n=-\infty}^{\infty} |PG_1(nf_s) + (1-P)G_2(nf_s)|^2 \delta(f - nf_s)$$

$$+ \frac{1}{T_s} P(1-P) |G_1(f) - G_2(f)|^2 \tag{3-6}$$

由式（3-6）可以看出，二进制随机脉冲序列的功率谱包含连续谱 $P_u(f)$ 和离散谱 $P_a(f)$ 两部分。其中，连续谱是由于 $g_1(t)$ 和 $g_2(t)$ 不完全相同使得 $G_1(f) \neq G_2(f)$ 而形成的，所以它总是存在的。但离散谱却不一定存在，它与 $g_1(t)$ 和 $g_2(t)$ 的波形及出现的概率有关。离散谱是否存在是至关重要的，因为它关系着能否从脉冲序列中直接提取位定时信号。如果做不到这一点，则必须设法改变基带信号波形，以便于得到位定时信号。当二进制信息 1 和 0 等概率出现，即 $P = \dfrac{1}{2}$ 时，式（3-6）可简化为：

$$P(f) = \frac{1}{4T_s}\,|\,G_1(f) - G_2(f)\,|^2 + \frac{1}{4T_s^2}\sum_{n=-\infty}^{\infty}|\,G_1(nf_s) + G_2(nf_s)\,|^2\delta(f - nf_s) \qquad (3-7)$$

设信码 0、1 等概率出现，单个 1 码的波形是幅度为 A 的矩形脉冲，时域波形如图 3.3 所示，则非归零单极性码的功率谱可按如下过程求得。

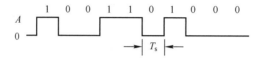

图 3.3　非归零单极性码的波形

设二元码表达式为：

$$g_n(t) = \begin{cases} g_1(t - nT_s), & a_n = 1 \\ g_2(t - nT_s), & a_n = 0 \end{cases} \qquad (3-8)$$

设单个 1 码的波形为 $g_1(t)$，单个 0 码的波形为 $g_2(t)$。由已知条件可知，$g_2(t) = 0$，所以 $G_2(f) = 0$，而 $g_1(t)$ 为矩形脉冲。设 $g(t)$ 为幅度为 1 的矩形脉冲，则：

$$g_1(t) = Ag(t) \qquad (3-9)$$
$$G_1(f) = AG(f) \qquad (3-10)$$

代入式（3-7）可得功率谱表达式为：

$$P(f) = \frac{1}{4T_s}\,|\,AG(f)\,|^2 + \frac{1}{4T_s^2}\sum_{n=-\infty}^{\infty}|\,AG(nf_s)\,|^2\delta(f - nf_s) \qquad (3-11)$$

其离散谱是否存在，取决于频谱函数 $G(f)$ 在 $f = nf_s$ 的取值。$G(f)$ 的表达式为：

$$G(f) = T_sSa\left(\frac{\pi f}{f_s}\right) \qquad (3-12)$$

当 $f = nf_s$ 时，$G(nf_s)$ 有以下几种取值情况：

（1）$n = 0$ 时，$G(nf_s) = T_sSa(n\pi) \neq 0$，因此离散谱中有直流分量。

（2）n 取不为零的整数时，$G(nf_s) = T_sSa(n\pi) = 0$，离散谱均为零。其中，$n = 1$ 时，$G(f_s) = T_sSa(\pi) = 0$，故位定时分量为 0。

综上分析，该非归零单极性码的功率谱可表示为：

$$\begin{aligned} P(f) &= \frac{A^2T_s}{4}Sa^2\left(\frac{\pi f}{f_s}\right) + \frac{A^2}{4}\sum_{n=-\infty}^{\infty}Sa^2(n\pi)\delta(f - nf_s) \\ &= \frac{A^2T_s}{4}Sa^2\left(\frac{\pi f}{f_s}\right) + \frac{A^2}{4}\delta(f) \end{aligned} \qquad (3-13)$$

进一步分析该表达式可知，功率谱的第一个过零点在 $f = f_s$ 处。因此，单极性不归零码的谱零点带宽为：

$$B_s = f_s \tag{3-14}$$

3.1.4 非归零双极性码的功率谱

设 0，1 等概率出现，单个 1 码的波形是幅度为 A 的矩形脉冲，单个 0 码的波形是幅度为 $-A$ 的矩形脉冲，时域波形如图 3.4 所示，则该非归零双极性码的功率谱可用如下方式求得。

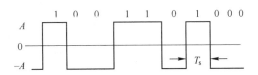

图 3.4 双极性非归零码的波形

设二元码的表达式为：

$$g_n(t) = \begin{cases} g_1(t - nT_s), & a_n = 1 \\ g_2(t - nT_s), & a_n = 0 \end{cases}$$

再设单个 1 码的波形为 $g_1(t)$，单个 0 码的波形为 $g_2(t)$，$g(t)$ 为幅度为 1 的矩形脉冲。由已知条件可得：

$$g_1(t) = Ag(t), \quad G_1(f) = AG(f)$$
$$g_2(t) = -Ag(t), \quad G_2(f) = -AG(f)$$

故

$$G_1(f) = -G_2(f), \quad G_1(nf) = -G_2(nf)$$

将以上关系式代入式（3-7）可得该双极性非归零码的功率谱表达式为：

$$P(f) = \frac{1}{4T_s} |2AG(f)|^2 \tag{3-15}$$

而 $G(f)$ 为：

$$G(f) = T_s Sa\left(\frac{\pi f}{f_s}\right) \tag{3-16}$$

所以

$$P(f) = A^2 T_s Sa^2\left(\frac{\pi f}{f_s}\right) \tag{3-17}$$

由此可以看出，其频谱中没有离散分量，功率谱中的第一个过零点在 $f = f_s$ 处，因此，双极性不归零码的谱零点带宽为：

$$B_s = f_s$$

3.1.5 伪三元码及其功率谱

三元码指的是用信号幅度的三种取值（$+A$，0，$-A$）或（$+1$，0，-1）来表示二进制信码的。这种表示方法通常不是由二进制转换到三进制，而是某种特定的取代关系，所以三元码又称准三元码或伪三元码。三元码的种类很多，被广泛地用做脉冲编码调制的线路传输码型，下面介绍几种常见的三元码。

1. 传号交替反转码 AMI 码

传号交替反转码常记做 AMI 码。在 AMI 码中，二进制码元 0 用 0 电平表示，二进制码元 1 则交替地用 +1 和 −1 的半占空归零码表示，如图 3.5（a）所示。

AMI 码的功率谱如图 3.6 所示，显然，该功率谱无直流分量，低频分量也较小，能量主要集中在频率为 $\frac{1}{2}$ 码速处。位定时频率分量虽然为 0，但只要将其基带信号经全波整流变为单极性归零码，便可从中提取位定时信号。利用传号交替反转规则，在接收端如果发现有破坏该规则的脉冲时，就可知道传输过程中出现了错误，因此该编码规则可用做宏观监视之用。AMI 码是目前最常用的传输码型之一。

当信息中出现长连 0 码时，由于 AMI 码中长时间不出现电平跳变，将会出现难以提取定时信息的问题。实际上工程中在使用 AMI 码时还有一些相关规定，以弥补它在定时提取方面的不足。

2. HDB₃码

为了保持 AMI 码的优点而克服其缺点，人们提出了许多改进 AMI 码的方法，HDB_3 码就是其中富有代表性的一种，如图 3.5（b）所示。

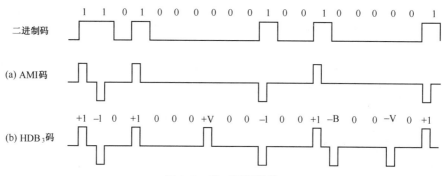

图 3.5　伪三元码波形

HDB_3 码的全称是三阶高密度双极性码。它的编码原理是：先把二进制码变换成 AMI码，然后去检查 AMI 码的连 0 串情况，当没有 4 个以上连 0 码时，该 AMI 码就是 HDB_3 码；当出现了 4 个以上的连 0 码时，则将每 4 个连 0 码组成的一小段中的第 4 个 0 变换成与其前一个非 0 符号（+1 或−1）同极性的符号。显然，这样做会破坏 AMI 码中的极性交替反转规律。通常把这个符号叫做"破坏点"，记为 + V 或−V（取 +1 时用 + V 表示，取 −1 时则用−V 表示）。为了使附加了破坏点符号后的码元序列仍然具有极性交替反转码无直流分量的特性，必须使得相邻两个破坏点所取的符号极性也交替反转，但是这一要求只有当相邻两个 V 符号之间有奇数个非 0 符号时方能得到保证；当其间有偶数个非 0 符号时，则就得不到保证了，这时可使该小段的第一个 0 变换成 + B 或−B，B 符号的极性与前一非 0 符号的相反，并让后面的非 0 符号从 V 开始再交替变化则可满足该要求。具体地，可以将 HDB_3 码的编码规则与过程表述为如下步骤与规则：

（1）连 0 码替代——将 4 个连 "0" 信息码用取代节 "000V" 或 "B00V" 代替：

　　　　　　　　两个相邻 "V" 码中有奇数个 "1" 码时，取代节为 "000V"；

　　　　　　　　两个相邻 "V" 码中有偶数个 "1" 码时，取代节为 "B00V"；

（2）其余的信息 "0" 码仍为 "0" 码；

（3）添加极性—— "V" 码的极性与相邻前一个非零码的极性相同；

　　　　　　　　"1、B" 码的极性与相邻前一个非零码的极性相反。

如，二进制信息 100001000011000011 的 HDB3 码为：

二进制码：　 1　0　0　0　0　1　0　0　0　0　1　1　0　0　0　0　1　1

AMI 码：　　+1　0　0　0　0 −1　0　0　0　0 +1 −1　0　0　0　0 +1 −1

HDB₃码：　 +1　0　0　0　V −1　0　0　0 −V +1 −1 +B　0　0　V −1 +1

　　虽然 HDB₃ 码的编码规则比较复杂，但其译码却比较简单。从上述编码过程可以看出，每一个破坏点 V 总是与前一个非 0 符号同极性（包括 B 在内），因此接收端可以很容易地从收到的符号序列中找到破坏点 V，同时也就可以得知该 V 符号及其前面的 3 个符号必然都是 0，从而恢复出 4 个连 0 码，再将所有−1 都变成 +1 后便得到原二进制码。

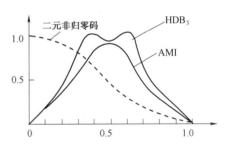

图 3.6　AMI 码和 HDB₃ 码的功率谱

　　HDB₃ 码的特点是显而易见的，它除了保持 AMI 码的优点之外，还增加了使连 0 串减少到最多 3 个的优点，解决了 AMI 码遇到连 0 串不能提取定时信号的问题。HDB₃ 码是 CCITT 推荐使用的基带码之一。AMI 码和 HDB₃ 码的功率谱如图 3.6 所示。

　　生成 HDB₃ 码的原理框图如图 3.7 所示，类似地，接收端对 HDB₃ 进行解码同样需先将双极性 HDB₃ 码变换成代表正、负极性的两路信号，再进行解码，如图 3.8 所示。

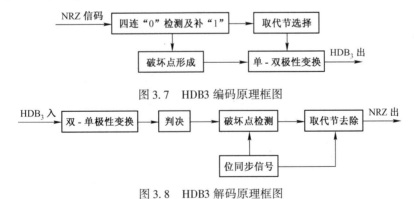

图 3.7　HDB3 编码原理框图

图 3.8　HDB3 解码原理框图

3.2　脉冲编码调制（PCM）

　　脉冲编码调制（PCM）是由法国工程师 Alec Reeres 1937 年提出的，这是一种将模拟信号变换成数字信号的编码方式。PCM 在光纤通信、数字微波通信及卫星通信中都得到了广泛的应用。

PCM 过程主要包括抽样、量化和编码三个步骤。抽样把在时间上连续模拟信号转换成时间上离散而幅度上连续的抽样信号；量化则把幅度上连续的抽样信号转换成幅度上离散的量化信号；编码则是把时间和幅度都已离散的量化信号用二进制码组表示。例如，电话信号的一个 PCM 码组是由 8 位二进制码组组成的，一个码组表示一个量化后的样值。

从调制的观点来看，PCM 就是以模拟信号为调制信号，对二进制脉冲序列进行载波调制，从而改变脉冲序列中各个码元的取值。所以，通常也把 PCM 叫做脉冲编码调制，简称脉码调制。

3.2.1　抽样和抽样定理

将时间上连续的模拟信号变为时间上离散的抽样值的过程就是抽样。抽样定理则主要讨论能否由离散的抽样值序列重新恢复为原始模拟信号的问题，这是所有模拟信号数字化的理论基础。

1. 低通型信号抽样定理

低通型信号的抽样定理是：一个频带限制在 $(0, f_H)$ 内的连续信号 $x(t)$，如果抽样频率 f_s 大于或等于 $2f_H$，则 $x(t)$ 可以被所得到的抽样值完全确定。也就是说，可以由抽样值序列 $\{x(nT_s)\}$ 无失真地重建原始信号 $x(t)$。

由抽样定理可知，当被抽样信号的最高频率为 f_H 时，每秒钟内抽样点的数目将等于或大于 $2f_H$ 个，这意味着对于信号中的最高频率分量至少在一个周期内要对它取两个样值。如果这个条件不能得到满足，则接收端还原该信号时必然出现信号的失真。由于该定理由奈奎斯特（Nyquist）提出并证明，我们就把满足抽样定理的最低抽样频率称为奈奎斯特（Nyquist）频率。一般语音信号的频率在（300~3400Hz）的范围内，可以把它看做是频带（0~3400Hz）的低通型信号，则该信号的抽样频率为 $2 \times 3400 = 6800Hz$（工程上一般取为 8000Hz）。

设 $x(t)$ 为一个频带限制在 $(0, f_H)$ 内的低通信号，抽样脉冲序列是一个周期性冲击函数 $\delta_T(t)$，则抽样信号可看成是 $x(t)$ 和 $\delta_T(t)$ 相乘的结果，如图 3.9 所示。

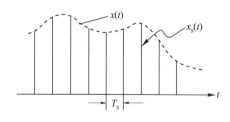

图 3.9　抽样信号的形成过程

抽样信号可表示为：

$$x_s(t) = x(t) \delta_T(t)$$

其相应的频谱关系为：

$$X_s(\omega) = X(\omega) * \delta_T(\omega) = \frac{1}{T} \sum_{n=-\infty}^{\infty} X(\omega - 2n\omega_H)$$

$$(3-18)$$

数学运算和实验都已经证明，此时接收端可通过截止频率为 f_H 的低通滤波器来恢复原信号，如图 3.10 所示。

2. 带通型信号的抽样定理

实际上通信中我们遇到更多的信号是带通信号，这种信号的带宽 B 远小于其中心频率。

若带通信号的上截止频率为f_H，下截止频率为f_L，此时并不一定需要抽样频率达到$2f_H$或更高。只要此时的抽样频率f_s满足：

$$f_s = 2B\left(1 + \frac{M}{N}\right)$$

则接收端就可以完全无失真地恢复出原始信号，这就是带通信号的抽样定理。

上式中，$B = f_H - f_L$；$M = \dfrac{f_H}{B} - N$；N为不超过$\dfrac{f_H}{B}$的最大正整数。由于$0 \leqslant M < 1$，带通信号的抽样频率在（$2 \sim 4$）B内。由上式画出的曲线如图3.11所示。

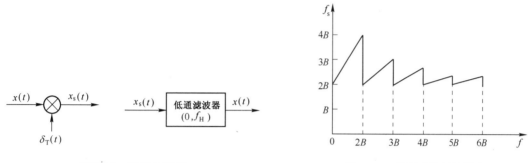

图3.10　抽样与恢复　　　　　图3.11　带通型信号抽样定理

由图3.11可以看出，当f_H、f_L为带宽B的整数倍时，带通型信号的抽样频率为：

$$f_s = 2B$$

3．自然抽样

在第2章中讨论的调制技术是采用正弦信号作为载波来进行的，事实上，除了正弦信号外，在时间上离散的脉冲序列同样可以用做载波。这种调制是用基带信号去改变脉冲序列的某些参数来完成的，这就是本章所要讲述的脉冲调制。通常，根据基带信号改变脉冲序列信号的参数（幅度、宽度、时间位置）的不同，可把脉冲调制分为脉幅调制（PAM）、脉宽调制（PDM）和脉位调制（PPM）等，其中脉幅调制PAM是基础。

前面介绍的抽样过程中使用的抽样脉冲序列是理想的冲击脉冲序列$\delta_T(t)$，故这种抽样被称为理想抽样。由于不可能产生冲击脉冲序列，所以实际抽样中所使用的抽样脉冲是具有一定持续时间的窄脉冲。与此相应，由这样的抽样脉冲形成的抽样信号将在脉冲持续期间内在其顶部呈现出某种形状。根据该顶部呈现的不同形状，可以把实际抽样分为自然抽样和平顶抽样两种。

自然抽样是指抽样脉冲期间抽样信号的顶部保持原来被抽样的模拟信号的变化规律，也称之为曲顶抽样，其实现方式很简单，直接用窄脉冲序列与模拟信号相乘即可。

设抽样脉冲$c(t)$是周期性的矩形脉冲序列，则输入模拟信号$x(t)$与$c(t)$相乘就输出自然抽样信号$x_c(t)$。若$x(t)$的频谱为$X(\omega)$，$c(t)$的频谱为$C(\omega)$，$x_c(t)$的频谱为$X_C(\omega)$，则有：

$$x_c(t) = x(t)c(t)$$
$$X_C(\omega) = X(\omega) * C(\omega)$$

自然抽样过程的波形及其所对应的频谱如图3.12所示。从图中可以看出，接收端只需使用相应的低通滤波器，便可从抽样信号中无失真地恢复出原始信号。

4．平顶抽样

自然抽样虽然很容易实现，但其抽样信号在抽样期间的输出幅度值随输入信号的变换而变化，这将使得编码无法完成。因为每个编码都和一个固定的抽样值对应，所以一次抽样期间内只能有一个抽样值用于编码，也就是说，用于编码的抽样值必须是恒定不变的。为此人们研制出另一种抽样电路，它可以在抽样期间内使输出的抽样信号幅度保持不变，这就是平顶抽样或瞬时抽样。在实际抽样过程中，平顶抽样是先通过窄脉冲序列完成自然抽样后，再利用脉冲形成电路来实现的。

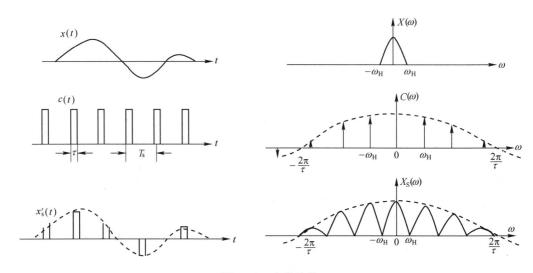

图 3.12　自然抽样

理论上平顶抽样可分解为如下两步来进行：第一，理想抽样；第二，用一个冲击响应为矩形的网络对抽样值进行幅度值保持（即脉冲形成电路），其电路框图如图 3.13 所示。平顶抽样信号如图 3.14 所示。

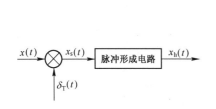

图 3.13　平顶抽样的产生原理

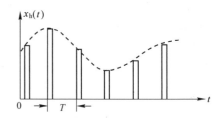

图 3.14　平顶抽样信号

设抽样脉冲为冲击序列 $\delta_T(t)$，模拟输入信号 $x(t)$ 与 $\delta_T(t)$ 相乘便得到理想抽样信号 $x_s(t)$，$x_s(t)$ 通过脉冲形成电路后将得到平顶抽样信号 $x_h(t)$。设 $x(t)$ 的频谱为 $X(\omega)$，$\delta_T(t)$ 的频谱为 $\delta_T(\omega)$，$x_s(t)$ 的频谱为 $X_S(\omega)$，$x_h(t)$ 的频谱为 $X_H(\omega)$，脉冲形成电路的网络函数为 $H(\omega)$，则有：

$$X_H(\omega) = X_S(\omega)H(\omega)$$

利用式（3-18）的结果，上式可写为：

$$X_H(\omega) = \frac{1}{T}H(\omega)\sum_{n=-\infty}^{\infty}X(\omega - 2n\omega_H) = \frac{1}{T}\sum_{n=-\infty}^{\infty}H(\omega)X(\omega - 2n\omega_H) \qquad (3\text{-}19)$$

由式（3-19）可以看出，平顶抽样 PAM 信号的频谱 $X_H(\omega)$ 是由 $H(\omega)$ 加权后的周期性重复的频谱 $X(\omega)$ 所组成。因此，不能直接用低通滤波器从 $X_H(\omega)$ 中滤出所需的基带信号，因为这时 $H(\omega)$ 不是常系数，而是角频率 ω 的函数。

为了从该平顶抽样信号中恢复出原始基带信号 $x(t)$，可采用如图 3.15 所示的框图。

从式（3-19）看出，不能直接使用低通滤波器滤出所需信号是因为 $X(\omega)$ 受到了 $H(\omega)$ 的加权。如果我们在接收端低通滤波器之前用特性为 $\dfrac{1}{H(\omega)}$ 的网络对此加以修正，则低通滤波器的输入信号频谱变成为：

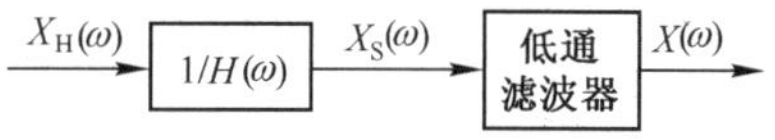

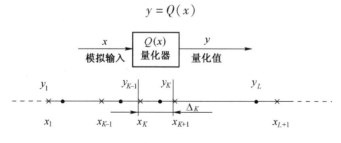

图 3.15　平顶抽样时 PAM 信号的恢复

$$X_S(\omega) = \frac{1}{H(\omega)}X_H(\omega) = \frac{1}{T}\sum_{n=-\infty}^{\infty}X(\omega - 2n\omega_H)$$

此时，通过低通滤波器便能无失真地恢复原始信号了。

3.2.2　量化

模拟信号 $x(t)$ 经抽样后得到的样值序列 $\{x(nT_s)\}$ 在时间上是离散的，但在幅度上的取值却是连续的，即 $\{x(nT_s)\}$ 可以有无限多种取值。这种样值无法用有限位数的数字信号来表示，因为 n 位数字信号最多能表示 $M = 2^n$ 种样值。因此，编码之前还必须对抽样所得的样值序列 $\{x(nT_s)\}$ 做进一步处理，使其成为在幅度上也只有有限种取值的离散样值。这个对抽样信号的幅度进行离散化处理的过程就是量化，完成量化过程的器件就叫做量化器。

量化的过程可用图 3.16 所示的方框图表示。输入 x 是连续取值的模拟量，量化器输出 y，y 有 L 种取值，y 是量化器对 x 进行量化的结果，可表示为：

$$y = Q(x)$$

图 3.16　量化的过程

当输入信号的幅度落在 x_K 和 x_{K+1} 之间时，量化器的输出为 y_K，表示为：

$$y = Q\{x_K \leqslant x < x_{K+1}\}, \qquad K = 1,2,3,\cdots,L \qquad (3\text{-}20)$$

一般把 y_K 称为量化电平或重建电平，x_K 为分层电平，分层电平之间的间隔就叫做量化间隔 Δ_K，显然有：

$$\Delta_K = x_{K+1} - x_K$$

Δ_K 也叫做量阶或阶距。量化间隔相等时的量化就称为均匀量化，否则就是非均匀量化。

量化器输出和输入之间的关系称为量化特性，采用量化特性曲线可形象地表示出量化特性。一个理想的线性系统其输出－输入特性是一条直线，而量化器的输出－输入特性则是阶梯形曲线。相邻两个阶梯面之间的距离为阶距。均匀量化器由于阶距相等，其特性曲线呈等间距跳跃的形式，如图 3.17 所示。而非均匀量化器的特性曲线则是不等间距地跳跃的。根据各阶梯面的位置，特性曲线又可分为中升型和中平型。

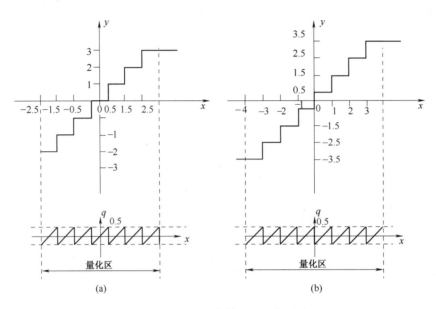

图 3.17　均匀量化特性和量化误差

量化器的输入是连续值，输出是量化值，输入和输出之间必然存在着误差，这是由于量化过程本身所引起的，所以叫量化误差。定义量化误差 q 为量化器输入信号与输出信号的幅度值之差，即：

$$q = x - y = x - Q(x) \tag{3-21}$$

q 的规律由 x 的取值规律决定。对于确定的输入信号，q 是一个确定的 x 的函数。但如果输入信号 x 是随机信号，则 q 就是一个随机变量。量化误差的存在对信号的解调会产生负面影响，相当于一种干扰，所以通常又把量化误差称为量化噪声。量化噪声的平均功率就是它的均方误差。设输入信号 x 的幅度概率密度为 $p_x(x)$，则量化噪声平均功率为：

$$\sigma_q^2 = E\left[x - Q(x)\right]^2 = \int_{-\infty}^{\infty} \left[x - Q(x)\right]^2 p_x(x)\,\mathrm{d}x = \sum_{K=1}^{L} \int_{x_K}^{x_{K+1}} (x - y_K)^2 p_x(x)\,\mathrm{d}x \tag{3-22}$$

其中，L 为量化间隔数。

根据式（3-22）可以推出，设 V 表示量化器的最大可输出量化电平。当输入信号的幅度不超过量化器的允许输入值时，即量化器不过载时的量化噪声功率为：

$$\sigma_q^2 = \frac{1}{12} \int_{-V}^{V} \Delta_K^2(x) p_x(x)\,\mathrm{d}x \tag{3-23}$$

反之，量化器输入过载时的量化噪声功率为：

$$\sigma_{qo}^2 = 2 \int_{V}^{\infty} (x - V)^2 p_x(x)\,\mathrm{d}x \tag{3-24}$$

量化形成的总量化噪声功率 N_q 应为不过载噪声和过载噪声功率之和，即：

$$N_q = \sigma_q^2 + \sigma_{qo}^2 \tag{3-25}$$

1. 均匀量化

均匀量化器的量化特性是一条等阶距的阶梯型曲线，如图 3.17 所示。

设量化器的量化范围 $(-V, +V)$，量化间隔数为 L，则量化间隔 Δ_K 为：

$$\Delta_K = \frac{V - (-V)}{L} = \frac{2V}{L} \tag{3-26}$$

代入式（3-23），则得到均匀量化条件下的不过载噪声功率为：

$$\sigma_q^2 = \frac{\Delta_K^2}{12} = \frac{V^2}{3L^2} \tag{3-27}$$

由式（3-27）可知，均匀量化器不过载量化噪声功率与信号的统计特性无关，而只与量化间隔有关，其输出噪声功率随着量化级数 L 的增加而呈平方比下降，随着量化范围 V 的增加而呈平方比增大。因此，只要量化器不过载，增大量化级数 L 则一定可以降低输出噪声。

均匀量化的主要缺点是：只要确定了量化器，则无论抽样值大小如何，其量化噪声的平均功率值都是固定不变的。因此，当信号 $x(t)$ 较小时，输出信噪比就很低，即弱信号的量化信噪比就可能无法达到额定要求而对还原解调产生较大的影响。通常把满足信噪比要求的输入信号的取值范围定义为动态范围。如果能找到一种量化特性，对小信号用小阶距量化以减小量化噪声功率来提高信噪比；而对大信号用大阶距量化，此时虽然噪声功率有所增加，但由于信号功率大，故仍然能保持信噪比在额定值以上，这样，就能在较宽的信号动态范围内满足对信噪比的要求，这就是使用非均匀量化的原因。

对均匀量化的量化电平用 n 位二进制数码来表示，就得到其相应的数字编码信号，通常称为 n 位线性 PCM 编码信号。由于 n 位数码最多可以有 2^n 种组合，所以 n 与量化间隔数 L 的关系为：

$$n = \log_2 L$$

例 3.1 对频率范围为 30～300Hz 的模拟信号进行线性 PCM 编码。（1）求最低抽样频率 f_s。（2）若量化电平数 $L = 64$，求 PCM 信号的信息速率 R_b。

解：（1）由模拟信号的频率范围可知，该信号应作为低通信号处理。故其最低抽样频率为：

$$f_s = 2 \times f_H = 2 \times 300 = 600\,\text{Hz}$$

（2）由量化电平数 L 可求出其编码位数 n，即：

$$n = \log_2 L = \log_2 64 = 6$$

说明每次抽样的值将被编成 6 位二进制数码，故该 PCM 信号的信息速率 R_b 为：

$$R_b = n f_s = 6 \times 600 = 3600\,\text{bit/s}$$

2. 非均匀量化

量化间隔不相等的量化就是非均匀量化，它是根据信号的不同区间来确定量化间隔的。对于信号取值小的区间，其量化间隔相应也小；反之则量化间隔也大。从理论分析的角度，非均匀量化可以认为是先对信号进行非线性变换，然后再进行均匀量化的结果，如图 3.18 所示。对输入信号先进行一次非线性变换 $z = f(x)$，然后再对 z 进行均匀量化及编码。在接收端，解码后得到的量化电平则必须要进行一次逆变换 $f^{-1}(x)$，才能恢复出原始信号。

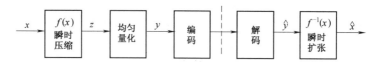

图 3.18　非均匀量化

由于 $f(x)$ 和 $f^{-1}(x)$ 分别具有把信号幅度范围压缩与扩张的作用，所以常把 $z = f(x)$ 的变换过程称为压缩，其逆变换 $f^{-1}(x)$ 则叫做扩张。图 3.19 为非线性压缩特性的示意图。该压缩特性是一条曲线，虽然 z 信号采用均匀量化间隔 Δ，由于其对应的输入信号有非均匀量化间隔 $\Delta_K(x)$，这就等效于对输入信号进行了非均匀量化。

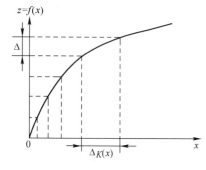

图 3.19　非线性压缩特性的示意图

在通常使用的压缩器中，大多采用对数式压缩，即 $z = \ln x$。基于对语音信号的大量数据统计和研究，国际电话电报咨询委员会（CCITT）建议采用两种压缩特性，它们都是具有对数特性且通过原点呈中心对称的曲线，这就是 μ 压缩律和 A 压缩律。美国、日本等国家采用 μ 压缩律，我国和欧洲各国均采用 A 压缩律。对于这两种压缩律的曲线，为了简化图形，通常只画出第一象限的图形。

（1）A 压缩律对数压缩特性。令量化器的满载电压为归一化值±1，相当于将输入信号 x_i 对量化器最大量化电平 V 进行了归一化处理，即信号的归一化值为：

$$x = \frac{x_i}{V}$$

A 压缩律对数压缩特性定义为：

$$f(x) = \begin{cases} \dfrac{Ax}{1 + \ln A}, & 0 \leqslant x \leqslant \dfrac{1}{A} \\[3mm] \dfrac{1 + \ln Ax}{1 + \ln A}, & \dfrac{1}{A} \leqslant x \leqslant 1 \end{cases} \tag{3-28}$$

式中，A 为压缩系数，$A = 1$ 时无压缩，A 愈大压缩效果愈明显。

由式（3-28）可知，在 $0 \leqslant x \leqslant \dfrac{1}{A}$ 的范围内，$f(x)$ 是线性函数，对应一段直线，也就是相当于均匀量化特性；在 $\dfrac{1}{A} \leqslant x \leqslant 1$ 的范围内，$f(x)$ 是对数函数，对应一段对数曲线。A 压缩律对数压缩的特性曲线如图 3.20（a）所示，在国际标准中取 $A = 87.6$。

（2）μ 压缩律对数压缩特性。μ 压缩律对数压缩特性定义为：

$$f(x) = \frac{\ln(1 + \mu x)}{\ln(1 + \mu)} \tag{3-29}$$

式中，μ 为压缩系数，$\mu = 0$ 时无压缩，μ 愈大压缩效果愈明显，对改善小信号的性能有利，其特性曲线如图 3.20（b）所示。一般当 $\mu = 100$ 时，压缩器的效果就比较理想了。在国际标准中取 $\mu = 255$。

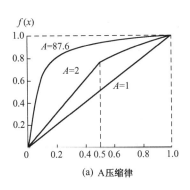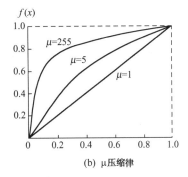

图 3.20　对数压缩特性

下面以 μ 压缩律为例来说明压缩律特性对小信号量化信噪比的改善程度。从 μ 压缩律特性曲线可以看出，虽然它的纵坐标是均匀分级的，但由于对数函数的性能，反映到输入信号 x 就是非均匀量化了，即信号越小时量化间隔 $\Delta_K(x)$ 越小，信号越大时其相应的量化间隔也越大，这和均匀量化中量化间隔固定不变完全不同了。虽然 $f(x)$ 为对数曲线，但是当量化级数划分较多时，每个量化级所对应的压缩特性曲线很短，完全可以被近似看做为直线，所以有：

$$\frac{\Delta f(x)}{\Delta x} = \frac{\mathrm{d} f(x)}{\mathrm{d} x} = f'(x) \tag{3-30}$$

对前面 μ 压缩律对数压缩特性式（3-29）求导可得：

$$f'(x) = \frac{\mathrm{d} f(x)}{\mathrm{d} x} = \frac{\mu}{(1 + \mu x) \ln(1 + \mu)}$$

又由式（3-30），有：

$$\Delta x = \frac{1}{f'(x)} \Delta f(x)$$

因此，采用 μ 压缩律对数压缩特性的量化误差为：

$$\frac{\Delta x}{2} = \frac{1}{f'(x)} \frac{\Delta f(x)}{2} = \frac{\Delta f(x)}{2} \cdot \frac{(1 + \mu x) \ln(1 + \mu)}{\mu}$$

当 $\mu > 1$ 时，$\dfrac{\Delta f(x)}{2}$ 与 $f'(x)$ 的比值就是压缩后量化级精度提高的倍数，也就是非均匀量化对均匀量化的信噪比改善程度。若用符号 Q 表示信噪比的改善程度，当以分贝为单位时，有：

$$[Q]_{\mathrm{dB}} = 20\lg\left(\frac{\Delta f(x)}{\Delta x}\right) = 20\lg\left(\frac{\mathrm{d} f(x)}{\mathrm{d} x}\right)$$

取 $\mu = 100$ 时，

① 对小信号 $x \to 0$ 的情况下，有：

$$\left(\frac{\mathrm{d} f(x)}{\mathrm{d} x}\right)_{x \to 0} = \frac{\mu}{(1 + \mu x) \ln(1 + \mu)} \Bigg|_{x \to 0} = \frac{\mu}{\ln(1 + \mu)} = \frac{100}{4.62}$$

这时，量化信噪比的改善程度为：

$$\left[Q \right]_{dB} = 20 \lg \left(\frac{df(x)}{dx} \right) = 26.7 dB$$

② 在大信号时，若 $x = 1$，那么：

$$\left(\frac{df(x)}{dx} \right)_{x \to 1} = \frac{\mu}{(1 + \mu x) \ln(1 + \mu)} \bigg|_{x \to 1} = \frac{100}{(1 + 100) \ln(1 + 100)} = \frac{1}{4.67}$$

则此时量化信噪比的改善程度为：

$$\left[Q \right]_{dB} = 20 \lg \left(\frac{df(x)}{dx} \right) = -13.3 dB$$

即大信号时质量损失约13dB。根据以上关系计算得到的量化信噪比改善程度与输入电平的关系如图 3.21 所示。

由图 3.21 可见，无压缩时，信噪比随输入信号的减小迅速呈直线趋势下降；有压缩时，虽然大信号时的信噪比低于无压缩时，但整个信噪比随输入信号的下降明显缓慢。若要求量化器输出信噪比大于 26dB，那么，对于 $\mu = 0$ 即无压缩的情况，输入信号必须大于 $-18dB$；而对于 $\mu = 100$，输入信号只要大于 $-36dB$ 即可。可见，采用压缩量化器提高了小信号的信噪比，虽然大信号时信噪比有所损失，但由于大信号的信号功率比较大而对其影响不大，从而扩大了输入信号的动态范围。

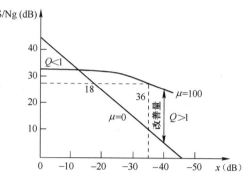

图 3.21　有无压缩的比较曲线

（3）对数压缩特性的折线近似。早期的 A 压缩律和 μ 压缩律压缩特性是用非线性模拟电路来实现的，其精度和稳定性都受到很大的限制。后来采用折线段来代替匀滑曲线，使电路可用数字技术实现，尤其近年来又制成了大规模的数字集成电路，其质量和可靠性都得到了保证。

采用折线法逼近 A 压缩律和 μ 压缩律已成为国际通用标准。A 压缩律压缩特性采用 13 折线近似，该折线是一个奇对称的图形，如图 3.22 所示，图中只画出了输入信号为正时的情形。输入信号幅度的归一化范围为 $(0,1)$，将其不均匀地划分为 8 个区间，每个区间的长度按照 $\frac{1}{2}$ 倍的关系递减。其划分方法是：取 1 的 $\frac{1}{2}$ 为 $\frac{1}{2}$，取 $\frac{1}{2}$ 的 $\frac{1}{2}$ 为 $\frac{1}{4}$，依此类推，直到取 $\frac{1}{64}$ 的 $\frac{1}{2}$ 得到 $\frac{1}{128}$。输出信号幅度的归一化范围 $(0,1)$ 则均匀地分成 8 个区间，每个区间的长度为 $\frac{1}{8}$。图中输入信号和输出信号按照同一顺序构成的 8 个区间对应有 8 个线段，加上负方向的 8 段共 16 个线段，将此 16 个线段相连便得到一条折线。正负方向的第一、第二两段因斜率相同而合成为同一个线段，因此 16 个线段实际上是 13 段折线，这就是 A 压缩律 13 折线。

定量计算时，一般仍以 16 段来考虑。13 折线输入信号为正时，其相应 8 段折线的斜率如表 3.1 所示。

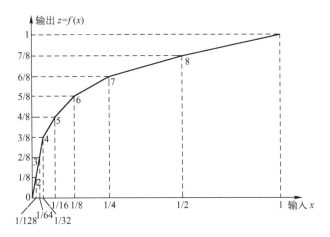

图 3.22   A 压缩律 13 折线

表 3.1   A 压缩律 13 折线各段斜率

折线段	1	2	3	4	5	6	7	8
$f'(x)$	16	16	8	4	2	1	1/2	1/4

A 压缩律 13 折线起始段的斜率为 16。由式（3-28）可以算出，$A=87.6$ 时的对数压缩特性起始点的斜率也是 16，说明 13 折线逼近的是 $A=87.6$ 的对数压缩特性。

类似地，可用 15 折线来近似表示 $\mu=255$ 时 μ 压缩律压缩特性，如图 3.23 所示。

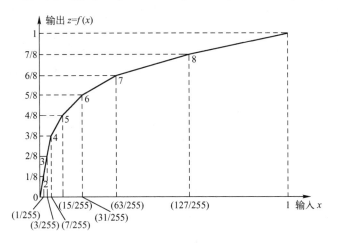

图 3.23 μ 压缩律 15 折线

μ 压缩律折线近似时，在正、负方向也各有 8 个线段，由于两个方向的第 1 段因斜率相同而合成为一段，16 折线实际上变为 15 折线，这就是常说的 μ 压缩律 15 折线。

3.2.3   编码

把量化后的信号电平值转换成二进制码组的过程叫做编码，其逆过程则为译码。下面以 A 压缩律为例介绍 PCM 的编码原理。

1. 二进制码组的选取

PCM 编码常用的二进制码组有自然二进制码组、折叠二进制码组和格雷二进制码组，表 3.2 中列出了这三种编码的四位二进制码组。

表 3.2　三种四位二进制码组

十 进 制 数	自然二进制码				折叠二进制码				格雷二进制码			
	b_1	b_2	b_3	b_4	b_1	b_2	b_3	b_4	b_1	b_2	b_3	b_4
15	1	1	1	1	1	1	1	1	1	0	0	0
14	1	1	1	0	1	1	1	0	1	0	0	1
13	1	1	0	1	1	1	0	1	1	0	1	1
12	1	1	0	0	1	1	0	0	1	0	1	0
11	1	0	1	1	1	0	1	1	1	1	1	0
10	1	0	1	0	1	0	1	0	1	1	1	1
9	1	0	0	1	1	0	0	1	1	1	0	1
8	1	0	0	0	1	0	0	0	1	1	0	0
7	0	1	1	1	0	0	0	0	0	1	0	0
6	0	1	1	0	0	0	0	1	0	1	0	1
5	0	1	0	1	0	0	1	0	0	1	1	1
4	0	1	0	0	0	0	1	1	0	1	1	0
3	0	0	1	1	0	1	0	0	0	0	1	0
2	0	0	1	0	0	1	0	1	0	0	1	1
1	0	0	0	1	0	1	1	0	0	0	0	1
0	0	0	0	0	0	1	1	1	0	0	0	0

自然二进制码就是一般十进制正整数的二进制表示。折叠二进制码的第一位则用来表示信号的正负，从第二位开始表示信号幅度绝对值的大小，一般第一位用 1、0 分别表示正、负；由于以第一位的 0、1 表示不同极性，其他表示信号绝对值大小的码以零电平为界呈现出一种折叠（镜像）关系，故称之为折叠码。而格雷二进制码的特点则是对于任何相邻的十进制数值，其相应的二进制格雷码码组之间必然只有一位码元发生变化。

当信道传输中出现误码时，选取上述三种不同码组在接收端译码时产生的误码影响是各不相同的。如果只有第一位码元 b_1 发生误码，自然二进制码译码后其幅度误差可达到信号最大幅度的 $\frac{1}{2}$，这会使恢复出来的模拟信号出现明显的误码噪声，在小信号情况下这种噪声尤为突出。折叠二进制码在小信号时，对上述情况译码后产生的误差则小得多，但它在大信号时的幅度误差又比自然二进制码大。一般语音信号中小信号出现的概率大，所以从统计的角度来看，折叠二进制码因误码产生的误差功率要比自然二进制码小。另外，折叠二进制码的极性码可由极性判决电路完成，使在编码位数相同的情况下编码位数少一位而使编码电路大大简化。因此，PCM 编码中通常采用折叠二进制码。

2. A 压缩律 13 折线 PCM 编码

在 A 压缩律 13 折线编码中，正负方向共有 16 个段落，每一个段落内又均匀地划分出 16 个量化级，这样，总的量化级数为 $16 \times 16 = 256 = 2^8$ 个，所以取编码位数 $n = 8$。设该 8 位 PCM 码的排序为：

$$M_1 \qquad M_2 \quad M_3 \quad M_4 \qquad M_5 \quad M_6 \quad M_7 \quad M_8$$

第 1 位 M_1 为极性码，1 代表正极性，0 代表负极性。这样，第 2 至 8 位就根据信号幅度抽样量化后的绝对值大小进行编码，其中，第 2 至 4 位 $M_2M_3M_4$ 为段落码，该 3 位码表示 8 个段落的起始电平值，即确定出信号位于 8 段中的哪个段落。第 5 至 8 位码 $M_5M_6M_7M_8$ 为段内码，表示信号绝对值在段内 16 个量化级中的哪一个量化级上。表 3.3 给出了段落码和 8 个段落之间的关系，表 3.4 给出了段内码与 16 个量化级之间的关系。这是一种将压缩、量化和编码合为一体的编码方法。

在上述编码方法中，虽然每个段内的 16 个量化间隔是均匀的，但因每一段落长度不等，故不同段落间的量化间隔则是非均匀的。第 1、2 段长度最短，只有归一化值的 $\dfrac{1}{128}$，再将它等分 16 小段后，段内每一小段的长度为 $\dfrac{1}{128} \times \dfrac{1}{16} = \dfrac{1}{2048}$，这就是最小的量化间隔，将此最小量化间隔称为量化单位，用 Δ 表示，这样，第 8 段的长度为归一化值的 $\dfrac{1}{2}$，将它等分 16 小段后，每一小段的长度为 $\dfrac{1}{32}$，即第 8 段中的每一小段为 $\left(\dfrac{1}{32}\right) \div \left(\dfrac{1}{2048}\right) = 64$ 个量化单位 Δ。

表 3.3　段落码

段落序号	段落码		
	M_2	M_3	M_4
8	1	1	1
7	1	1	0
6	1	0	1
5	1	0	0
4	0	1	1
3	0	1	0
2	0	0	1
1	0	0	0

表 3.4　段内码

量化级	段内码			
	M_5	M_6	M_7	M_8
15	1	1	1	1
14	1	1	1	0
13	1	1	0	1
12	1	1	0	0
11	1	0	1	1
10	1	0	1	0
9	1	0	0	1
8	1	0	0	0
7	0	1	1	1
6	0	1	1	0
5	0	1	0	1
4	0	1	0	0
3	0	0	1	1
2	0	0	1	0
1	0	0	0	1
0	0	0	0	0

与此类似，13 折线中正半部分的 8 个段落以归一化值的 $\dfrac{1}{2048}$（即 Δ）为单位，求得的各段起始电平值及各段中每一个量化间隔电平值如表 3.5 所示。

表 3.5　段落起始电平值及量化级间隔电平值

段落	1	2	3	4	5	6	7	8
起始电平 Δ	0	16	32	64	128	256	512	1024
量化级间隔电平 Δ	1	1	2	4	8	16	32	64

在 13 折线的 8 个段落中，一共有 2048 个量化单位 Δ，相当于有 $2048 = 2^{11}$ 个均匀量化级。若对此进行均匀量化编码（线性编码），则需要 11 位数码，而非均匀量化却只有 128

个量化级非线性编码只需 7 位码（不考虑极性码）。可见在保证小信号区间量化间隔相同的条件下，7 位非线性编码与 11 位线性编码等效。由于非线性编码的码位数减少，因此其编码设备简化，所需传输系统的带宽也相应减小。

13 折线的非线性 PCM 编码可由逐次比较型编码器实现，如图 3.24 所示。

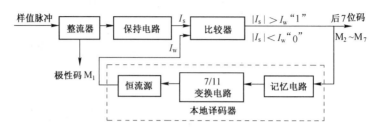

图 3.24　逐次比较型编码器

编码器的任务就是根据输入的样值脉冲的大小编出相应的 8 位二进制代码，除第一位极性码外，其他 7 位二进制代码都通过逐次比较方式确定。预先规定的那些作为标准的电流称为权值电流，用符号 I_w 表示，I_w 的个数与编码位数有关。当样值脉冲到来后，用逐步逼近的方法有规律地用各级标准电流 I_w 去和样值脉冲比较，每比较一次输出一位数码，直到 I_w 和抽样值 I_s 逼近到允许的误差范围内为止。其电路由整流器、保持电路、比较器和本地译码电路等部分组成。

整流器用来判别输入样值脉冲的正负，编出第一位极性码 M_1。样值为正时，M_1 输出"1"，反之，M_1 输出"0"。与此同时，整流器还将双极性脉冲变换成单极性脉冲。

比较器通过将样值电流 I_s 和标准电流 I_w 进行比较，完成对输入信号抽样值的非线性量化和编码。每比较一次输出一位二进制代码，且当 $I_s > I_w$ 时，输出"1"码；反之则输出"0"码。由于 13 折线编码中用 7 位二进制代码分别来代表段落码和段内码，所以对一个输入信号的抽样值需要进行 7 次比较。按照 $M_2 M_3 M_4 M_5 M_6 M_7 M_8$ 的顺序，通过前三次比较确定出该抽样值的所属段落，从而得出 $M_2 M_3 M_4$；然后再通过后四次比较定下它在这一段落里的具体位置，输出相应的 $M_5 M_6 M_7 M_8$。每次比较所用的标准电流 I_w 都不一样，但全是由本地译码电路提供的。

本地译码电路包括记忆电路、7/11 变换电路和恒流源。在 7 次比较中，除第一次比较外，其余 6 次都要依据前几次比较的结果来确定本次比较所用的标准电流 I_w 值。因此，必须由记忆电路来寄存前几次比较的结果，即 $M_2 M_3 M_4 M_5 M_6 M_7$ 这 6 位码中相应前若干位二进制数码。

7/11 变换电路其实就是前面非均匀量化中的压缩器，因为采用非均匀量化的 7 位非线性编码等效于 11 位线性码，而该比较器只能编 7 位，故输出端反馈到本地译码电路的也只有 7 位代码，而恒流源有 11 个基本权值电流支路，需要由 11 个控制脉冲来控制，所以必须经过相应变换，把 7 位码变成 11 位码才能实现。

实质上，7/11 变换电路就是把 7 位非线性 PCM 编码转换成 11 位线性 PCM 码。恒流源用来产生各种标准电流值，第一次比较提供的电流大小是 128 个量化单位（Δ），以后提供的电流值大小则由反馈到本地译码器的数码决定。下面以例 3.2 说明该过程。

例 3.2　设输入信号的抽样值为 +1256Δ，试根据逐次比较型编码器原理，将它按照 13

折线 A 律特性编成 8 位码。

解：（1）极性码 M_1：因输入信号抽样值为正，故极性码 $M_1 = 1$。

（2）段落码 $M_2M_3M_4$：由于 M_2 用来表示输入信号抽样值是处于 8 个段落中的前 4 段还是后 4 段，故输入比较器的标准电流为 $I_w = 128\Delta$。第一次比较因 $I_s = 1256\Delta > I_w$，所以取 $M_2 = 1$，表示输入信号抽样值处于后 4 段即 5～8 段中。

同理，M_3 用来进一步确定样值是在后 4 段（5、6、7、8）中的前 2 段（5、6）还是后 2 段（7、8）。此时 I_w 应选择为后 2 段的起始电平，即第 7 段的起始值 512Δ。第二次比较因 $I_s = 1256\Delta > I_w$，故 $M_3 = 1$。它表示输入信号处于后 2 段即 7～8 段中。

M_4 进一步确定是在最后 2 段中的前 1 段还是后 1 段。此时 I_w 应选择第 8 段的起始电平 1024Δ。因 $I_s = 1256\Delta > I_w$，故 $M_4 = 1$，说明该输入信号处于后 1 段即第 8 段。

（3）段内码 $M_5M_6M_7M_8$：由于已经知道输入信号处于第 8 段，该段中的 16 个量化级之间的间隔为 $(2048 - 1024) \div 16 = 64\Delta$，故确定 M_5 时 I_w 应为：

$$I_w = 起点电平 + 8 \times 量化级间隔 = 1024 + 8 \times 64 = 1536\Delta$$

显然，$I_s = 1256\Delta < I_w$，故 $M_5 = 0$，这说明输入信号处于第 8 段中的 0～7 个量化级之间。

同理，确定 M_6 时选择 I_w 为：

$$I_w = 起点电平 + 4 \times 量化级间隔 = 1024 + 4 \times 64 = 1280\Delta$$

而此时 $I_s = 1256\Delta < I_w$，故 $M_6 = 0$，即进一步确定输入信号处于第 8 段 0～7 个量化级中的 0～3 量化级内。

确定 M_7 时 I_w 选为：

$$I_w = 起点电平 + 2 \times 量化级间隔 = 1024 + 2 \times 64 = 1152\Delta$$

结果 $I_s = 1256\Delta > I_w$，故 $M_7 = 1$，说明输入信号处于第 8 段中的 2～3 量化级内。

最后确定 M_8，此时 I_w 应选为：

$$I_w = 起点电平 + 3 \times 量化级间隔 = 1024 + 3 \times 64 = 1216\Delta$$

这一次比较因 $I_s = 1256\Delta > I_w$，故 $M_8 = 1$，即输入信号处于第 8 段中的第 3 量化级。

如此经过 7 次比较，编出相应的 8 位码为 11110011。这一代码的对应电平值为 1216Δ，但它却表示的是 1256Δ，故其误差为 $1256\Delta - 1248\Delta = 8\Delta$（$1248\Delta$ 为抽样值 1256Δ 所处量化区间的中间值），这就是前面所讲的量化误差。由于该抽样值在第 8 段内，其相应量化误差小于一个量化级间隔 64Δ。显然，输入信号的样值越小，即信号所在的段落越靠前，它可能产生的最大量化误差也越小。如第 1、2、3 段的最大误差分别是 Δ、Δ、2Δ。

在上述编码过程中，除极性码外，所编的后 7 位码 1110011 为非线性码，与此对应的 11 位线性码组就是把 1216Δ 转换为二进制所得的码组，即 10011000000。

3. 实际 PCM 编解码电路

TP3067 是一个常见的集成逐次比较型单路编/解码器，可以实现模拟语音信号的 PCM 编/解码，其引脚功能说明和内部结构分别如表 3.6 和图 3.25 所示。

表 3.6 TP3067 引脚说明

引　脚	符　号	功　能
1/3	VPO + /VPO −	接收功率放大器非倒相/倒相输出
2	GNDA	模拟地
4	VPI	接收功率放大器倒相输入
5	VFRO	接收滤波器的模拟输出
6/20	V_{CC}/V_{BB}	正电源引脚，V_{CC} = +5V±5 %/负电源引脚，V_{BB} = −5V±5 %
7	FSR	接收帧同步脉冲，启动 BCLKR，PCM 数据移入 Dr，FSR 为 8kHz 脉冲序列
8	Dr	接收帧数据输入，PCM 数据随着 FSR 前沿移入 Dr
9	BCLKR \ CLKSEL	在 FSR 的前沿后把数据移入 Dr 的位时钟，频率 64kHz ~ 2.048MHz，也是一个逻辑输入，用于选择同步模式主时钟选择频率 1.536/1.544MHz 或 2.048MHz；BCLKR 用在发送和接收两个方向
10	MCLKR/PDN	接收主时钟，频率 1.536/1.544/2.048MHz，可与 MCLKx 异步，但同步为佳
11	MCLKx	发送主时钟，频率 1.536/1.544/2.048MHz，可与 MCLKR 异步，但同步为佳
12	BCLKx	Dx 移出 PCM 数据的位时钟，频率从 64kHz 至 2.048MHz，但须同步 MCLKx
13	Dx	由 FSx 启动的三态 PCM 数据输出
14	FSx	发送帧同步脉冲输入，它启动 BCLKx，并使 Dx 上 PCM 数据移出
15	TSx	漏极开路输出，在编码器时隙内为低电平脉冲
16	ANLB	模拟环回路控制输入，正常工作时为 "0"，为 "1" 则发送滤波器和发送前置放大器输出连接断开，改接接收功率放大器的 VPO + 输出
17	GSx	发送输入放大器的模拟输出，用来在外部调节增益
18/19	VFxI − /VFxI +	发送输入放大器倒相/非倒相输入

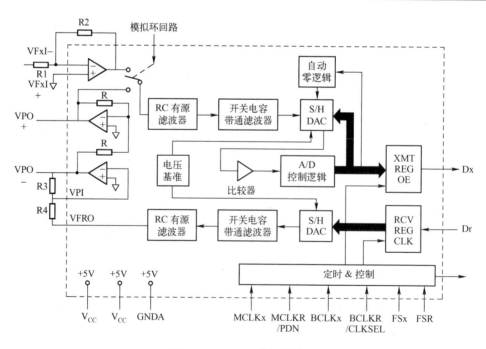

图 3.25 TP3067 内部结构图

TP3067 既可以进行 A 律变换，也可以进行 μ 律变换；其数据传输既可以固定速率进行，也可以变速传送；既可以选择传输信令帧，也可以传输无信令帧。此外，TP3067 还有一个 PDN 功耗控制端，当 PDN＝1 时，器件正常工作；PDN＝0 时，器件处于低耗状态，其他功能都不起作用。

图 3.26 所示为湖北众友公司利用 TP3067 设计制作的 A 律 PCM 编解码电路，以 2.048Mbit/s 的速率进行传输，其信息帧为无信令帧，它的发送时序与接收时序直接受 FSx 和 FSR 控制。每帧 8 位数据，采用 8kHz 帧同步信号。其发送通道和接收通道电路分别如图 3.27 和图 3.28 所示。

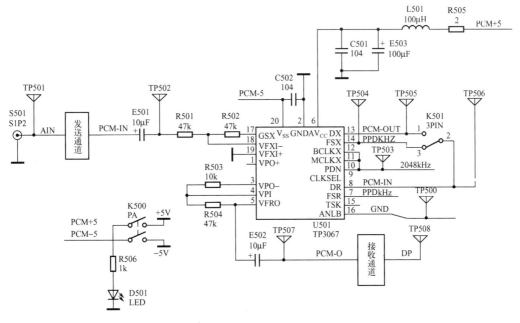

图 3.26　基于 TP3067 的 PCM 编解码电路

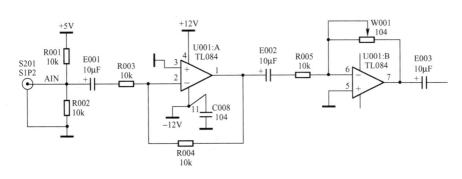

图 3.27　PCM 系统发送通道

编译码器的工作节奏由时序电路控制，在编码电路中，进行取样、量化、编码，译码电路经过译码低通、放大后输出模拟信号，把这两部分集成在一个芯片上就是一个单路编译码器，它只能为一个用户服务，即同一时刻只能为一个用户进行 A/D 及 D/A 变换。如果同时有多路用户需要服务，则需要多个单路编译码器协同工作。

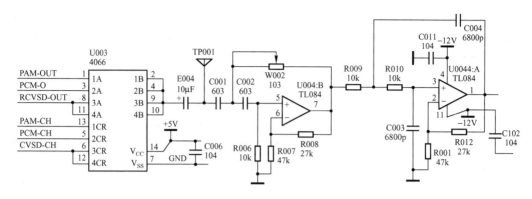

图 3.28　PCM 系统接收通道

单路编译码器编好的 8 位 PCM 码字是在一个时隙中被发送出去的，这个时隙号由 A/D 控制电路决定，在其他时隙时刻编码器没有输出。同样地，译码电路也只工作在一个固定的时隙。只要向 A/D 或 D/A 控制电路发送相关的命令，即可控制单路编译码器的发送和接收时隙，从而达到总线控制与交换的目的。

不同的单路编译码器对其发送/接收时隙的控制方式有所不同，基本上可分为二种，一是编程法，即给编译码器的内部控制电路输入控制字来控制其时隙分配；另一种方式是直接控制，利用 FSx、FSR 两个控制端，使其周期和多路 PCM 帧周期相同（即 125μs），这样每来一个 FSx 就输出一个 PCM 码字，而每来一个 FSR 就从外部接收一个 PCM 码字。

3.3　PCM 系统的噪声

在实际 PCM 通信系统中，影响信号恢复质量的因素很多，如抽样频率不够高，将引起抽样信号的频谱出现重叠而产生失真；接收端低通滤波器的特性如果不理想，也将使其他额外频谱分量串入而导致失真。此外，收、发两端抽样脉冲不同步、收端的抽样脉冲出现抖动等也会引起失真。但这些失真都可以通过合理设计和设备改善，使其影响可以减弱到足以忽略的程度。

理论上讲，PCM 通信系统中重建信号不可避免的主要误差来自模/数和数/模变换过程，即量化过程，信号的失真主要是量化失真。

所有信道都存在着干扰，信道干扰主要有乘性干扰和加性干扰。乘性干扰与信道特性有关，在信道理想的前提下可以被忽略；但加性干扰却是始终存在的，它来自干扰源的激励或辐射影响。干扰会影响接收端对信号码元的准确判决，从而造成误码；还会影响接收端位同步和帧同步脉冲的准确性，从而进一步引起误码。所以干扰的影响最终也表现为使输出信号产生失真。

设 $D(t)$ 表示系统本身在信号变换过程中所引入的失真分量，$n(t)$ 代表干扰引起的输出失真分量，$g(t)$ 代表输出的有用信号分量，则接收端的输出电压 $x(t)$ 可表示为：

$$x(t) = g(t) + D(t) + n(t)$$

在以下的分析中，假设 $D(t)$ 仅为量化引起的噪声，即量化噪声；$n(t)$ 为加性干扰引起的加性噪声。由于量化噪声与加性噪声来源不同，且相互独立，可以分别进行讨论。一般来说系统的抗噪声性能与信号噪声比有关，系统总的信噪比的定义为：

$$\frac{S}{N} = \frac{E[g^2(t)]}{E[D^2(t)] + E[n^2(t)]}$$

显然，信噪比愈大，系统的抗噪声性能愈好。

PCM 信号由于传输过程中受到加性干扰，将影响接收端的正确判决，使得二进制 "1" 码可能被判为 "0"，而 "0" 码也可能误判为 "1"。错误的概率将取决于信号的类型和接收机输入端平均信号噪声功率比。因为 PCM 信号的每一码组代表一定的量化抽样值，所以其中只要有一位发生错误，则恢复的抽样值就会与发送值不同。若误码率 $P_e = 10^{-4}$，每个码组由 8 位码元组成，则一个码组中只有一个错码的码组错误概率为：

$$P_e' = 8P_e = \frac{1}{1250}$$

即平均每发送 1250 个码组，将会有一个码组发生错误。而一个码组中有两个码元错误的码组错误概率为：

$$P_e'' = C_8^2 P_e^2 = 2.8 \times 10^{-7}$$

可见，P_e'' 远小于 P_e'。同理，错三个或者更多位码元的概率就更低了。因此，我们一般只考虑仅有一位码元错误的情况。

在加性噪声为高斯白噪声的情况下，每一个码组中出现的误码可认为是彼此独立的。设每个码元的误码率为 P_e，下面来分析图 3.29 所示的一个自然码组，计算它由于误码而造成的噪声功率。

图 3.29　一个自然码组

在一个长为 n 的自然码组中，假定自最低位到最高位的加权数值分别为 2^0，2^1，2^2，…，2^{i-1}，…，2^{n-1}，量化间隔为 d，则第 i 位对应的抽样值为 $2^{i-1}d$。如果第 i 位码发生误码，其产生的误差为 $\pm 2^{i-1}d$。显然，最高位误码所造成的误差最大为 $\pm 2^{n-1}d$。最低位误差最小，只有 $\pm d$。因假定每个码元出现差错的可能性相同，所以在一个码组中，如果只有一个码元发生差错，它所造成的均方误差为：

$$\sigma_n^2 = \frac{1}{n} \sum_{i=1}^{n} (2^{i-1}d)^2 = \frac{d^2}{n}\left(\frac{2^{2n}-1}{3}\right) \approx \frac{d^2}{3n}2^{2n}$$

我们注意到，当一个码组发生了错误，则接收端译码器将输出一个相应错误的抽样值，其误差的均方值为 σ_n^2；如果一个码组不发生差错，则译码器输出的抽样值无误。因此，误码引起的接收端输出噪声功率就由这些抽样值误差的均方值确定。设每个码元发生错误的概率为 P_e，则一个码组出现误码的概率为 nP_e，当误码率 P_e 比较小时，由于误码而造成的平均输出噪声功率 N_n 可近似为：

$$N_n = \sigma_n^2 nP_e = \frac{2^{2n}}{3}d^2 P_e$$

因此，只考虑由加性噪声引起误码时，系统的输出信噪比为：

$$\frac{S}{N_n} = \frac{\frac{d^2}{12}(2^{2n}-1)}{\frac{2^{2n}}{3}P_e d^2} \approx \frac{\frac{d^2}{12}2^{2n}}{\frac{2^{2n}}{3}P_e d^2} = \frac{1}{4P_e} \tag{3-31}$$

可见误码引起的信噪比与误码率成反比。误码率越小，造成的噪声功率就越小，信噪比就越大。在 PCM 基带传输系统中，通常可以使误码率降到 10^{-6} 以下，因此误码的影响不大，这时系统中量化噪声是主要的。为改善系统输出信噪比，应设法减小量化误差，使用量化级数 N 大些的量化器。但如果输入信噪比较低，则加性噪声的影响将成为主要误差因素，此时为降低误码率可适当减少量化级数 N，以提高系统总信噪比。

3.4 差分脉冲编码调制（DPCM）

3.4.1 差分脉冲编码调制（DPCM）的原理

脉冲编码调制（PCM）方式由于每个抽样值的编码位数较高，信号的比特速率相应也较大，从而使信号中的高频成分加大，增加了传输信号的占用频带，这对语音信号的传输十分不利。因为只要传输信号的信道频带不够宽，就会使所传输的信号由于高频损失而失真，且各个话路之间还将因发生串音而影响通话质量。此时若要保证频带宽度使信号不失真，则只能将信道中所传输的话路路数减少。

PCM 方式的这个缺点是它直接对输入信号的每个抽样值进行编码，而没有利用信号前后幅度样值之间所具有的相关性，因此其传输的信码中冗余信息较多。

差分脉冲编码调制（DPCM）则考虑了模拟信号抽样后的幅度样值中仍然保留的相关性，即前面的幅度样值中包含有后面样值的大部分信息，利用前面的幅度样值来对后面的幅度样值进行编码，大大降低了模拟信号编码的位数，使信息传输的比特率也随之减小，从而在不影响通信质量的前提下，克服了 PCM 系统的缺点。

图 3.30 表示 DPCM 的原理，图中 $s(t)$ 为模拟信号波形，x_1、x_2、x_3、…为 $s(t)$ 的抽样幅度样值序列。因为 $x_2 = x_1 + \Delta x_2$，$x_3 = x_2 + \Delta x_3$，…，$x_i = x_{i-1} + \Delta x_i$，…，所以对 x_1 量化编码后，就不必对 x_2，x_3，…再直接量化编码，只要对 Δx_2，Δx_3，…的值进行量化编码，接收端就能根据收到 x_1 的编码，首先恢复 x_1 的样值，再根据关系 $x_2 = x_1 + \Delta x_2$ 和收到的 Δx_2 还原出 x_2，再还原 x_3，……最后恢复 $s(t)$ 的波形。

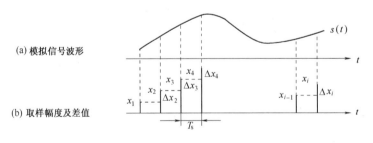

图 3.30　DPCM 的原理

3.4.2 DPCM 的编、译码过程

图 3.31（a）为 DPCM 编码、译码器的方框图。开始时，积分保持电路输出为零，所以第一个抽样的幅度样值 x_1 产生后直接通过第一个相加器送量化级。量化级的输出为 x_1 的量化值 $\tilde{x}_1$，把 $\tilde{x}_1$ 分成两路：一路送到编码器编成信码送出；另一路送到第二个相加器。由于

这时积分保持电路的输出为零，所以这路信号直接通过这个相加器而进入积分保持电路，在抽样周期 T_s 内保持 $\tilde{x}_1$ 的值。当第二个抽样幅度样值 x_2 到达第一个相加器后，与积分保持电路输出的保持值 $\tilde{x}_1$ 相减得到 Δx_2，接着对 Δx_2 进行量化，量化后的输出仍分成两路，一路经编码输出，另一路又到达第二个相加器，与保持值 $\tilde{x}_1$ 相加后得到 $\tilde{x}_2$，积分保持电路则重新保持 $\tilde{x}_2$ 的值。接着第三个幅度样值 x_3 又到达第一个相加器，重复进行 x_2 的处理过程，输出端则不断输出除 x_1 以外的 Δx_2、Δx_3、…等差值信号的 PCM 编码。由于输入信号的不断变化，量化器的输入、输出必然时正时负。

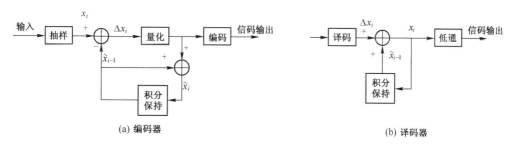

图 3.31　DPCM 方式编码、译码器的方框图

在图 3.31（b）所示的 DPCM 译码器则完成与上述编码器相反的工作过程。译码电路首先从接收信号中恢复出差值 Δx_i，再把它与积分保持电路保持的 $\tilde{x}_{i-1}$ 的值相加，得到 x_i 的量化值 $\tilde{x}_i$，然后再通过低通滤波器输出 x_i，最后恢复原始模拟信号 $s(t)$。

3.4.3　DPCM 的性能

DPCM 的量化阶距 Δ 可以是均匀的，也可以是非均匀的。非均匀阶距的 Δ 可以是使用 A 压缩律或 μ 压缩律压扩技术来的。由于原始输入是模拟信号，x_i 与 x_{i-1} 通常相当接近，所以 Δx_i 的幅度总是比样值 x_i 要小。这样，在每个样值编码位数相同即等比特速率条件下，DPCM 的量阶就要比 PCM 的小，因而 DPCM 的量化噪声将比 PCM 小，其相应的量化输出信噪比比 PCM 系统大。因此，对于话音信号的传输处理来说，在保持相同话音质量的条件下，DPCM 的编码比特速率要比 PCM 的低。当编码位数 $n \geq 4$ 时，DPCM 系统传送话音的量化信噪比要比 PCM 的高 6dB。对于带宽为 1MHz 的黑白可视电话图像信号，按抽样定理计算，它的抽样频率应不小于 2MHz，而采用 DPCM 方式时，每个样值只需编成 3 位码，即只需比特速率 6Mb/s 就可以达到 16Mb/s 的 PCM 所能达到的图像质量，也就是说，此时采用 DPCM 方式所占带宽仅为 PCM 方式的 $\frac{3}{8}$。

3.5　增量调制 ΔM（DM）

3.5.1　增量调制原理

增量调制（ΔM）是在 PCM 方式的基础上发展起来的另一种模拟信号数字化传输的方法。ΔM 可以看成是 PCM 的一个特例，因为它们都是用二进制代码来表示模拟信号的。在 PCM 系统中，信号代码表示模拟信号的抽样值，且为了减小量化噪声而使得代码较长，故其相应的编译码设备也比较复杂。ΔM 将模拟信号变换成每个抽样值仅与一位二进制编码对应的数字信号序列，在接收端只需要一个线性网络便可复制出原模拟信号。因而，ΔM 有它自己的特点，而且编译码设备通常要比 PCM 的简单。

一位二进制码只能代表两种状态，当然就不可能用它去表示抽样值的大小。但一位二元码却可以表示相邻两个抽样值的相对大小，而这个大小同样可以反映模拟信号的变化规律。因此，完全存在用一位二进制码来表示模拟信号的可能性。

设一个频带有限的模拟信号如图 3.26 中的 $m(t)$ 所示。把横轴 t 分成许多相等的时间段 Δt。可以看出，如果 Δt 很小，则 $m(t)$ 在间隔为 Δt 的各个相邻时刻的值差别（差值）也很小。因此，如果把代表 $m(t)$ 幅度的纵轴也分成许多相等的小区间 σ，那么，一个模拟信号 $m(t)$ 就可以用如图 3.32 所示的阶梯波形 $m'(t)$ 来逼近。显然，只要时间间隔 Δt 和台阶 σ 都很小，则 $m(t)$ 和 $m'(t)$ 将会相当地接近。由于阶梯波形 $m'(t)$ 相邻间隔之间的幅度差不是 $+\sigma$ 就是 $-\sigma$，假如用二进制码"1"代表 $m'(t)$ 在给定时刻是上升了一个台阶 σ，用"0"表示下降了一个台阶 σ，则 $m'(t)$ 就被一个二元码序列所表征，相当于该序列同样也表征了 $m(t)$。

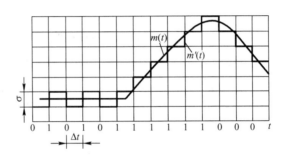

图 3.32　增量调制波形示意图

在讨论怎样得到发送的模拟信号的阶梯波形以及如何由此波形确定二元码序列之前，我们先讨论一下在接收端怎样由二元码序列恢复出阶梯波形的问题，即 ΔM 信号的译码问题。不难看出，接收端只要每收到一个"1"码就使译码输出上升一个 σ 值，收到"0"码则使输出下降一个 σ，连续收到"1"码（或"0"码）就使输出一直上升（或下降），这样就可以近似地复制出阶梯波 $m'(t)$。这一功能可由一个积分器来完成，如图 3.33（a）、（c）所示。

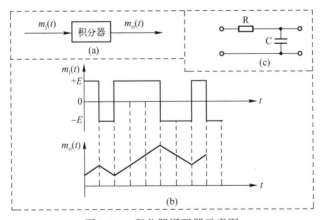

图 3.33　积分器译码器示意图

积分器遇到"1"码（即 $+E$ 脉冲电压），就以固定斜率上升一个 ΔE，并让 ΔE 等于 σ；遇到"0"码所表示的 $-E$，就将以同样的斜率下降一个 ΔE。图 3.33（b）表示了该积分器的输入、输出波形。因 $\Delta E = \sigma$，故在所有抽样时刻 t_i 上，该输出斜变波形与原阶梯波形 $m'(t)$ 取值完全相同，故斜变波形同样与原来的模拟信号相似。

最简单的积分器就是图 3.33（c）所示的 RC 积分器，其时间常数 $\tau = RC$，且 τ 远大于输入二元码的脉冲宽度。虽然积分器的输出已接近原模拟信号，但其中还含有多余的高次谐波分量。在实际电路使用中，一般再用低通滤波器对输出信号进行平滑，使其十分接近原模拟信号。

现在再来讨论 ΔM 的编码。一个简单的 ΔM 编码器组成如图 3.34 所示，它由相减器、判决器、本地译码器及抽样脉冲产生器（脉冲源）组成。本地译码器与接收端的译码器完全相同。判决器在每个抽样脉冲到来时刻对输入信号的变化做出判决，并输出相应脉冲。其工作过程如下：

模拟信号 $m(t)$ 与本地译码器输出的斜变波形 $m'(t)$ 进行比较，为了获得比较结果，先利用相减器对输入的 $m(t)$ 和 $m'(t)$ 进行相减，然后在抽样脉冲作用下将相减结果进行极性判决。对于给定抽样时刻 t_i，有如下判决规则：

$m(t)\big|_{t=t_{i-}} - m'(t)\big|_{t=t_{i-}} < 0$，则判决输出"0"码

$m(t)\big|_{t=t_{i-}} - m'(t)\big|_{t=t_{i-}} > 0$，则判决输出"1"码

这里 t_{i-} 是 t_i 时刻的前一瞬间，即相当于在阶梯波形跃变点之前的那一刻。于是，编码器将输出一个如图 3.32 所示的二进制码序列。

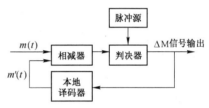

图 3.34 ΔM 的编码器

3.5.2 增量调制的量化噪声

从上述讨论可以看出，ΔM 信号是按台阶 σ 来量化的，因而同样存在量化噪声的问题。ΔM 系统中的量化噪声有两种：一种是过载量化噪声，另一种是一般量化噪声，如图 3.35 所示。

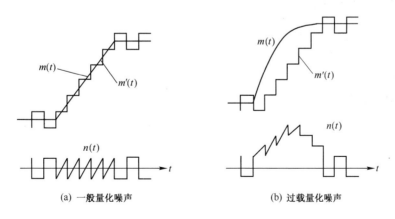

(a) 一般量化噪声   (b) 过载量化噪声

图 3.35 两种形式的量化噪声

1．过载量化噪声

过载量化噪声（有时简称过载噪声）发生在模拟信号斜率陡变时，由于台阶 σ 是固定的，而且单位时间内台阶数也是确定的，因此，阶梯电压波形就跟不上信号的变化，形成了失真很大的阶梯电压波形，这样的失真称为过载现象，也称为过载噪声，如图 3.35（b）所示。

如果抽样时间间隔为 Δt，抽样频率 $f_s = \dfrac{1}{\Delta t}$，则一个台阶上可能达到的最大斜率 K 为 $K = \dfrac{\sigma}{\Delta t} = \sigma f_s$，这就是译码器能够提供的最大跟踪斜率。当信号的变化速度快到超过译码器的跟踪能力后，即实际信号的斜率超过这个最大跟踪斜率 K 时，将造成过载噪声。因此，为了不发生过载现象，必须使 f_s 和 σ 的乘积达到一定的数值，以使信号的实际斜率不超过这个数值，通常可用增大 f_s 或 σ 来达到。

2．一般量化噪声

如果没有发生上述过载的情况，则模拟信号与阶梯波形之间的误差引起的就是一般量化噪声，如图 3.35（a）所示。不难看出，f_s 小或 σ 大则一般量化噪声就大，反之，f_s 大或 σ 小则一般量化噪声也小。

图 3.35 中，$n(t) = m(t) - m'(t)$ 统称为量化噪声。采用大的 σ 虽然能减小过载量化噪声，却增大了一般量化噪声，因此必须综合考虑选取适当的 σ 值。实际 ΔM 系统往往采用较高的抽样频率 f_s，因为这样既能减小过载量化噪声，又能降低一般量化噪声，从而使 ΔM 系统的量化噪声减小到给定的允许数值。通常 ΔM 系统中的抽样频率要比 PCM 系统的抽样频率高两倍以上。

3.6 数字基带传输系统及其误码率

3.6.1 数字基带传输系统结构

由于数字基带传输系统传输的是基带信号，即系统对信号没有进行调制与解调，所以其系统模型如图 3.36 所示。它由低通型的发送滤波器、信道、接收滤波器和抽样判决器组成。信号在信道中传输时一般只考虑受到加性噪声 $n(t)$ 的影响，模型中将它加在信道输出端或接收滤波器的输入端。

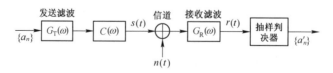

图 3.36 基带系统模型

图 3.36 中 $\{a_n\}$ 代表输入的数字信号序列。在二进制情况下，a_n 取值 $\{0,1\}$ 或 $\{-1, +1\}$。为分析方便，把数字信号序列 $\{a_n\}$ 对应的基带信号表示为：

$$d(t) = \sum_{n=-\infty}^{\infty} a_n \delta(t - nT_s) \tag{3-32}$$

这是一个强度为 a_n、时间间隔为 T_s 的 δ 脉冲序列。发送滤波器的作用是将 $d(t)$ 形成适合信道传输的波形，就是 $g(t)$ 单个 δ 脉冲激励下的冲击响应。设发送滤波器的传递函数为 $G_T(\omega)$，则 $g(t)$ 为：

$$g(t) = \frac{1}{2\pi} \int_{-\infty}^{\infty} G_T(\omega) e^{j\omega t} d\omega \tag{3-33}$$

所以发送滤波器输出的基带波形序列为：

$$s(t) = \sum_{n=-\infty}^{\infty} a_n g(t - nT_s) \tag{3-34}$$

信号 $s(t)$ 通过信道时会产生畸变，同时还将叠加噪声，这将会使接收端对接收波形的识别有困难。接收滤波器的作用就是尽量抑制传输过程中叠加的噪声，并使发生畸变的波形得以改善。设信道的传递函数为 $C(\omega)$，则接收滤波器输出信号 $r(t)$ 为：

$$r(t) = \sum_{n=-\infty}^{\infty} a_n x(t - nT_s) + n(t) \tag{3-35}$$

式中，

$$x(t) = \frac{1}{2\pi} \int_{-\infty}^{\infty} G_T(\omega) C(\omega) G_R(\omega) e^{j\omega t} d\omega \tag{3-36}$$

可见，输出信号 $r(t)$ 中确实存在畸变和噪声。抽样判决器则是为了进一步提高接收系统可靠性而设置的，它一般由抽样器和门限检测器组成。$r(t)$ 为抽样判决电路的输入，抽样器在某一时刻对其抽样得到抽样值，再将该抽样值与门限值进行比较和判决。

对于双极性二元基带信号，判决门限一般为 0；对于单极性的二元基带信号，判决门限则为最大幅度值的一半。当抽样值大于门限时就判为 1，反之就判为 -1（或 0），根据判决结果重新再生基带信号，这样就进一步消除了噪声的干扰。只要信号畸变程度和噪声影响不太大，抽样判决的结果就不会出错，从而获得与发送端一样的基带信号。当然，抽样判决的正确与否还与系统是否有良好的同步性能直接相关，这在本书第 8 章中有详细介绍。

3.6.2 升余弦滚降滤波器

上述中式（3-35）为接收滤波器的输出信号，该信号 $r(t)$ 被送入抽样判决器，并由该电路确定重建信码 a_n' 的取值（1、0 或 1、-1）。抽样判决器对信号的抽样时刻一般在 $(KT_s + t_0)$，其中，K 是相应的第 K 个周期，t_0 是可能的时偏。因而，为了确定 a_n' 的取值，必须根据式（3-37）首先确定 $r(t)$ 在该抽样点上的值。

$$r(KT_s + t_0) = \sum_n a_n x(KT_s + t_0 - nT_s) + n(KT_s + t_0)$$

$$= a_n x(t_0) + \sum_{n \neq K} a_n x[(K-n)T_s + t_0] + n(KT_s + t_0) \tag{3-37}$$

式中右边第一项是第 K 个接收基本波形在上述抽样时刻上的取值，它是确定 a_n' 信息的依据；第二项是接收信号中除第 K 个波形以外的所有基本波形在第 K 个抽样时刻上的总和，即其他信码对第 K 个波形判决造成的总的影响，通常称之为码间干扰值，这是一个随机变量；

第三项显然是一种随机干扰。由于码间干扰和随机干扰的存在，当 $r(KT_s+t_0)$ 送入判决器时，对 a'_n 取值的判决就可能判对也可能判错。显然，只有当码间干扰和随机干扰对基本波形的影响不超过一定的范围时，才能保证判决结果的正确性。

由此可见，为使基带脉冲传输系统获得足够小的误码率，必须最大限度地减小码间干扰和随机噪声的影响。然而，码间干扰的大小取决于 a_n 和系统输出波形 $x(t)$ 在抽样时刻上的取值。而 a_n 是随信号内容变化的，从统计观点看，它总是以某种概率随机取值的。由式（3-36）可知，系统的输出 $x(t)$ 却仅依赖于发送滤波器至接收滤波器的传输特性 $H(\omega)$，即基带传输特性：

$$H(\omega)=G_{\mathrm{T}}(\omega)C(\omega)G_{\mathrm{R}}(\omega) \tag{3-38}$$

为降低误码率，必须研究基带传输特性 $H(\omega)$ 对码间干扰的影响。为了讨论方便，不考虑噪声的影响，则图 3.36 可简化为图 3.37 所示的分析模型。图中，输入基带信号为 $\sum\limits_n a_n\delta(t-nT_s)$，设系统函数 $H(\omega)$ 的冲击响应为 $h(t)$，则系统的输出基带信号为 $\sum\limits_n a_nh(t-nT_s)$。其中，$h(t)=\dfrac{1}{2\pi}\displaystyle\int_{-\infty}^{\infty}H(\omega)\mathrm{e}^{\mathrm{j}\omega t}\mathrm{d}\omega$。因而，现在的讨论被归结为什么样的 $H(\omega)$ 能够形成码间干扰最小的输出波形。

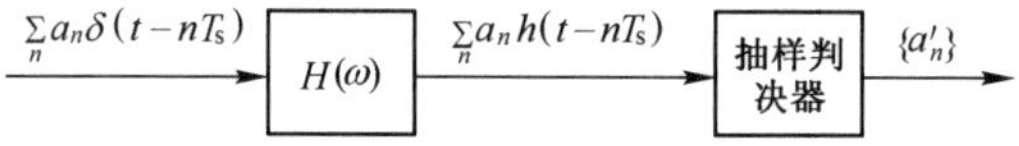

图 3.37　基带传输特性的分析模型

从理论上讲，我们并不满足于有最小码间干扰，而是希望能够做到无码间干扰。所谓无码间干扰，就是对 $h(t)$ 在时刻 LT_s 抽样时，有下式成立，其中，$L=k-n$。

$$h(LT_s)=\begin{cases}1, & L=0\\ 0, & L\neq0\end{cases} \tag{3-39}$$

这就是说，$h(t)$ 的值除 $t=0$ 时不为零外，在其他所有抽样点上均为零。如何寻找满足式（3-39）的 $H(\omega)$ 呢？最容易想到的一种就是 $H(\omega)$ 为理想低通时，有：

$$H(\omega)=\begin{cases}T_s, & |\omega|\dfrac{\pi}{T_s}\\ 0,\text{其他}\ \omega\end{cases} \tag{3-40}$$

按照上述分析过程可以验证该特性函数是符合无码间干扰条件的，其相应的频谱特性和冲击响应 $h(t)$ 如图 3.38 所示。这是一个 $\dfrac{\sin x}{x}$ 类的波形，可以看出，如果输入数据以 $\dfrac{1}{T_s}=f_s$ 波特的速率进行传输，则在抽样时刻上是不存在码间干扰的。但如果该系统用高于 $\dfrac{1}{T_s}$ 波特的码元速率传送，就会有码间干扰存在了。通常称 $\dfrac{1}{T_s}=f_s$ 为无码间干扰时的最高码元传输速率，此时系统的频带宽度为 $\dfrac{1}{2T_s}$，即所用低通滤波器的截止频率。

定义系统的最高频带利用率 η 为：

$$\eta=\dfrac{\text{系统的最高码元传输速率}}{\text{系统的频带宽度}} \tag{3-41}$$

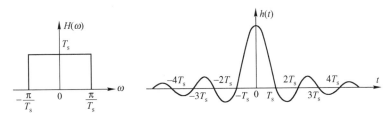

图 3.38　理想低通系统的频谱特性和冲击响应

故这时的系统最高频带利用率为 2 波特/赫兹。又若某系统的系统频率为 $W(\mathrm{Hz})$，则该系统无码间干扰时的最高码元传输速率为 $2W$（波特）。由于该规律由奈奎斯特发现，称此传输速率为奈奎斯特速率。

　　虽然理想的低通滤波特性达到了系统有效性的极限，即系统的频带利用率为 2 波特/赫兹，但这种理想特性由于其频谱特性中要求无限陡峭的过渡带而无法实现。而且，即使获得了相当逼近理想低通的特性，但因 $h(t)$ 波形的"尾巴"（在 $-T_{\mathrm{s}}$ 与 T_{s} 之外的部分）振荡幅度较大，一旦抽样时该处出现偏差，就可能使码间干扰达到很大。因此，需要寻找一种既能保证无码间干扰，又能使"尾巴"很快衰减的系统特性，这就引出了具有"滚降"特性的系统。

　　具有上述"滚降"特性的系统，尤其以升余弦"滚降"特性系统为代表，得到广泛应用。图 3.39 中的 $H(\omega)$ 是以 $\omega = \dfrac{\pi}{T_{\mathrm{s}}}$ 为截止频率的低通滤波器的特性函数。采用图 3.39 中所示的作图方法，可得：

$$\sum_i H\!\left(\omega + \frac{2\pi i}{T_{\mathrm{s}}}\right) = H\!\left(\omega - \frac{2\pi}{T_{\mathrm{s}}}\right) + H(\omega) + H\!\left(\omega + \frac{2\pi}{T_{\mathrm{s}}}\right) = T_{\mathrm{s}},\ |\omega| \leqslant \frac{\pi}{T_{\mathrm{s}}} \qquad (3\text{-}42)$$

显然，该 $H(\omega)$ 满足式（3-40）的要求，所以它是无码间干扰的。

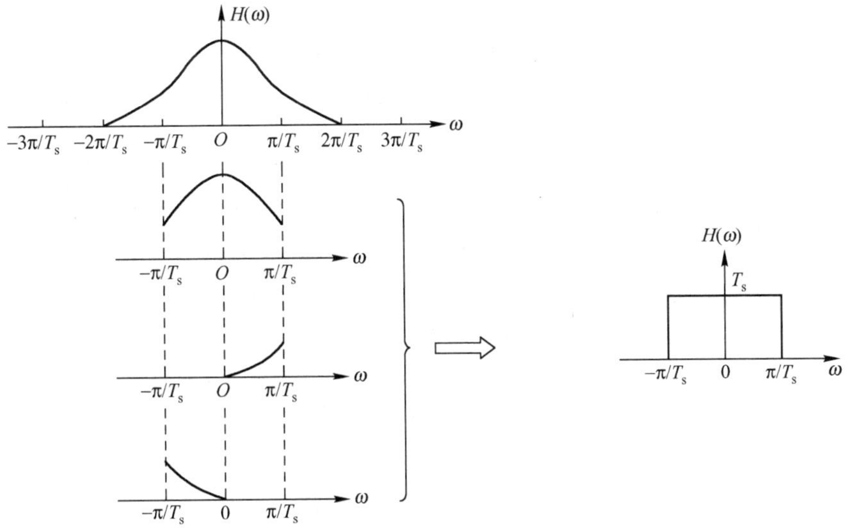

图 3.39　具有滚降特性无码间干扰 $H(\omega)$ 的验证

　　以 $\omega = \dfrac{\pi}{T_{\mathrm{s}}}$ 为中心，具有奇对称升余弦形状过渡带的这一类无码间干扰波形，通称为升余弦滚降信号，具有升余弦滚降信号特性的滤波器则称为升余弦滚降滤波器，其特性如

图3.40所示。图中，$\alpha = \dfrac{W_2}{W_1}$，$W_1$是无滚降时的载止频率，$W_2$为滚降部分的载止频率。取 α =0 时，该滚降滤波器就是理想低通滤波器。当 α =1 时，$H(\omega)$ 可表示为：

$$H(\omega) = \begin{cases} \dfrac{T_s}{2}\Big(1 + \cos\dfrac{\omega T_s}{2}\Big), & |\omega| \leqslant \dfrac{2\pi}{T_s} \\ 0, & |\omega| > \dfrac{2\pi}{T_s} \end{cases} \tag{3-43}$$

其 $h(t)$ 为：

$$h(t) = \frac{\sin\pi t/T_s}{\pi t/T_s} \cdot \frac{\cos\pi t/T_s}{1 - 4t^2/T_s^2} \tag{3-44}$$

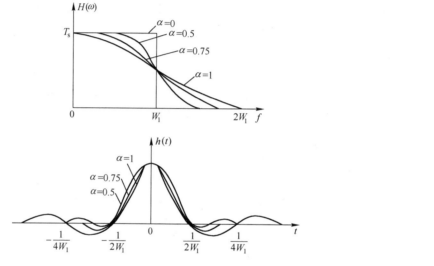

图3.40　升余弦滚降特性

在此升余弦特性所形成的波形 $h(t)$ 中，除抽样点 $t=0$ 不为零外，其余所有抽样点上信号均为零，而且它的"尾巴"相对于理想低通的 $\dfrac{\sin x}{x}$ 波形来说衰减要快一些，这对减小码间干扰及定时信号提取都很有利。因此，从实际滤波器的实现和对定时等方面的要求来考虑，采用具有升余弦频谱特性的 $H(\omega)$ 是适宜的。但升余弦特性的频谱宽度比 α =0 时加宽了一倍，因而其频带利用率降为理想低通的一半，为 1 波特/赫兹。

当 α 取值为 $0 < \alpha < 1$ 时，升余弦滚降的 $H(\omega)$ 可表示为：

$$H(\omega) = \begin{cases} T_s, & 0 \leqslant |\omega| < \dfrac{(1-\alpha)\pi}{T_s} \\ \dfrac{T_s}{2}\Big[1 + \sin\dfrac{T_s}{2\alpha}\Big(\dfrac{\pi}{T_s} - \omega\Big)\Big], & \dfrac{(1-\alpha)\pi}{T_s} \leqslant |\omega| < \dfrac{(1+\alpha)\pi}{T_s} \\ 0, & |\omega| \geqslant \dfrac{(1+\alpha)\pi}{T_s} \end{cases} \tag{3-45}$$

其 $h(t)$ 为：

$$h(t) = \frac{\sin\pi t/T_s}{\pi t/T_s} \cdot \frac{\cos\pi t/T_s}{1 - 4\alpha^2 t^2/T_s^2} \tag{3-46}$$

根据各个系统的不同要求，对 α 取值不一，就可以得到满足要求的滚降滤波器。α 越大，则系统冲击响应波形衰减越快，滤波器实现越容易，但频带利用率越低；反之，α 越小，冲击响应波形衰减就越慢，频带利用率则越高。极限情况时 $\alpha = 1$ 或 $\alpha = 0$。

例3.3 设四个基带传输系统的频域特性 $H(\omega)$ 分别如图3.41中（a）、（b）、（c）、（d）所示。若要求以 $\dfrac{2}{T_s}$ 波特的速率进行数据传输，试检验各种 $H(\omega)$ 是否满足消除抽样点码间串扰的条件？

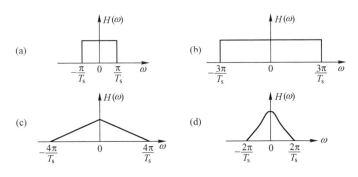

图 3.41　几种基带传输系统特性

解：（1）对于图3.41（a），该特性为理想低通的特性，截止频率 f_H 为 $\dfrac{\pi}{2\pi T_s} = \dfrac{1}{2T_s}$，则无码间干扰时的最高码元速率为 $R_b = 2f_H = \dfrac{1}{T_s}$，与题目要求的速率 $\dfrac{2}{T_s}$ 不一致，故不能满足条件。

（2）对于图3.41（b），该特性为理想低通的特性，截止频率 f_H 为 $\dfrac{3\pi}{2\pi T_s} = \dfrac{3}{2T_s}$，则无码间干扰时的最高码元速率为 $R_b = 2f_H = \dfrac{3}{T_s}$，与题目要求的速率 $\dfrac{2}{T_s}$ 不一致，故不能满足条件。

（3）对于图3.41（c），其特性等效为理想低通特性时的截止频率 f_H 为 $\dfrac{2\pi}{2\pi T_s} = \dfrac{1}{T_s}$，则无码间干扰时的最高码元速率为 $R_b = 2f_H = \dfrac{2}{T_s}$，与题目要求的速率 $\dfrac{2}{T_s}$ 一致，故能满足条件。

（4）对于图3.41（d），其特性等效为理想低通特性时的截止频率 f_H 为 $\dfrac{\pi}{2\pi T_s} = \dfrac{1}{2T_s}$，则无码间干扰时的最高码元速率为 $R_b = 2f_H = \dfrac{1}{T_s}$，与题目要求的速率 $\dfrac{2}{T_s}$ 不一致，故不能满足条件。

3.6.3　码率和误码率

1. 码率

码率又称传码率，它是衡量一个数字通信系统传输速度快慢的指标之一，其定义为每秒钟传送码元的数目，单位是"波特"，通常用符号 B 表示。例如，若某系统每秒钟传送2400

个码元，则该系统的传码率为 2400 波特或 2400B。

码率仅仅表征系统单位时间内传送码元的数目，而没有限定这时传送的码元是何种进制。考虑到即使是同一系统中的各点也可能采用不同的进制，故给出码元速率时必须同时说明该码元的进制和该速率在系统中的位置。

设二进制码元速率为 R_{B2}，N 进制码元速率为 R_{BN}，且 N 和 2 之间是正整数次幂的关系，即 $2^K = N(K = 1，2，3，\cdots)$，则二进制与 N 进制的码元速率之间有如下转换关系：

$$R_{B2} = R_{BN} \log_2 N \quad （B）$$

2. 误码率

误码率是指接收到错误的码元数在总传送码元数中所占的比例，它表示了码元在传输系统中被传错的概率，一般用 P_e 表示。误码率是衡量一个数字通信系统传输可靠性的重要指标。

3. 最佳阈值

最佳阈值是指使误码率通常最小时的判决门限电平，又称为最佳门限电平。

3.6.4 误码率的一般公式

上一节讨论了无噪声影响时能够消除码间干扰的基带传输特性。下面讨论在基带系统中叠加噪声后系统的抗噪声性能，即系统在无码间干扰时，因加性高斯噪声造成的错误判决的概率情况。

如果基带传输系统无码间干扰又无噪声影响，则接收端的判决电路就能够无差错地恢复出原始的发送基带信号。但信道中不可能没有加性噪声，即使是消除了码间干扰，判决电路也会因干扰而很难做到无差错地恢复原始信号。

图 3.42 分别给出了无噪声和有噪声干扰时，双极性输入波形及其经过判决电路后的输出信号情况。其中，图 3.42（a）是既无码间干扰又无噪声影响时的输入信号波形，图 3.42（b）则是叠加了噪声后的双极性输入波形。显然，判决门限应选择在 0 电平位置，而判决规则应是：若抽样值大于 0，则判为"1"码；抽样值小于 0 时则判为"0"码。可见，根据图 3.42（a）的波形，系统能够无差错地恢复出原始基带信号，而根据图 3.42（b）的波形，系统出现了错判。

下面来计算图 3.42（b）所示波形在抽样判决时所造成的错误概率即误码率。设判决电路输入端的随机噪声是信道加性噪声通过接收滤波器后的输出噪声，通常可认为信道中的噪声是平稳高斯白噪声，由于接收滤波器是一个线性网络，故判决电路的输入噪声也是平稳高斯随机噪声，它的功率谱密度 $P_n(\omega)$ 为：

$$P_n(\omega) = \frac{n_0}{2} | G_R(\omega) |^2$$

式中，$\dfrac{n_0}{2}$ 为高斯白噪声的双边功率谱密度；

$G_R(\omega)$ 是接收滤波器的传输特性。

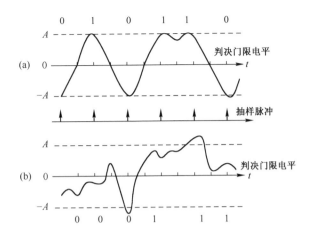

图 3.42　无噪声及有噪声时判决电路的输入波形及其判决输出

只要给定了 n_0 及 $G_R(\omega)$，则判决器输入端的噪声特性就可以确定。设噪声均值为零、方差为 σ_n^2，于是，噪声的瞬时值 V 的统计特性可表示为如下一维高斯概率分布密度：

$$f(V) = \frac{1}{\sqrt{2\pi}\,\sigma_n} \mathrm{e}^{-\frac{V^2}{2\sigma_n^2}} \tag{3-47}$$

由图 3.42 可以看出，由于噪声的影响而发生的误码有两种差错形式：一种是发送"1"却被判为"0"；另一种则是发送"0"却被判为"1"。下面分别求出这两种情况下的码元错判概率。

对于输入为双极性基带信号，在一个码元持续时间内，抽样判决器输入端得到的波形可表示为：

$$x(t) = \begin{cases} A + n_R(t), & \text{发送"1"码时} \\ -A + n_R(t), & \text{发送"0"码时} \end{cases} \tag{3-48}$$

由于 $n_R(t)$ 是高斯过程，故当发送"1"码时，过程 $A + n_R(t)$ 的一维概率密度为：

$$f_1(x) = \frac{1}{\sqrt{2\pi}\,\sigma_n} \exp\left[-\frac{(x-A)^2}{2\sigma_n^2}\right] \tag{3-49}$$

当发送"0"码时，过程 $-A + n_R(t)$ 的一维概率密度为：

$$f_0(x) = \frac{1}{\sqrt{2\pi}\,\sigma_n} \exp\left[-\frac{(x+A)^2}{2\sigma_n^2}\right] \tag{3-50}$$

两种情况的曲线如图 3.43 所示。若令判决门限为 V_d，则将"1"错判为"0"的概率 P_{e1} 及将"0"错判为"1"的概率 P_{e2} 可以分别表示为：

$$P_{e1} = P(x < V_d) = \int_{-\infty}^{V_d} f_1(x)\,\mathrm{d}x = \int_{-\infty}^{V_d} \frac{1}{\sqrt{2\pi}\,\sigma_n} \exp\left[-\frac{(x-A)^2}{2\sigma_n^2}\right]\mathrm{d}x$$

$$= \frac{1}{2} + \frac{1}{2}\mathrm{erf}\left(\frac{V_d - A}{\sqrt{2}\,\sigma_n}\right) \tag{3-51}$$

$$P_{e2} = P(x > V_d) = \int_{V_d}^{\infty} f_0(x)\,\mathrm{d}x = \int_{V_d}^{\infty} \frac{1}{\sqrt{2\pi}\,\sigma_n} \exp\left[-\frac{(x+A)^2}{2\sigma_n^2}\right]\mathrm{d}x$$

$$= \frac{1}{2} - \frac{1}{2}\mathrm{erf}\left(\frac{V_d + A}{\sqrt{2}\,\sigma_n}\right) \tag{3-52}$$

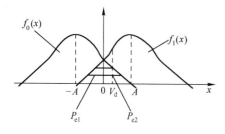

图 3.43　$x(t)$ 的概率密度曲线

设系统发送"1"概率为 $P(0)$，发送"0"的概率为 $P(0)$，则基带传输系统总的误码率可表示为：

$$P_e = P(1)P_{e1} + P(0)P_{e2} \qquad (3-53)$$

由以上几个式子可以看出，基带传输系统的总误码率与判决门限电平 V_d 有关。通常把使总误码率最小的判决门限电平称为最佳门限电平。令 $\dfrac{dP_e}{dV_d} = 0$，可求得最佳门限电平为：

$$V_d^* = \frac{\sigma_n^2}{2A}\ln\frac{P(0)}{P(1)} \qquad (3-54)$$

若 $P(1) = P(0) = \dfrac{1}{2}$，则最佳判决门限电平为 $V_d = 0$。此时基带传输系统总误码率为：

$$P_e = \frac{1}{2}(P_{e1} + P_{e2}) = \frac{1}{2}\left[1 - \mathrm{erf}\left(\frac{A}{\sqrt{2}\,\sigma_n}\right)\right] = \frac{1}{2}\mathrm{erf}\left(\frac{A}{\sqrt{2}\,\sigma_n}\right) \qquad (3-55)$$

式中，$\mathrm{erf}\,(x) = \dfrac{2}{\sqrt{\pi}}\displaystyle\int_0^x \exp[-y^2]\,\mathrm{d}y$ 称为误差函数。

这就是在发送"1"码和"0"码的概率相等，且判决门限就是最佳判决门限电平时，基带传输系统的总误码率公式。从式（3-55）可见，系统总误码率依赖于信号峰值 A 与噪声均方根值 σ_n 之比，而与采用什么样的信号形式无关，比值 $\dfrac{A}{\sigma_n}$ 越大，系统总误码率就越小。

式（3-54）、式（3-55）是在采用双极性基带波形的情况下得到的。如果采用单极性基带波形，则分别可求得最佳判决门限和误码率为：

$$V_d^* = \frac{A}{2} + \frac{\sigma_n^2}{A}\ln\frac{P(0)}{p(1)} \qquad (3-56)$$

$$P_e = \frac{1}{2}\left[1 - \mathrm{erf}\left(\frac{A}{2\sqrt{2}\,\sigma_n}\right)\right] = \frac{1}{2}\mathrm{erf}\left(\frac{A}{2\sqrt{2}\,\sigma_n}\right) \qquad (3-57)$$

比较式（3-55）与式（3-57）可以发现，在单极性与双极性基带波形峰值 A 相等、噪声均方根值 σ_n 相同的条件下，单极性基带系统的抗噪声性能低于双极性基带系统。

3.6.5　眼图

在实际通信系统中，完全消除码间串扰是十分困难的，而目前尚未从数字上找到便于处理的表示码间串扰对误码率的影响的统计规律，还不能进行准确的计算。为了衡量基带传输系统性能的优劣，在实验室中，通常用示波器观察接收信号波形的方法来分析码间串扰和噪声对系统性能的影响，这就是眼图分析方法。

这种方法的具体做法是：用一个示波器跨接在接收滤波器的输出端，然后调整示波器水平扫描周期，使其与接收码元的周期同步，这时就可以从示波器显示的图形上观察出码间干扰和噪声的影响，从而估计出系统性能的优劣程度了。所谓眼图就是指示波器显示的图形，它由于在传输二元信号波形时很像人的眼睛而得名。

我们用图 3.44 来解释这种观察方法，为了便于理解，暂先不考虑噪声的影响。在无噪声存在的情况下，一个二元基带系统将在接收滤波器的输出端得到一个基带脉冲序列。如果基带传输特性是无码间干扰的，则将得到如图 3.44（a）所示的基带脉冲序列；如果基带传输特性是有码间干扰的，则得到的基带脉冲序列如图 3.44（b）所示。

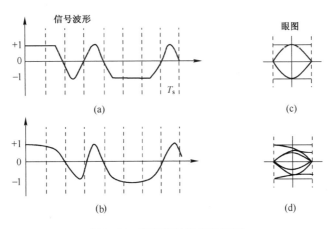

图 3.44　基带信号波形及眼图

现在用示波器来观察图 3.44（a）所示的波形，并将示波器扫描周期调整到码元周期 T，这时图 3.44（a）中的每一个码元都将重叠在一起。尽管图 3.44（a）并非周期性而是随机的波形，由于荧光屏的余辉作用，仍将若干个码元叠加显示。由于图 3.44（a）波形无码间干扰，因而叠加的图形都完全重合在一起，故示波器显示的迹线又细又清晰，如图 3.44（c）所示。

现在再用示波器来观察图 3.44（b）波形，由于存在码间干扰，示波器的扫描迹线就不能完全重合，于是形成的线迹较粗而不清晰，如图 3.44（d）所示。

从图 3.44（c）及图（d）可以看出，当波形无码间干扰时，眼图像一只完全张开的眼睛。并且，眼图中央的垂直线即表示最佳的抽样时刻，信号取值为±1；眼图中央的横轴位置即为最佳的判决门限电平。当波形存在码间干扰时，在抽样时刻得到的信号取值不再正好等于±1，而是分布在比 1 小或比 −1 大的附近，因而眼图将部分地闭合。由此可见，眼图中"眼睛"张开的大小程度反映了系统码间干扰的强弱。

当系统存在着噪声时，噪声叠加在有用信号上，使得眼图的线迹更不清晰，于是"眼睛"的张开程度就更小。不过，从图形上并不能观察到随机噪声的全部形态，例如，出现机会少的大幅度噪声，由于它在示波器上一晃而过，人眼是不可能观察到的。所以，根据示波器的波形只能大致估计噪声的强弱。

为了说明眼图和系统性能之间的关系，我们把眼图简化为一个模型，如图 3.45 所示。该图表述了以下几个指标：

（1）抽样时刻应是"眼睛"张开最大的时刻。

（2）误差的灵敏度可由眼图的斜边斜率决定，斜率越陡，受定时误差的影响就越大。

（3）图中阴影区的垂直高度表示信号畸变范围。

（4）图中央的横轴位置就对应最佳判决门限电平。

（5）在抽样时刻，上下两阴影区之间的间隔距离的一半为系统的噪声容限，若噪声的瞬时值超过这个容限，就会发生错误判决。

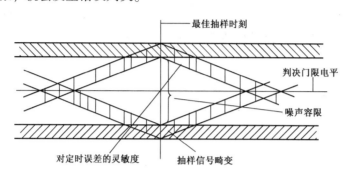

图 3.45　眼图的模型

3.7　信道均衡及部分响应系统

3.7.1　时域均衡及其功能

若信道特性 $H(\omega)$ 为理想信道或已知并恒定不变，则通过精心设计的发送和接收滤波器，就可以达到消除码间串扰和使噪声影响最小的目的。但是我们既不可能完全知道实际信道的特性，也不可能使之恒定不变，而且发送和接收滤波器也无法完全实现理想的最佳特性。因此，在实际的通信系统中总是存在码间串扰的。

为了克服串扰，可在接收端抽样判决之前附加一个可调滤波器，来校正或补偿信号传输中产生的线性失真。这种对系统中的线性失真进行校正的过程就叫做均衡，而实现均衡的滤波器就是均衡滤波器。

均衡分为频域均衡和时域均衡两类。所谓频域均衡，就是使包括均衡器在内的整个系统的总传输函数满足无失真传输的条件。而时域均衡则是直接从时间响应考虑，使包括均衡器在内的整个系统的冲击响应满足无码间串扰的条件。

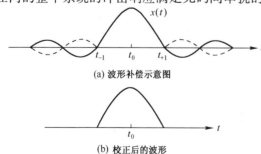

(a) 波形补偿示意图

(b) 校正后的波形

图 3.46　时域均衡波形示意图

频域均衡比较直观且易于理解，但数字通信系统中更为常用的是时域均衡。因此，本节只介绍时域均衡的原理。

时域均衡的基本思想可用图 3.46 所示的波形进行简单说明。它利用波形补偿的方法对失真波形直接加以校正，这可以通过观察波形的方法直接进行调节。时域均衡器又称横向滤波器，如图 3.47 所示。

设图 3.46（a）为一接收到的单个脉冲信号，由于信道特性不理想而失真，附加了一个"拖尾"，这个尾巴将在 t_{-N}，…，t_{-1}，t_0，t_{+1}，…t_{+N} 各抽样点上对其他码元信号的抽样判决造成干扰。如果设法加上一个与拖尾波形大小相等、极性相反的补偿波形（如图 3.46（a）中虚线所示），那么这个波形恰好就把原失真波形中多余的"尾巴"抵消掉。这样，校正后的波形就不再有"拖尾"了，如图 3.46（b）所示，因此消除了该码元对其他码元信号的干扰，达到了均衡的目的。

时域均衡所需要的补偿波形可以由接收到的波形经过延迟加权后得到，所以均衡滤波器实际上由一抽头延迟线加上一些可变增益的放大器组成，如图 3.47 所示。它共有 2N 节延迟线，每节的延迟时间都等于码元宽度 T_s，在各节延迟线之间引出抽头共 $(2N+1)$ 个。每个抽头的输出经可变增益（增益可正可负）放大器加权后输出。因此，当输入有失真的波形 $x(t)$ 时，只要适当选择各个可变增益放大器的增益 $C_i(i=-N,-N+1,\cdots,0,\cdots,N)$，就可以使相加器输出的信号 $h(t)$ 对其他码元波形造成的串扰最小。

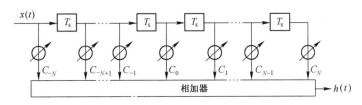

图 3.47　横向滤波器

理论上拖尾只有当 $t \to \infty$ 时才会为 0，故必须用无限长的均衡滤波器才能对失真波形进行完全校正，但事实上拖尾的幅度小于一定值时就完全可以忽略其影响了，即一般信道只需要考虑一个码元脉冲波形对其邻近的有限几个码元产生串扰的情况就足够了，故在实际中只要采用有限个抽头的滤波器就可以了。

均衡器在实际使用过程中，通常都用示波器来观察均衡滤波器的输出信号的眼图，通过反复调整各个增益放大器的增益 C_i，使眼图的眼睛达到最大且最清晰为止。

按调整均衡滤波器的方式，时域均衡可分为手动均衡和自动均衡两种，其中自动均衡又可细分为预置式自动均衡和自适应式自动均衡。预置式自动均衡是在实际数据传输之前，先传输预先规定的测试脉冲，然后按照迫零调整的原理自动或手动地分别调整各抽头增益；自适应式均衡则是在数据传送的过程中，连续测量输出信号与最佳调整值之间的误差，并以此为依据来调整各抽头增益。

3.7.2　部分响应系统概念

前面已经介绍了消除码间串扰的原理，就是要把基带系统的总传输特性 $H(\omega)$ 设计成理想低通特性或等效的理想低通特性。然而理想低通系统的冲击响应 $h(t)$ 为 $\dfrac{\sin x}{x}$ 波形，这种波形的优点是频带窄、频带利用率 η 高（最大频带利用率为 $\eta_{max}=2$ 波特/赫兹），但第一个零点以后的拖尾振荡幅度大，即收敛慢，从而对抽样定时的要求十分严格，一旦定时稍有偏差，极易引起严重的码间干扰。于是人们又提出采用等效理想低通的传输特性，如升余弦频率特性。这样虽然信号收敛加快，对定时的要求放松，但所需的频带却加宽了，从而使系统的频带利用率降低，取 $\alpha = 1$ 时最低，η 只有 1 波特/赫兹。可见，基带系统的高频带利用率与信号拖尾衰减大、收敛快两个要求是互相矛盾的。那么，我们能否找到频带利用率高且收敛又快的传输系统呢？

奈奎斯特第二准则回答了这个问题。该准则告诉我们：有控制地在某些码元的抽样时刻引入码间干扰，而在其余码的抽样时刻无码间干扰，那么就能使频带利用率提高到理论上的最大值 $\eta_{\max} = 2$ 波特/赫兹，同时又可以降低对定时精度的要求。通常把这种波形称为部分响应波形，利用部分响应波形进行传送的基带传输系统称为部分响应系统。

目前，常见的部分响应波形有五类，下面只介绍第一类部分响应波形，从中理解部分响应系统的概念。

对相邻码元的取样时刻产生同极性串扰的波形称为第一类部分响应波形。为了方便推导时域表达式，令前一个码元取样时刻在 $t = -\dfrac{T}{2}$ 处，当前码元的取样时刻在 $\dfrac{T}{2}$ 处，其余码元的取样时刻分别依次为 $\pm\dfrac{3T}{2}$，$\pm\dfrac{5T}{2}$，…。用两个相隔一位码元间隔 T 的 $\dfrac{\sin x}{x}$ 的合成波形 $p(t)$ 来代替 $\dfrac{\sin x}{x}$ 波形，如图 3.48 所示。该合成波形的数学表达式为：

$$p(t) = \frac{\sin\dfrac{\pi}{T}(t+\dfrac{T}{2})}{\dfrac{\pi}{T}(t+\dfrac{T}{2})} + \frac{\sin\dfrac{\pi}{T}\left(t-\dfrac{T}{2}\right)}{\dfrac{\pi}{T}\left(t-\dfrac{T}{2}\right)} = \frac{4}{\pi}\left[\frac{\cos(\pi t/T)}{1-(4t^2/T^2)}\right] \tag{3-58}$$

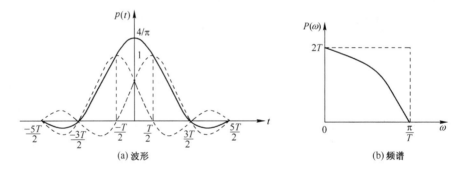

(a) 波形　　　　　　　　　　　　　(b) 频谱

图 3.48　第一类部分响应信号

由式（3-58）可知，$p(t)$ 的幅度约与 t^2 成反比，而 $\dfrac{\sin x}{x}$ 波形幅度则与 t 成反比，因此该波形的尾巴衰减速度加快。从图 3.48 中也可以看出，由于相距一个码元间隔的两个 $\dfrac{\sin x}{x}$ 波形的尾巴正好正负极性相反而相互抵消，从而使得合成波形的尾巴迅速衰减。

对式（3-58）进行傅里叶变换，可以求出 $p(t)$ 的频谱 $P(\omega)$ 为：

$$P(\omega) = \begin{cases} T(e^{-j\omega T/2} + e^{j\omega T/2}) \\ 0, \end{cases} = \begin{cases} 2T\cos(\omega T/2), & |\omega| \leqslant \dfrac{\pi}{T} \\ 0, & |\omega| > \dfrac{\pi}{T} \end{cases} \tag{3-59}$$

由式（3-59）画出的频谱函数如图 3.48（b）所示。可以看出，$p(t)$ 的频带既像理想低通的频谱特性那样限制在 $\pm\dfrac{\pi}{T}$ 之内，其形状却又呈余弦形，具有缓慢的滚降过渡变化而非陡峭的衰减特性。这时的传输带宽和频带利用率分别为：

$$B = \frac{1}{2\pi} \cdot \frac{\pi}{T} = \frac{1}{2T}$$

$$\eta = \frac{R_b}{B} = \frac{1/T}{1/2T} = 2（波特）$$

达到基带传输系统在传输二元码时的理论最大值。

现在我们来介绍一种实用的第一类部分响应系统，如图 3.49 所示。在该系统里，发送端分预编码、相关编码两步进行。

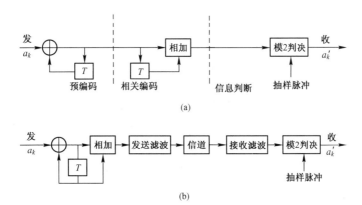

图 3.49　第一类部分响应系统组成方框图

预编码：即将待发信号 a_K 变为 b_K。其规则是：

$$a_K = b_K \oplus b_{K-1}$$

即

$$b_K = a_K \oplus b_{K-1} \tag{3-60}$$

这里，$\oplus$ 表示模 2 加运算。

相关编码：将预编码形成 b_K 脉冲序列按照式（3-60）的规则，形成由式（3-58）表示的 $p(t)$ 脉冲序列。其编码规则是：

$$c_K = b_K + b_{K-1} \tag{3-61}$$

在接收端，对收到的 c_K 序列做模 2 判决，就可还原发送端的原始信号序列 a_K 了。即：

$$[c_K]_{\text{mod}} = [b_K \oplus b_{K-1}]_{\text{mod}} = b_K \oplus b_{K-1} = a_K \tag{3-62}$$

从图 3.49 中可以看出，整个处理过程可概括为"预编码—相关编码—模 2 处理"三步。

例 3.4　设待发二进制基带序列 a_K 为 11101001，按照第一类部分响应系统的规则，给出其变换过程。

解：根据已知和图 3.49 得：

a_K	1	1	1	0	1	0	0	1
b_{K-1}	0	1	0	1	1	0	0	0
b_K	1	0	1	1	0	0	0	1
c_K	1	1	1	2	1	0	0	1
$[c_K]_{mod}$	1	1	1	0	1	0	0	1

从例 3.4 中我们看到，虽然部分响应信号解决了 $\frac{\sin x}{x}$ 波形的缺点，但这种改善是以在相邻码元的抽样时刻叠加一个与发送码元抽样值相等的串扰为代价的。正是因为引入了这种固定幅度的串扰，在部分响应信号的序列中将出现新的样值，如上面例题中 c_K 序列里的 2，通常称之为伪电平。

本 章 小 结

本章首先介绍了数字通信系统中几种常用的二元、三元基带数字信号如单极性归零码、单极性非归零码、双极性归零码、双极性非归零码、差分码、AMI 码和 HDB$_3$ 码等。然后对 PCM 脉冲编码调制的抽样、量化及编码三个过程进行了详细的分析，指出了模拟信号数字化的基本方法。其中还具体讨论了抽样过程中的自然抽样和平顶抽样、量化中的均匀量化和非均匀量化（A 压缩律、μ压缩律）、13 折线和 15 折线近似以及编码中的 A 压缩律 13 折线 PCM 编码等问题并由 PCM 编码引出了有关差分脉冲编码调制（DPCM）和增量调制（ΔM）的基本原理介绍。最后，我们还详细介绍了数字基带传输过程中的一些问题，如基带系统模型、理想低通系统、具有滚降特性的无码间干扰的滤波器系统、信道均衡技术和部分响应技术等，以及如何通过眼图来衡量基带传输系统的性能优劣。

习 题 3

一、填空题

3.1 未经调制的数字信息代码所对应的电脉冲信号一般是从（   ）甚至（   ）频率开始的，所以一般把它们叫做数字基带信号。由于基带信号（   ）或（   ）成分丰富、提取（   ）不便以及易产生（   ）等，一般（   ）在普通信道中传输。

3.2 三元码指用信号幅度的三种取值（   ）或（   ）来表示的二进制信码，这种表示方法通常不是由二进制转换到（   ），而是某种特定的取代关系，所以三元码又称（   ）。三元码的种类很多，常见的有（   ）、（   ）等。

3.3 AMI 码的功率谱无直流分量，低频分量也（   ），能量主要集中在频率为（   ）处。当信息中出现长连 0 码时，由于 AMI 码中长时间不出现（   ），将会出现难以提取定时信息的问题。为了保持 AMI 码的优点而克服其缺点，人们提出了许多改进 AMI 码的方法，（   ）码就是其中富有代表性的一种。

3.4 脉冲编码调制（PCM）是由（   ）国工程师 Alec Reeres1937 年提出的，这是一种将（   ）信号变换成（   ）信号的编码方式，在光纤通信、数字微波通信及卫星通信中都得到了广泛的应用。PCM 过程主要包括（   ）、（   ）和编码三个步骤。从调制的观点来看，PCM 就是以（   ）信号为调制信号，对二进制脉冲序列进行（   ）调制，从而改变脉冲序列中各个码元的取值。所以，通常也把 PCM 叫做（   ）调制，简称（   ）调制。

3.5 将时间上连续的模拟信号变为时间上（　　　　）的抽样值的过程就是抽样。一个频带限制在 $(0, f_H)$ 内的连续信号 $x(t)$，如果抽样频率 f_s（　　　　）或（　　　　）$2f_H$，则可以由抽样值序列 $\{x(nT_s)\}$（　　　　）重建原始信号 $x(t)$。这意味着对于信号中的最高频率分量，至少在一个周期内要对它取（　　　　）个样值。该定理由 Nyquist 提出并证明，故我们把满足抽样定理的（　　　　）称为奈奎斯特（Nyquist）频率。

3.6 量化器的输出 – 输入特性是（　　　　）曲线，相邻两个（　　　　）之间的距离为阶距。均匀量化器由于阶距（　　　　），其特性曲线呈（　　　　）的形式，非均匀量化器的特性曲线则是（　　　　）。量化器的输入是（　　　　）值，输出是（　　　　）的量化值，故输入和输出之间必然存在着（　　　　），这是由于量化过程本身所引起的，所以叫（　　　　）。

3.7 13 折线的非线性 PCM 编码通常由逐次比较型编码器实现，根据输入的样值脉冲大小编出相应的 8 位二进制代码，除第一位（　　　　）外，其他 7 位二进制代码都是通过（　　　　）方式确定的。预先规定（　　　　）电流 I_W，当样值脉冲到来后，用（　　　　）的方法有规律地用各级 I_W 去和样值脉冲比较，每比较一次输出（　　　　）位数码，直到 I_W 和抽样值 I_S（　　　　）为止。

3.8 PCM 方式由于每个抽样值的编码位数较高而使信号中的（　　　　）成分加大，（　　　　）了传输信号的占用频带，对语音信号的传输十分不利。差分脉冲编码调制（DPCM）考虑了模拟信号抽样后的幅度样值中仍然保留的（　　　　），即（　　　　）的幅度样值中包含有（　　　　）样值的大部分信息，利用（　　　　）的幅度样值来对（　　　　）的幅度样值进行编码，（　　　　）了模拟信号编码的位数，使信息传输的比特率也随之（　　　　），在不影响通信质量的前提下，克服了 PCM 系统的缺点。

3.9 增量调制（ΔM）是在 PCM 方式的基础上发展起来的另一种模拟信号数字化传输的方法。ΔM 将模拟信号变换成每个抽样值仅与（　　　　）位二进制编码对应的数字信号序列，在接收端只需要一个（　　　　）便可复制出原模拟信号。因而 ΔM 编译码设备要比 PCM 的（　　　　）。

3.10 升余弦滚降特性所形成的波形 $h(t)$ 中，除抽样点 $t=0$ 外其余所有抽样点上信号（　　　　），而且它的"尾巴"相对于理想低通波形来说衰减要（　　　　），这对（　　　　）码间干扰及（　　　　）都很有利。但升余弦特性的频谱宽度（　　　　），其频带利用率降为理想低通的（　　　　），为（　　　　）波特/赫兹。

3.11 为了衡量基带传输系统性能的优劣，在实验室中通常用示波器观察接收信号波形的方法来分析（　　　　）和（　　　　）对系统性能的影响，这就是（　　　　）分析法。具体地说，就是用一个示波器跨接在（　　　　）的输出端，然后调整示波器（　　　　），使其与（　　　　）同步，这时就可以从示波器显示的图形上观察（　　　　）和（　　　　）的影响了，从而估计出系统性能的优劣程度了。

3.12 HDB₃ 码首先把二进制码变换成 AMI 码，然后检查 AMI 码的（　　　　）。当没有（　　　　）个以上的连 0 码出现时，就直接（　　　　）；否则将（　　　　）变成与其前一个非 0 符号（　　　　）极性的符号，记为 + V 或 – V。为使附加破坏点后的码元序列仍具有（　　　　）、无直流分量的特性，必须使相邻两个破坏点所取的符号极性也（　　　　）。

3.13 时间有限信号的频谱是（　　　　）的，反之，频带受限信号的时域变换形式也是（　　　　）的。由于实际通信信道都有频带限制，故数字基带信号在传输时，由于（　　　　）而不可避免地产生（　　　　）。也就是说，经过带限系统传输后，数字基带信号的（　　　　）码元之间，前面码元的（　　　　）必然会对后面的码元形成干扰，即码间串扰 ISI。

3.14 部分响应利用若干个 sinx/x 信号的（　　　　）现象，将他们按一定的规则叠加，从而消除或降低（　　　　）。根据叠加方式的不同，构成了 I、（　　　　）、Ⅲ、（　　　　）、V 共五类部分响应波形，它们都包括预（　　　　）、（　　　　）、发送滤波器以及接收滤波器几个部分。

3.15 频域均衡利用（　　　　）或（　　　　）对信道进行补偿，但本质上只是一种使信道达到平坦（　　　　）和线性（　　　　）的固定技术。

3.16 时域均衡技术的基本特点就是利用均衡器产生的（　　　　）补偿原畸变波形，即用（　　　　）的方法对（　　）进行直接校正，使最终输出波形在抽样时刻上最大限度地消除（　　）。

二、单选题

3.17　对于同一组数字信息而言，它可以根据不同选择得出不同形式的对应基带信号，其频谱结构也将因此（　　）。

　　A. 相同　　　　　B. 相似　　　　　C. 不确定　　　　　D. 不同

3.18　用相邻电平发生跳变来表示码元 1，反之则表示 0 的二元码是（　　）。它由于信码 1、0 与电平之间不存在绝对对应关系，可以解决相位键控同步解调时的相位模糊现象而得到广泛应用。

　　A. AMI 码　　　　　　　　　　　　B. HDB$_3$ 码

　　C. 传号差分 NRZ（M）码　　　　　D. 空号差分 NRZ（S）码

3.19　由于频谱中没有离散分量，双极性不归零码的功率谱中的第一个过零点在（　　）处，其谱零点带宽因此为（　　）。

　　A. $f = f_s/2$　　B. $f = f_s$　　C. $f = 2f_s$　　D. $f = 4f_s$

　　E. $B_s = f_s/2$　　F. $B_s = f_s$　　G. $B_s = 2f_s$　　H. $B_s = 4f_s$

3.20　对于带宽 B 远小于中心频率的带通信号，设其上/下截止频率分别为 f_H/f_L，此时只要抽样频率 f_s 满足（　　），则接收端就可以完全无失真地恢复出原始信号。其中：$B = f_H - f_L$；$M = \dfrac{f_H}{B} - N$；N 为不超过 $\dfrac{f_H}{B}$ 的最大正整数。

　　A. $= 2B\left(2 + \dfrac{M}{N}\right)$　　B. $= 2B\left(2 + \dfrac{N}{M}\right)$　　C. $= 2B\left(1 + \dfrac{M}{N}\right)$　　D. $= 2B\left(1 + \dfrac{N}{M}\right)$

3.21　把量化后的信号电平值转换成二进制码组的过程叫做（　　），其逆过程则为（　　）。

　　A. 滤波　　　　　B. 编码　　　　　C. 译码　　　　　D. 抽样

3.22　无码间干扰就是对 $h(t)$ 在时刻 KT_s 抽样时，有式（　　）成立。

　　A. $h(KT_s) = \begin{cases} 0, K = 0 \\ 1, K \neq 0 \end{cases}$　　　　　B. $h(2KT_s) = \begin{cases} 1, K = 0 \\ 0, K \neq 0 \end{cases}$

　　C. $h(KT_s) = \begin{cases} K, K = 0 \\ 1, K \neq 0 \end{cases}$　　　　　D. $h(KT_s) = \begin{cases} 1, K = 0 \\ 0, K \neq 0 \end{cases}$

3.23　理想低通特性函数是符合无码间干扰条件的，其冲击响应 $h(t)$ 是一个（　　）类的波形。如果输入数据以（　　）波特的速率进行传输，则在抽样时刻上是不存在码间干扰的，反之则不行。故通常称此速率为无码间干扰时的最高码元传输速率。

　　A. $\dfrac{\sin x}{x}$　　B. $\dfrac{\sin 2x}{x}$　　C. $\dfrac{\cos x}{x}$　　D. $\dfrac{\cos 2x}{x}$

　　E. 等于 $\dfrac{1}{T_s} = f_s$　　F. 不高于 $\dfrac{1}{T_s} = f_s$　　G. 不低于 $\dfrac{1}{T_s} = f_s$　　H. 大于 $\dfrac{1}{T_s} = f_s$

3.24　若二进制码元速率为 R_{B2}，N 进制码元速率为 R_{BN}，且 $2^K = N$，（$K = 1，2，3，\cdots$），则二进制与 N 进制的码元速率之间关系为（　　）。

　　A. $R_{BN} = R_{B2}\log_2 N$（B）

　　B. $R_{BN} = R_{B2}/(\log_2 N)$（B）

　　C. $R_{B2} = R_{BN}\log_2 N$（B）

　　D. $R_{B2} = R_{BN}/(\log_2 N)$（B）

三、多选题

3.25　数字信息的电脉冲表示过程也叫码型变换或选择。根据一般信道的特点，选择传输码的码型时，主要应考虑（　　　　）。

A. 码型中低频分量应尽量少，尤其频谱中不能含有直流分量

B. 码型中不能有长的连 0 码或连 1 码，以便提取同步定时信息

C. 码型应具有一定的检错能力，以便接收方判断接收信码的正确与否

D. 根据信源的统计特性进行码形变换

3.26　常见的二元码基带信号波形有（　　　　）。

A. AMI 码   B. 单极性非归零码

C. 双极性非归零码   D. HDB₃ 码

E. 单极性归零码   F. 双极性归零码

G. 传号差分码   H. 空号差分码

3.27　一般语音信号的频率在（300～3400Hz）的范围内，把它看做是频带（0～3400Hz）的低通型信号，则该信号的抽样频率为（　　　　）时，接收端可以无失真地恢复原始信号。

A. 3400Hz   B. 6800Hz

C. 8000Hz   D. 9800Hz

3.28　下列关于均匀量化的说法正确的是（　　　　）。

A. 只要确定了量化器，则其量化噪声的平均功率是固定不变的

B. 量化噪声的平均功率不完全由量化器决定

C. 当信号 $x(t)$ 较小时，输出信噪比很低

D. 弱信号的量化信噪比可能无法达到额定要求而对还原解调产生较大的影响

3.29　PCM 编码常用的二进制码组是（　　　　）。从统计的角度来看，其中误码产生最少的是（　　　　）。

A. 汉明码   B. 自然码

C. 折叠码   D. 格雷组

3.30　第 I 类部分响应信号 $g(t)$ 的传输波形由于存在误码传播的可能，实际中是无法使用的。为此，必须要进行一次预编码，即先按关系（　　　　）将输入信码 a_K 变成 b_K 再进行传输。

A. $a_K = b_K \oplus b_{K-1}$ B. $b_K = a_K \oplus b_{K-1}$

C. $b_K = a_K \oplus a_{K-1}$ D. $b_{K-1} = a_K \oplus b_K$

3.31　关于眼图，以下说法正确的是（　　　　）。

A. 抽样时刻应是在"眼睛"张开最大的时刻

B. 抽样时刻，上下两阴影区间隔距离的一半为系统的噪声容限，若噪声超过这个容限，就会发生错误判决

C. 眼图中阴影区的垂直高度表示信号畸变范围

D. 眼图中央的横轴位置对应最佳判决门限电平

四、判断题（正确的打√，错误的打×）

3.32　（　　　）差分码用电平的变化而非电平的大小来传输信息，也称相对码，由于解决了相位键控解调时的相位模糊现象而得到广泛应用。

3.33　（　　　）HDB₃ 码除了保持 AMI 码的优点之外，还增加了使连 0 串减少到最多 6 个的优点，解决了 AMI 码遇到连 0 串不能提取定时信号的问题，是 CCITT 推荐使用的基带之一。

3.34　（　　　）自然抽样指抽样期间抽样信号的顶部保持原来被抽样的模拟信号的变化规律，其抽样信号在抽样期间的输出幅度值随输入信号的变换而变化，这对编码而言十分方便。

3.35　（　　　）带通信号的抽样频率并不一定需要达到其最高频率或更高。

3.36　（　　　）量化形成的总量化噪声功率 N_q 应为不过载噪声和过载噪声功率之和。

3.37　（　　　）早期 A 压缩律和μ压缩律压缩特性是用非线性模拟电路来实现的，其精度和稳定性都

受到很大限制；采用折线段来代替匀滑曲线后，使电路可用数字技术实现，其质量和可靠性都得到了保证。

3.38 （　　）PCM 基带传输系统通常都可使误码率较下，因此误码的影响不大，这时为改善系统的输出信噪比，应设法减小量化误差，使用量化级数 N 小一些的量化器。

3.39 （　　）在波形峰值相等、噪声均方根值也相同的条件下，单极性基带系统的抗噪声性能与双极性基带系统相同。

3.40 （　　）对升余弦滚降信号，其 α 取值越大，系统冲击响应波形衰减越快，滤波器实现越容易，但频带利用率越低；反之，α 越小，冲击响应波形衰减就越慢，频带利用率则越高。

3.41 （　　）除第 I 类部分响应信号外，其余所有部分响应信号都没有差错传播现象，故无须在发送端先进行相关编码。

3.42 （　　）时域均衡是直接从时间响应的角度出发，使包括均衡器在内的整个系统冲击响应满足无码间串扰的条件。

3.43 （　　）电报通信常用的传号差分码用相邻电平跳变表示 0，反之则表示 1。

3.44 （　　）均匀量化的不过载量化噪声功率与量化间隔有关，量化级数 L 越多，则噪声功率越大。

3.45 （　　）非均匀量化实质就是将信号非线性变换后再均匀量化。为了减小量化噪声，非均匀量化一般在信号取值小的区间选取较小的量化间隔，反之则取较大的量化间隔。

　　五、分析与计算题

3.46 设二进制代码为 110010100100。试以矩形脉冲为例，分别画出相应的单极性非归零码、双极性非归零码、单极性归零码、双极性归零码、差分码和 AMI 码波形。

3.47 已知二进制信息代码为 1010000011000011，试确定相应的 AMI 码和 HDB$_3$ 码，并分别画出它们的波形。

3.48 已知有 4 个连 1 与 4 个连 0 交替出现的序列，画出用单极性不归零码、AMI 码和 HDB$_3$ 码表示时的波形图。

3.49 分别求 HDB$_3$ 码 $+1 - 1000 - 1 + 10 - 1 + 1000 + 1 - 100 - 1 + 10 - 1 + 1 - 1$、$-1000 - 1 + 1000 + 1 - 1 + 1 - 100 - 1 + 1$ 的相应原始二进制信息码。

3.50 已知一基带信号 $f(t) = \cos 2\pi t + 2\cos 4\pi t$，对其进行理想抽样，为了在接收端能不失真地从 $f_s(t)$ 已抽样信号中恢复 $f(t)$，试问抽样间隔应如何选择？

3.51 设信号 $f(t) = 9 + A\cos\omega t$，其中，$A \leqslant 10\text{V}$。若 $f(t)$ 被均匀量化为 41 个电平，试确定所需的二进制码的位数 n 和量化级间隔 Δ_K。

3.52 设某数字基带传输系统的传输特性 $H(\omega)$ 如图 3.50 所示，其中 α 为某个常数。

（1）试检验该系统能否实现无码间干扰传输？

（2）试求该系统的最大码元传输速率为多少？这时的系统频带利用率为多大？

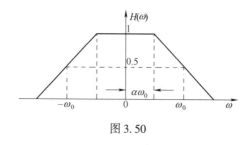

图 3.50

3.53 为了传送码元速率为 10^3（波特）的二进制数字基带信号，试问系统采用如图 3.51 中所画的哪一种传输特性较好？并说明其理由。

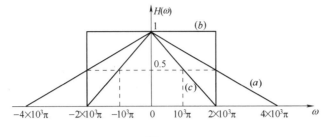

图 3.51

3.54 采用 13 折线 A 压缩律编码，设最小量化级为 1 单位，已知抽样值为 +635 单位。

（1）试求所得编码输出的 8 位码组（段内码采用自然__进制码），并计算量化误差。

（2）写出对应该码组中 7 位码（不包括极性码）的均匀量化 11 位码。

3.55 已知某信号经抽样后用采用 13 折线 A 压缩律编码得到的 8 位代码为 01110101，求该代码的量化电平，并说明译码后最大可能的量化误差是多少？

3.56 设待发二进制基带序列 a_K 为 10111001，按照第一类部分响应系统的规则，给出其变换过程。

第4章 数字频带调制

内容提要

实际通信中，绝大部分情况下信道都不能直接传送数字基带信号，而必须用数字基带信号对载波波形的某些参量进行调制，使载波信号的这些参量随该数字基带信号的变化而变化，这就是数字调制传输。

和模拟调制一样，数字调制也有调幅、调频和调相三种基本方式，以及由此派生出的多种其他形式。由于数字调制是用载波信号的某些离散状态来表征所传送的数字信息，也称数字调制信号为键控信号，相应的三种基本调制形式又分别称为幅度键控（ASK）、频移键控（FSK）和相移键控（PSK）。

本章主要介绍二进制幅度键控2ASK、频率键控2FSK和相位键控2PSK三种基本数字调制方式的原理、调制和解调电路形式，分析绝对移相和相对移相方式的性能优劣。在此基础上，介绍相位连续的移频键控CPFSK、最小移频键控MSK、高斯最小移频键控GMSK等调制方式和多进制数字调制的基本概念和原理。

4.1 幅度键控（ASK）系统

设二元离散信源发出消息符号0、1的概率分别为P、$(1-P)$，且0、1的出现彼此独立。根据幅度调制原理，一个二进制的幅度键控信号可以表示成一个单极性矩形脉冲序列与一个正弦载波的乘积，即：

$$e_0(t) = \left[\sum_n a_n g(t - nT_s) \right] \cos\omega_c t \qquad (4-1)$$

这里，$g(t)$是持续时间为T_s的矩形脉冲，而a_n值服从下述关系：

$$a_n = \begin{cases} 0, & \text{概率为} P \\ 1, & \text{概率为} (1-P) \end{cases} \qquad (4-2)$$

令

$$s(t) = \sum_n a_n g(t - nT_s) \qquad (4-3)$$

则式（4-1）变为：

$$e_0(t) = s(t)\cos\omega_c t \qquad (4-4)$$

通常，二进制幅度键控信号的产生方法（调制方法）有两种，如图4.1所示。其中图（a）采用的就是一般模拟幅度调制的方法，属于相干调制，只是这里的$s(t)$是由式(4-3)确定的数字信号；图（b）所示是一种键控方法，其开关电路受$s(t)$控制；图(c)为$s(t)$及

$e_0(t)$ 的波形。二进制幅度键控信号由于始终有一个信号的状态为零，即处于断开状态，故常称之为通断键控（OOK）信号。

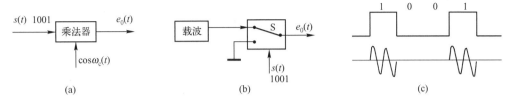

图 4.1　二进制幅度键控（2ASK）信号的产生及输出波形

如同模拟调幅 AM 信号的解调一样，ASK 信号也有两种基本的解调方法：非相干解调（包络检波法）及相干解调（同步检测法），其相应的接收系统组成框图如图 4.2 所示。与 AM 信号的接收系统相比，ASK 解调增加了一个"抽样判决器"方框，这对于提高数字信号的接收性能是十分必要的。

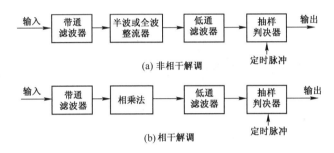

图 4.2　二进制振幅键控信号的接收系统组成方框图

二进制幅度键控是数字调制中出现最早的、也是最简单的调制方式。这种方法最初用于电报系统，由于它的抗噪声能力较差，在数字通信中用得不多。但二进制幅度键控是研究其他数字调制方式的基础，因此，掌握它仍然是必要的。

一个 2ASK 信号 $e_0(t)$ 可以表示为：

$$e_0(t) = \left[\sum_n a_n g(t - nT_s) \right] \cos\omega_c t = s(t)\cos\omega_c t \qquad (4\text{-}5)$$

设 $e_0(t)$ 的功率谱密度为 $P_E(f)$，$s(t)$ 的功率谱密度为 $P_s(f)$，则由式（4-5）可得：

$$P_E(f) = \frac{1}{4}\left[P_s(f+f_c) + P_s(f-f_c) \right] \qquad (4\text{-}6)$$

当 $s(t)$ 为 1 和 0 等概率出现的单极性矩形随机脉冲序列（码元间隔为 T_s）时，$P_s(f)$ 为

$$P_s(f) = \frac{T_s}{4}Sa^2(\pi f T_s) + \frac{1}{4}\delta(f) \qquad (4\text{-}7)$$

于是有：

$$P_E(f) = \frac{T_s}{16}\left\{ Sa^2\left[\pi(f+f_c)T_s \right] + Sa^2\left[\pi(f-f_c)T_s \right] \right\} + \frac{1}{16}\left[\delta(f+f_c) + \delta(f-f_c) \right] \qquad (4\text{-}8)$$

对应的功率谱示意图如图 4.3 所示。

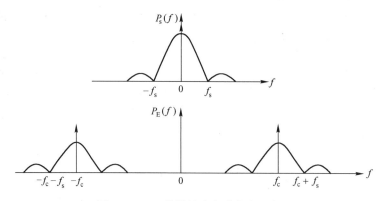

图 4.3 ASK 信号的功率谱密度示意图

显然，二进制 ASK 信号的带宽是调制信号带宽的 2 倍。若只计基带脉冲波形频谱的主瓣，$T_s = \dfrac{1}{f_s}$ 为码元间隔，其带宽为：

$$B = 2f_s = \frac{2}{T_s} \tag{4-9}$$

4.2 频移键控（FSK）系统

4.2.1 频移键控（FSK）

设信源的有关特性与 4.1 节中的相同，则二进制频移键控 2FSK 信号便是输入 $s(t)$ 中的"0"对应于载频 ω_1，而"1"对应于载频 ω_2（$\omega_1 \neq \omega_1$）的已调波形，且 ω_1 与 ω_2 两种频率之间的改变是瞬间完成的。由这一描述可以很容易地想到利用矩形脉冲序列对一个正弦载波信号进行调频而获得 2FSK 信号，而这正是频移键控通信方式早期所使用的调制方法，这是一种利用模拟调频来实现数字调频的方法。2FSK 信号的另一产生方法就是键控法，即利用受矩形脉冲序列控制的开关电路对两个不同且彼此独立的频率源分别进行选通。以上两种 2FSK 信号的产生电路及输出波形如图 4.4 所示，其中 $s(t)$ 是信息的二进制矩形脉冲序列，$e_0(t)$ 就是 2FSK 信号。

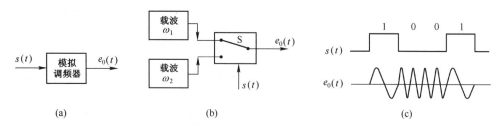

图 4.4 二进制移频键控 2FSK 信号的产生及波形

根据上述 2FSK 信号产生的原理，不难写出 2FSK 信号的数学表达式为：

$$e_0(t) = \sum_n a_n g(t - nT_s)\cos(\omega_1 t + \varphi_n) + \sum_n \bar{a}_n g(t - nT_s)\cos(\omega_2 t + \theta_n) \tag{4-10}$$

式中，$g(t)$ 为脉宽 T_s 的单个矩形脉冲；

φ_n、θ_n 分别是第 n 个信号码元的初相位；

$\overline{a_n}$ 是 a_n 的反码，即：

$$a_n = \begin{cases} 0, & \text{概率为 } P \\ 1, & \text{概率为 } (1-P) \end{cases} \qquad \overline{a_n} = \begin{cases} 0, & \text{概率为 } (1-P) \\ 1, & \text{概率为 } P \end{cases}$$

一般说来，键控法得到的 φ_n、θ_n 与序列 n 无关，反映在 $e_0(t)$ 上也仅仅表现出 ω_1 与 ω_2 之间发生改变时其相位是不连续的，而在模拟调频调制中，当 ω_1 与 ω_2 改变时 $e_0(t)$ 的相位是连续的，故 φ_n、θ_n 不仅与第 n 个信号码元相关，且 φ_n 与 θ_n 之间还应保持一定的关系。

4.2.2　频移键控（FSK）的解调

二进制 FSK 信号的常用解调方法是采用如图 4.5 所示的非相干检测法和相干检测法。这里的抽样判决器是判定哪一个输入样值大，此时可以不专门设置门限电平。

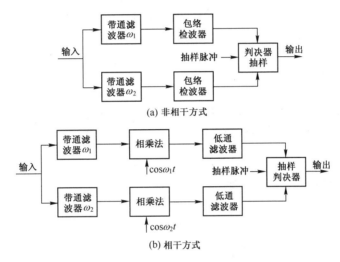

图 4.5　二进制频移键控信号常用的接收系统

二进制频移键控（2FSK）信号还有其他解调方法，比如鉴频法、过零检测法及差分检波法等。大家知道，数字调频波的过零点数随不同载频而不同，故检出过零点数可以得到关于频率的差异。这就是过零检测法的基本思想，其原理如图 4.6 所示。输入信号经限幅后产生矩形波序列，经微分整流形成与频率变化相应的脉冲序列代表着调频波的过零点。将其变换成具有一定宽度的矩形波，并经低通滤波器滤除高次谐波，便能得到对应于原数字信号的基带脉冲信号。

差分检波法原理如图 4.7 所示，输入信号经接收滤波器滤除带外无用信号后被分成两路，一路直接送到乘法器（平衡调制器），另一路经时延 τ 后送到乘法器与直接送入的调制信号相乘后，再经低通滤波器便可提取出解调信号。

设输入信号为 $A\cos(\omega_0 + \omega)t$，它与时延 τ 后的信号的乘积为：

$$A\cos(\omega_0 + \omega)t \cdot A\cos(\omega_0 + \omega)(t - \tau)$$
$$= \frac{A^2}{2}\cos(\omega_0 + \omega)\tau + \frac{A^2}{2}\cos\left[2(\omega_0 + \omega)t - (\omega_0 + \omega)\tau\right]$$

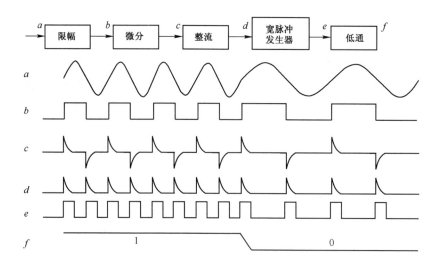

图 4.6　过零检测法的方框图及各点的波形

经过低通滤波器，滤除其中的倍频分量，则输出 V 为：

$$V = \frac{A^2}{2}\cos(\omega_0 + \omega)\tau = \frac{A^2}{2}(\cos\omega_0\tau\cos\omega\tau - \sin\omega_0\tau\sin\omega\tau)$$

可见 V 是角频率偏移 ω 的函数，但 $V = f(\omega)$ 不是一个简单函数。适当选择 τ 使 $\cos\omega_0\tau = 0$，则有 $\sin\omega_0\tau = \pm 1$，故有：

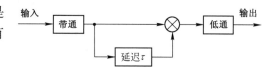

图 4.7　差分检波法原理方框图

$$V = -\frac{A^2}{2}\sin\omega\tau, \quad \omega_0\tau = \frac{\pi}{2}时$$

或

$$V = \frac{A^2}{2}\sin\omega\tau, \qquad \omega_0\tau = -\frac{\pi}{2}时$$

当角频偏很小，即 $\omega\tau \ll 1$ 时，有：

$$V = -\frac{A^2}{2}\omega\tau, \qquad \omega_0\tau = \frac{\pi}{2}时$$

或

$$V = \frac{A^2}{2}\omega\tau, \qquad \omega_0\tau = -\frac{\pi}{2}时$$

由此可见，当满足条件 $\cos\omega_0\tau = 0$ 及 $\omega\tau \ll 1$ 时，输出电压 V 与角频偏 ω 呈线性关系，即 $V = f(\omega)$ 是线性函数，这正是鉴频特性所要求的。

由于差分检波法基于输入信号与其延迟 τ 的信号相比较，信道的延迟失真同时也将影响相邻信号，故不会影响最终的鉴频结果。实践证明，当信道延迟失真为零时，差分检波法的检测性能不如普通鉴频法，但当信道延迟失真较为严重时，其性能优于鉴频法。但差分检波法的实现将受条件 $\cos\omega_0\tau = 0$ 的限制。以上三种解调方法都要对低通滤波器的输出波形进行抽样判决，才能最后还原出原始调制信码。

频移键控调制方式在数字通信中使用较广，尤其是在衰落信道中传输数据时。在语音频带内进行数据传输时，国际电话咨询委员会（CCITT）建议当数据传输速率低于 1200bit/s 时使用 FSK 方式。

相位不连续的 FSK 信号可看成是两个 ASK 信号的叠加，其功率谱是两个 ASK 信号功率谱之和。因此，FSK 信号的功率谱为：

$$
\begin{aligned}
P_{\mathrm{E}}(f) = \frac{T_{\mathrm{s}}}{16} \Big\{ & Sa^2 \big[\pi(f+f_1)T_{\mathrm{s}} \big] + Sa^2 \big[\pi(f-f_2)T_{\mathrm{s}} \big] \\
& + Sa^2 \big[\pi(f+f_2)T_{\mathrm{s}} \big] + Sa^2 \big[\pi(f-f_2)T_{\mathrm{s}} \big] \\
& + \frac{1}{16} \big[\delta(f+f_1) + \delta(f-f_1) + \delta(f+f_2) + \delta(f-f_2) \big]
\end{aligned}
\tag{4-11}
$$

根据式（4-11）可画出 FSK 的功率谱如图 4.8 所示。由图可见，FSK 信号的带宽为：

$$
B = |f_2 - f_1| + 2f_{\mathrm{s}} \tag{4-12}
$$

4.2.3 相位连续的频移键控（CPFSK）

上一节讨论的 FSK 信号是利用两个独立的振荡源产生的相位不连续的 FSK 信号。而频率转换点上相位的不连续一般会使功率谱产生大的旁瓣分量，经带限后会引起包络的起伏。为了克服这个缺点，必须控制相位的连续性，这种形式的数字频率调制就称为相位连续的频移键控（CPFSK）。

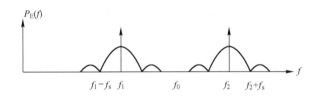

图 4.8 FSK 信号的功率谱

在一个码元周期 T_{s} 内，CPFSK 信号可表示为：

$$
e_{\mathrm{CPFSK}}(t) = A\cos\big[\omega_0 t + \theta(t) \big] \tag{4-13}
$$

当 $\theta(t)$ 为时间的连续函数时，该 CPFSK 已调信号的相位在所在的时间段内是连续的。设传"0"、"1"码时的对应载频分别为 ω_1、ω_2，它们相对于未调载波 ω_0 的偏移为 $\Delta\omega$，式（4-13）可写为：

$$
e_{\mathrm{CPFSK}}(t) = A\cos\big[\omega_0 t \pm \Delta\omega t + \theta(0) \big] \tag{4-14}
$$

其中，

$$
\omega_0 = \frac{\omega_1 + \omega_2}{2} \qquad \Delta\omega = \frac{\omega_2 - \omega_1}{2} \tag{4-15}
$$

比较式（4-13）和式（4-14）可以看出，在一个码元时间内，相角 $\theta(t)$ 为：

$$
\theta(t) = \pm\Delta\omega t + \theta(0) \tag{4-16}
$$

式中的 $\theta(0)$ 为初相角，取决于过去码元调制的结果，它的选择要注意防止相位的任何不连续性。

对于 CPFSK 信号，当 $2\Delta\omega T_{\mathrm{s}} = n\pi$（$n$ 为整数）时，就认为它是正交的。为了提高频带利用率，$\Delta\omega$ 应当小一些。当 $n = 1$ 时，$\Delta\omega$ 取最小值，有：

$$\Delta \omega T_s = \frac{\pi}{2}$$

或

$$2\Delta f T_s = \frac{1}{2} = \beta_f \qquad (4-17)$$

通常称 β_f 为调制指数。

由式（4-17）得到频偏 Δf 和频差 $2\Delta f$ 分别为：

$$\Delta f = \frac{1}{4T_s} \qquad (4-18)$$

$$2\Delta f = \frac{1}{2T_s} \qquad (4-19)$$

当它等于码元速率 $\frac{1}{T_s}$ 的一半时，这就是最小频差。CPFSK 的这种特殊选择称为最小频移键控（MSK）。

4.2.4 最小频移键控（MSK）与高斯最小频移键控（GMSK）调制系统

1. 最小频移键控（MSK）方式

最小频移键控（MSK）信号是 CPFSK 信号当频差等于码元速率 $\frac{1}{T_s}$ 的一半时的特例。由式（4-17）可得：

$$\Delta \omega = \frac{\pi}{2T_s} \qquad (4-20)$$

将其代入式（4-16）得：

$$\theta(t) = \pm \frac{\pi}{2T_s} t + \theta(0) \qquad (4-21)$$

为方便起见，设 $\theta(0) = 0$，则式（4-21）变为：

$$\theta(t) = \pm \frac{\pi}{2T_s} t \qquad (4-22)$$

再假设式（4-21）中的"＋"信号对应 1 码，"–"信号对应 0 码，再将 $t = T_s$ 代入，得到：

$$\theta(t) - \theta(0) = \begin{cases} \pi/2 & \text{对应"1"码} \\ -\pi/2 & \text{对应"0"码} \end{cases} \qquad (4-23)$$

当 $t > 0$ 时，在几个连续码元时间内，由式（4-22）可以画出如图 4.9 所示的 $\theta(t)$ 的变化曲线。图中，正斜率直线表示传"1"时的相位轨迹，负斜率直线则表示传"0"时的相位轨迹，这种由所有可能的相位轨迹构成的图形叫做相位网络图。在每一个码元时间内，其相位相对于前一码元的载波相位不是增加 $\frac{\pi}{2}$

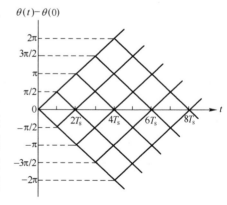

图 4.9　MSK 信号的相位轨迹

就是减少$\frac{\pi}{2}$。在T_s的奇数倍时刻，相位取$\frac{\pi}{2}$的奇数倍；在T_s的偶数倍时刻，相位取$\frac{\pi}{2}$的偶数倍。因此，MSK波形的相位$\theta(t)$在每一码元结束时必定为$\frac{\pi}{2}$的整数倍。

若将式（4-21）扩展到多个码元时间上，该式变为：

$$\theta(t) = \frac{\pi \cdot t}{2T_s}p_K + \theta_K \tag{4-24}$$

式中，p_K为二进制双极性码元，取值为± 1。由式（4-24）和图4.9可以看出，θ_K为截距，其值取π的整数倍，$\theta_K = K\pi$，这说明MSK信号的相位是分段线性变化的，且在码元转换时刻相位仍然连续，即：

$$\theta_{K-1}(KT_s) = \theta_K(KT_s) \tag{4-25}$$

将式（4-24）代入式（4-13），就得到MSK波形信号的表达式为：

$$e_{MSK}(t) = A\cos\left(\omega_0 t + \frac{\pi \cdot t}{2T_s}p_K + \theta_K\right) \tag{4-26}$$

对该式利用三角等式展开，并注意到$\sin\theta_K = 0$，有：

$$e_{MSK}(t) = A \cdot \left[a_1(t)\cos\left(\frac{\pi \cdot t}{2T_s}\right)\cos\omega_0 t - a_Q(t)\sin\left(\frac{\pi \cdot t}{2T_s}\right)\sin\omega_0 t\right]$$
$$= A \cdot \left[I(t)\cos\omega_0 t - Q(t)\sin\omega_0 t\right] \tag{4-27}$$

其中，

$$I(t) = a_1(t)\cos\frac{\pi \cdot t}{2T_s}, Q(t) = a_Q(t)\sin\frac{\pi \cdot t}{2T_s}$$

$$a_1(t) = \cos\theta_K, a_Q(t) = p_K\sin\theta_K$$

由式（4-27）看出，MSK信号可用正交调制方法产生，当两条支路的码元互相偏离T_s时，恰好使得$\cos\frac{\pi t}{2T_s}$和$\sin\frac{\pi t}{2T_s}$错开$\frac{1}{4}$周期，这就保证了MSK信号相位的连续性。MSK信号的解调与其产生过程相对应，可用正交相干解调或其他解调方法来恢复原信息码。

2. 高斯最小频移键控（GMSK）方式

由以上讨论可以看出，MSK调制方式最突出的优点就是信号具有恒定振幅以及信号的功率谱在主瓣以外衰减较快。然而，在一些通信场合如移动通信系统中，对信号带外辐射功率的限制是十分严格的，其衰减必须达到$70 \sim 80$dB以上，MSK信号无法满足这样苛刻的要求。针对上述要求，人们提出了高斯最小频移键控（GMSK）方式。

GMSK调制在MSK调制器之前增加一个高斯低通滤波器，用它作为MSK调制的前置滤波器，如图4.10所示。该高斯低通滤波器必须满足下列几点要求：

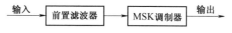

图4.10　GMSK调制的原理方框图

（1）带宽窄。

（2）具有尖锐的截止特性，即其频谱曲线边缘陡峭。

（3）能保持输出脉冲的面积不变。

以上要求分别是抑制高频成分、防止过量的瞬时频率偏移以及进行相干检测所需要的。GMSK信号的解调过程与MSK信号完全相同。

图4.11给出了GMSK信号的功率谱密度。图中，横坐标为归一化频率$(f-f_c)T_s$，纵坐标为频谱密度，参变量B_bT_s为高斯低通滤波器的归一化3dB带宽B_b与码元长度T_s的乘积。$B_bT_s=\infty$的曲线是MSK信号的功率谱密度。由图可见，GMSK信号的频谱随着B_bT_s值的减小而变得紧凑起来。

GMSK信号频谱特性的改善是通过降低误比特率性能换来的，显然，前置滤波器的带宽越窄，输出功率谱就越紧凑，系统的误比特率越大。不过，当$B_bT_s=0.25$时，误比特率性能下降并不严重。

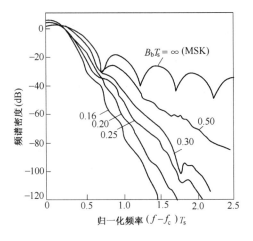

图4.11　GMSK信号的功率谱密度

4.3　相移键控（PSK）系统

4.3.1　绝对相移键控

二进制相移键控（2PSK或BPSK）方式是载波信号的相位按基带脉冲信号的码元变化规律而改变的一种数字调制方式。设载波为$\cos\omega_c t$，则2PSK信号的一般表示形式为：

$$e_0(t) = \left[\sum_n a_n g(t-nT_s)\right]\cos\omega_c t \qquad (4-28)$$

这里，$g(t)$是脉宽为T_s的单个矩形脉冲，而a_n的统计特性为：

$$a_n = \begin{cases} +1, & \text{概率为}P \\ -1, & \text{概率为}(1-P) \end{cases} \qquad (4-29)$$

这样，$a_n g(t)$就成为脉宽T_s的双极性矩形脉冲，从而得到2PSK信号在一个码元持续时间T_s内的统计表示式为：

$$e_0(t) = \begin{cases} \cos\omega_c t, & \text{概率}P \\ -\cos\omega_c t, & \text{概率}(1-P) \end{cases} \qquad (4-30)$$

即发送二进制符号0时$(a_n=+1)$，$e_0(t)$取0相位；发送二进制符号1时$(a_n=-1)$，$e_0(t)$取π相位。这种以载波的不同相位直接表示相应数字信息的相位键控方式，称为绝对移相，其信息与相位的关系可表示如下：

$$\begin{cases} 0\ \text{相——数字信息"1"} \\ \pi\ \text{相——数字信息"0"} \end{cases}$$

或

$$\begin{cases} \pi\ \text{相——数字信息"1"} \\ 0\ \text{相——数字信息"0"} \end{cases}$$

按照发送二进制符号0时，$e_0(t)$取π相位；发送二进制符号1时，$e_0(t)$取0相位，2PSK信号的典型波形如图4.12所示。

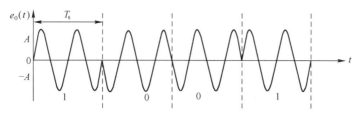

图 4.12 2PSK 信号的典型波形

2PSK 调制器可以采用相干调制法，利用相乘器来实现；也可以采用键控法，即通过相位选择器完成调制过程。两种方法的实现框图如图 4.13 所示。

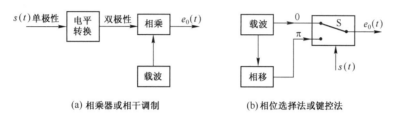

(a) 相乘器或相干调制   (b) 相位选择法或键控法

图 4.13 2PSK 信号的调制方框图

采用绝对相移调制方式的系统中，由于发送端是以某一个相位作基准的，因而在接收系统中也必须有这样一个固定的基准相位作参考。如果这个参考相位发生变化（1 相位变为π相位或π相位变为 0 相位），则恢复的数字信息就会相应发生 0 变为 1 或 1 变为 0 的情况。实际通信过程中，由于某种突然的干扰，系统中的分频器器件可能发生状态转换、锁相环的稳定状态也可能发生转移等，都会导致参考基准相位出现跳变，且不易被发觉，使接收端仍然按照原来的基准相位解调，从而使恢复出的信码与原始信码正好相反。这种现象就是通常所说的 2PSK 方式的"倒π"或"相位模糊"现象，有时也称之为反向工作。因此，实际通信系统中一般不采用 2PSK 调制方式，而采用一种所谓的相对（或差分）移相（2DPSK）方式。

4.3.2 绝对相移键控的解调

2PSK 信号的解调，一般采用相干解调法，其相应的方框图如图 4.14（a）所示。又考虑到相干解调在这里实际上起鉴相作用，故相干解调中的"相乘－低通"又可用各种鉴相器替代，如图 4.14（b）所示。图中的解调过程，实质上是输入已调信号与本地载波信号进行极性比较的过程，故常称为极性比较法解调。

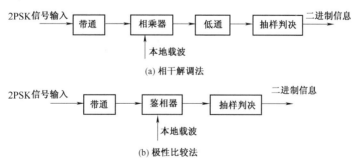

(a) 相干解调法

(b) 极性比较法

图 4.14 2PSK 信号的接收方框图

例如，有信码 a_n 为 10110100111，设 0 相位代表 1，π 相位代表 0，本地载波相位为 0，则 2PSK 信号的调制和解调过程的波形如图 4.15 所示。

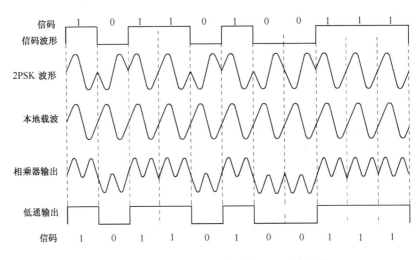

图 4.15　2PSK 信号的调制和解调过程的波形

4.3.3　二进制相对相移键控（2DPSK）

2DPSK 方式是利用前后相邻两个码元的载波相位的变化来表示所传送的数字信息的一种调制方式。设 $\Delta\varphi$ 为本码元的初始相位与前一码元的初始相位之差，则 2DPSK 的调制规则为：

$$\begin{cases} \Delta\varphi = \pi——数字信息"1" \\ \Delta\varphi = 0——数字信息"0" \end{cases} \tag{4-31}$$

或

$$\begin{cases} \Delta\varphi = \pi——数字信息"0" \\ \Delta\varphi = 0——数字信息"1" \end{cases} \tag{4-32}$$

下面就是根据式（4-31）所示规则，列出的数字信息序列 0011100101 的 2DPSK 信号相位：

数字信息：　　　　　　　0　0　1　1　1　0　0　1　0　1
2DPSK 信号相位（初始码为0）：0　0　0　π　0　π　π　π　0　0　π
2DPSK 信号相位（初始码为1）：π　π　π　0　π　0　0　0　π　π　0

设 2PSK 信号的 0 相位代表 0 码，π 相位代表 1 码；而 2DPSK 按 $\Delta\varphi = \pi$ 代表数码 1，$\Delta\varphi = 0$ 代表数码 0，可画出同一数字信息序列的 2PSK 及 2DPSK 信号波形如图 4.16 所示。

由图 4.16 可以看出，2DPSK 的波形与 2PSK 的波形是不同的，2DPSK 波形中相位相同并不一定对应着相同的数字信息符号，而前后码元之间的相位之差才唯一代表信息符号。说明 2DPSK 信号解调时并不需要像 2PSK 信号那样依赖于某一固定的载波相位参考值，只要能鉴别出前后码元之间的相对相位关系，就可以正确恢复出原始数字信息。因此，采用 2DPSK 调制避免了 2PSK 方式中的倒 π 现象。

如果不事先知道是绝对还是相对调相，单纯从波形上是无法分辨这两种信号的，如图 4.16 中 2DPSK 波形也可以对应另一绝对符号序列 00010111001。因此，只有已知相移键

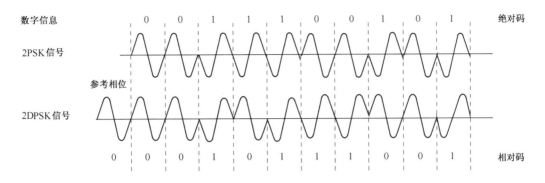

图 4.16　2PSK 和 2DPSK 信号的波形

控方式是绝对还是相对方式之后，才能正确判定原信息。事实上，相对相移信号也可以看做是把原数字信息序列（称为绝对码），按照式（4-31）或（4-32）所示规则的演变形式变换成相对码后，再根据该相对码进行绝对相移而形成。图中的相对码就是按相邻符号的不变、改变分别表示原数字信息"0"、"1"的规则由绝对码变换而来的。式（4-31）、式（4-32）的演变规则为：

$$\begin{cases} 相邻数码改变——数字信息"1" \\ 相邻数码不变——数字信息"0" \end{cases} \tag{4-33}$$

或

$$\begin{cases} 相邻数码改变——数字信息"0" \\ 相邻数码不变——数字信息"1" \end{cases} \tag{4-34}$$

为了使读者更好地理解、区分绝对和相对相移键控的概念，我们用每个码元的矢量图来说明，如图 4.17 所示。图中，虚线矢量的位置就是基准相位，在绝对相移中，它代表未调制载波的相位；在相对相移中，它表示的是前一个码元的载波相位。设一个码元周期包含有整数个载波周期，那么，两个相邻码元之间载波的相位差既表示调制引起的相位变化，同时也是两码元交界点处载波相位的瞬时跳变量。根据 CCITT 建议，图 4.17（a）所示的相移方式，称为 A 方式。这种方式中，每个码元的载波相位相对于基准相位可取 0、π 两种取值，故相对相移时，若后一码元的载波相位相对于前一码元相位差为 0，则前后两码元载波的相位就是连续的；反之，载波相位将在两码元之间发生突跳。图 4.17（b）所示的相移方式称为 B 方式。这种

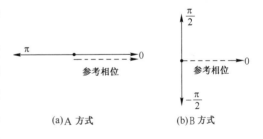

图 4.17　二进制相移键控信号相位矢量

方式中，每个码元的载波相位相对于基准相位可取 $\pm\dfrac{\pi}{2}$ 两种，故相对相移时，无论哪种码元情况，相邻两个码元之间的载波相位必然发生跳变。这样，接收端就可以很容易地通过检测该接收信号的相位变化来确定每个码元的起止时刻，获得码元定时信息，这正是 B 方式被广泛采用的主要原因之一。

根据 2DPSK 与 2PSK 的关系，2DPSK 的调制可通过在 2PSK 调制器之前加一个绝对码变相对码的码变换器即可，其调制方框图如图 4.18 所示。

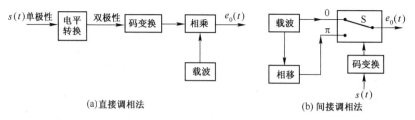

(a)直接调相法　　　　　　　　　　(b) 间接调相法

图 4.18　2DPSK 的调制方框图

4.3.4　相对相移键控（DPSK）的解调

2DPSK 信号的解调可采用极性比较法（或相干解调器），但它的解调输出是相对码，必须再进行一次码变换才能得到输入的绝对码序列，其原理如图 4.19（a）所示。此外，2DPSK 信号还可以采用一种差分相干解调方法，它是通过直接比较前后码元的相位差而实现解调的，故又称之为相位比较解调法，其原理如图 4.19（b）所示。

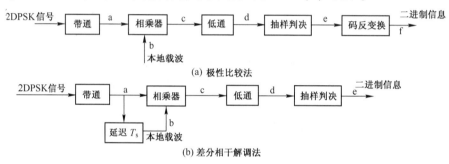

(a) 极性比较法

(b) 差分相干解调法

图 4.19　2DPSK 信号的解调方框图

由于差分相干解调法通过比较相位来实现解调，在解调过程中同时就完成了码变换，故无须使用码反变换电路；也由于不进行相干解调而不需要在接收端提取相干载波，是一种很实用的方法。当然，它必须要有一个延迟电路（精确地延迟一个码元间隔 T_s）来实现相邻相位比较。

设 2DPSK 信号（原数字信息 10010110）中用 $\Delta\varphi=0$、π 分别表示数字信息 "0"、"1"，则其经过极性比较法和差分相干解调法的各点波形分别如图 4.20、图 4.21 所示。

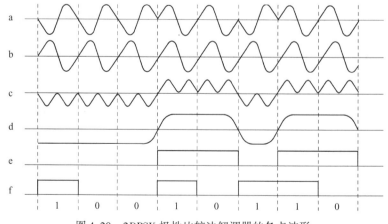

图 4.20　2DPSK 极性比较法解调器的各点波形

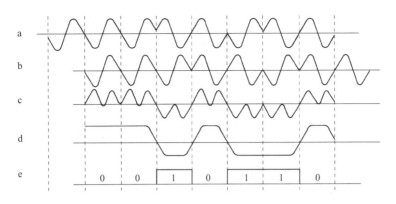

图 4.21　2DPSK 信号差分相干解调器的各点波形

至于 2PSK 和 2DPSK 信号的功率谱，由式（4-30）可以看出，当调制信号为双极性数字序列时，2PSK 和 2DPSK 信号可看成由两组 2ASK 信号叠加而成，故其功率谱为：

$$P(f) = \frac{T_s}{4}\left\{ Sa^2\left[\pi(f-f_c)T_s\right] + Sa^2\left[\pi(f+f_c)T_s\right]\right\} \tag{4-35}$$

即 2PSK、2DPSK 信号的带宽与 2ASK 信号的相同，为：

$$B = 2f_s = 2/T_s \tag{4-36}$$

4.3.5　FSK/PSK/DPSK 调制/解调电路举例

2FSK 信号的产生通常有频率选择法、载波调频法两种，图 4.22 所示为采用载波调频法的 FSK 调制系统，它具有容易实现，抗噪声和抗衰减性较强的特点，在中低速传输系统中得到了广泛应用。

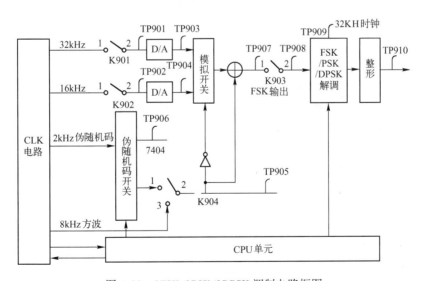

图 4.22　2FSK/2PSK/2DPSK 调制电路框图

图 4.22 所示电路采用集成锁相器件 MCl4046，具有性能优越、价格低廉、体积小等特点，在工程实际中得到了广泛应用。MCl4046 包含两个数字相位比较器（PD1、PD2）、一个

压控振荡器（VCO）和输入放大电路等，其引脚功能和内部结构分别如图4.23、表4.1所示。

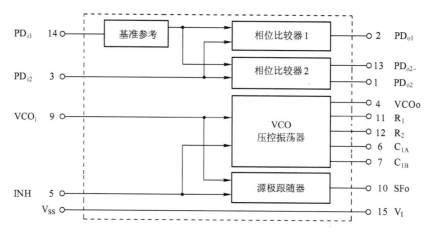

图 4.23　MC14046 内部结构

表 4.1　MC14046 引脚功能

引　　脚	符　　号	功　　能
1	PD_{o2}	相位比较器2输出相差信号，为上升沿控制逻辑
2	PD_{o1}	相位比较器1输出相差信号，鉴相特性为 $PD_{o1} = PD_{i1} \oplus PD_{i2}$
3	PD_{i2}	相位比较器输入信号，通常 PD 为来自 VCO 的参考信号
4	VCO_o	压控振荡器的输出信号
5	INH	控制信号输入，低电平时 VCO 工作且源极跟随器输出；高电平时芯片为低耗状态
6	C_{1A}	与第6引脚之间接一电容，以控制 VCO 的振荡频率
7	C_{1B}	与第7引脚之间接一电容，以控制 VCO 的振荡频率
8	GND	接地
9	VCO_i	VCO 输入信号
10	SF_o	源极跟随器输出
11	R_1	外接电阻至地，分别控制 VCO 的最高和最低振荡频率
12	R_2	外接电阻至地，分别控制 VCO 的最高和最低振荡频率
13	$PD_{o2} -$	相位比较器输出的三态相位差信号，它采用 PD_{i1}、PD_{i2} 上升沿控制逻辑
14	PD_{i1}	相位比较器输入，允许将0.1V小信号或方波在内部放大并整形输出
15	V_I	独立稳压二极管负极，稳压值 $V \approx 5 \sim 8V$，与 TTL 电路匹配时可作为辅助电源
16	V_{DD}	正电源，可为 +5V、+10V 或 +15V

2FSK/2PSK/2DPSK 各有多种解调方法，如包络检波、相干解调等，图4.24所示电路是基于 MC14046 的锁相功能进行解调，使锁相环锁定在 FSK/PSK/DPSK 的一个载频 f_1 上（对应输出高电平），而对另一个载频 f_2 失锁（对应输出低电平），即可在环路滤波器的输出端得到解调输出基带序列。当然，DPSK 信号还需经过一次相对码的转换才能完成解调。

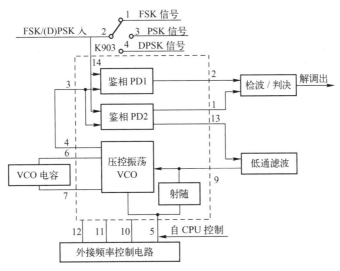

图 4.24　2FSK/2PSK/2DPSK 解调原理框图

4.4　四相绝对移相键控（QPSK）系统

4.4.1　四相绝对移相键控（QPSK）、相对移相键控（QDPSK）调制

多进制数字相位调制是利用载波的多种不同相位（或相位差）来表示数字信息的调制方式。和二进制相位调制一样，多进制相位调制也可分为绝对移相和相对（差分）移相两种。由于绝对移相中仍然存在相位模糊的问题，实际通信中大多采用相对移相调制方式。

在 M 相调制中，M 种相位用来表示 K 比特码元的 2^K 种状态，即 $2^K = M$。假若 K 比特码元的持续时间仍为 T_s，则 M 相调制输出信号可以表示为：

$$e_0(t) = \sum_{K=-\infty}^{\infty} g(t - KT_s)\cos(\omega_c t + \varphi_K)$$

$$= \sum_{K=-\infty}^{\infty} a_K g(t - KT_s)\cos\omega_c t - \sum_{K=-\infty}^{\infty} b_K g(t - KT_s)\sin\omega_c t \qquad (4-37)$$

式中，

$$\begin{cases} a_K = \cos\varphi_K \\ b_K = \sin\varphi_K \end{cases}$$

φ_K 为受调相位，可以有 M 种不同取值。

由式（4-35）可以看出，多相调制信号的波形可以看做是对两个正交载波进行多电平双边带调制所得的信号之和。在多相调制中，使用最广泛的是四相制和八相制，即取 $M = 4$ 或 8。下面对四相相位调制进行讨论。

由于四种不同的相位可以代表四种不同的数码，而二进制信息序列却只有 0、1 两种符号，因此，四相调制时首先应该对输入二进制序列分组，把每两个码元编为一组；然后再用四种不同的载波相位去表示它们。例如，若输入的二进制数字信息序列为 1 0 1 1 0 1 0 0 1…，则可将它们分成 10，11，01，00 等，然后用四种不同相位来分别代表它们。

与二相调制相似，四相调制也分为四相绝对移相调制（又称四相绝对移相键控）4PSK 或 QPSK 和四相相对移相调制（又称四相相对移相键控）4DPSK 或 QDPSK 两种。下面我们分别讨论这两种调制方式。

1. 四相绝对移相键控（QPSK）

四相绝对移相调制利用载波的四种不同相位来表征数字信息。由于每一种载波相位代表两个二进制码元信息，故每个四进制码元又被称为双比特码元。设组成双比特码元的前一位码元为 a，后一位为 b，可以将该双比特码元表示为 ab。由于 ab 通常是按格雷码（即反射码）的规则排列的，故它与载波相位的对应关系如表 4.2，相应的矢量关系如图 4.25 所示，图（a）表示 A 方式时 QPSK 信号的矢量图，图（b）表示 B 方式时 QPSK 信号的矢量图。

表 4.2　双比特码元载波相位的关系

双比特码元		载波相位（φ_K）	
a	b	A 方式	B 方式
0	0	0°	225°
1	0	90°	315°
1	1	180°	45°
0	1	270°	135°

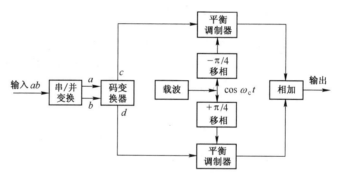

图 4.25　QPSK 信号的相位矢量图

从图 4.25 中还可看出，用式（4–35）表示四相调制信号时，相位 φ_K 在（0，2π）内有四个等间隔的相位取值，为 $\left\{0、\dfrac{\pi}{2}、\pi、\dfrac{3\pi}{2}\right\}$ 或 $\left\{\dfrac{\pi}{4}、\dfrac{3\pi}{4}、\dfrac{5\pi}{4}、\dfrac{7\pi}{4}\right\}$ 等。由于正弦和余弦函数的互补特性，对应于 φ_K 的四种取值，如 $\left\{\dfrac{\pi}{4}、\dfrac{3\pi}{4}、\dfrac{5\pi}{4}、\dfrac{7\pi}{4}\right\}$，其幅度只有两种可能取值即 $\pm\dfrac{\sqrt{2}}{2}$。此时，式（4–35）恰好表示了两个正交的二相调制信号的合成。

实现 QPSK 的调制方法与 2PSK 信号一样，也有调相法和相位选择法。

（1）调相法。用调相法产生 QPSK 信号的组成方框图如图 4.26（a）所示。图中，串/并变换器将输入的二进制序列依次分为两个并行的双极性序列。设并行序列中的二进制数码分别为 a、b，每一对 ab 就是一个双比特码元。该双极性、双比特的 ab 脉冲通过两个平衡调制器，分别对同相载波及其正交载波进行二相调制，得到图（b）虚线所示的矢量。将两路输出信号叠加，即得到图（b）中实线所示的四相移相信号，其相位编码的逻辑关系如表4.3所示。

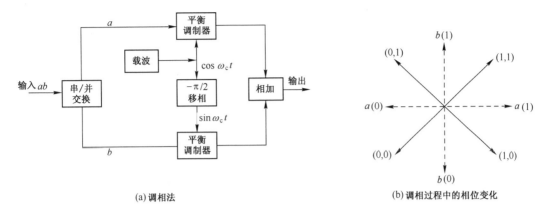

(a)调相法　　　　　　　　　　　　　　(b)调相过程中的相位变化

图4.26　调相法的组成方框图

表4.3　QPSK信号相位编码逻辑关系

a	1	0	0	1
b	1	1	0	0
a 路平衡调制器输出	0°	180°	180°	0°
b 路平衡调制器输出	90°	90°	270°	270°
合成相位	45°	135°	225°	315°

（2）相位选择法。相位选择法产生QPSK信号的组成方框图如图4.27所示。图中，四相载波发生器分别送出调相所需的四种不同相位的载波。按串/并变换器输出的双比特码元的不同，逻辑选相电路输出相应相位的载波。例如，双比特码元 ab 为11时，输出相位为45°的载波；ab 为01时，输出相位为135°的载波等。

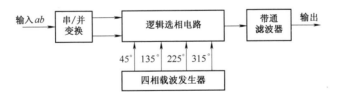

图4.27　相位选择法的组成方框图

2. 相对移相键控（QDPSK）

和2DPSK一样，四相相对移相调制也是利用前后码元之间的相对相位变化量来表示数字信息的。若以前一码元的相位为参考，令 $\Delta\varphi_i$ 为本码元与前一码元的相位差，则信息编码与载波相位变化的关系仍可用表4.1来表示，其相位的矢量关系也仍然可用图4.22表示。不过，这时它表示的不是双比特码元的对应载波信号相位，而是对应载波的前后相位之差，即由绝对码变换成相对码后的数字序列的调相信号。

在二相调制中，为了得到2DPSK信号，通常先将绝对码变换成相对码，然后再用相对码对载波进行绝对移相。QPSK 信号的调制也同样可以采用这种方法，先将输入的双比特码元经码变换器变为双比特的相对码，再用此双比特相对码进行四相绝对移相，则所得到的输出信号便是四相相对移相信号。一般常用码变换器加调相电路或码变换器加相位选择电路来实现。

（1）码变换器加调相电路。该方式产生 QDPSK 信号的组成框图如图 4.28 所示。由图可见，它与图 4.26 所示的 QPSK 信号产生器相比，仅在串/并变换器后多了一个码变换器。产生 QPSK 信号的原理，前面已经进行了较详细的讨论，这里仅对码变换器的原理加以讨论。

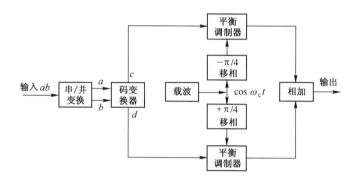

图 4.28　QDPSK 信号的调相法产生器方框图

由图 4.25 可以看出，码变换器的作用是将输入的双比特码 ab 转换成双比特码 cd，且要求由 cd 产生的 QPSK 信号与由 ab 产生的 QDPSK 信号完全相同。由于对 cd 而言是绝对移相，故双比特码 cd 与载波相位的关系仍符合表 4.1 的规定；又因为这里载波经 $\pm\dfrac{\pi}{4}$ 相移后加至上、下支路的平衡调制器，所以 cd 与载波相位的关系应为该表中的 A 方式，其调相信号的矢量图仍可用图 4.22 中（a）表示。不过现在的参考相位不再是一个固定的载波相位，而是以前一个双比特码元的相位为参考相位。QDPSK 信号相位编码逻辑关系如表 4.4 所示。

表 4.4　QDPSK 信号相位编码逻辑关系

双比特码元		载波相位变化 $\Delta\varphi_K$
a	b	
0	0	0°
1	0	90°
1	1	180°
0	1	270°

由表 4.4 可见，当输入双比特数据为 00 时，调相信号的载波相位相对于前一双比特码元的载波相位不变化；当输入双比特数据为 10 时，调相信号的载波相位相对于前一双比特码元的载波相位变化 90°等。但由于前一双比特码元的载波相位有四种可能，因此，对于某一输入的双比特码元，其输出的载波相位不是固定的，而是有四种可能的输出相位。

例如，若输入双比特数据为 10，按表 4.1 的规定载波相位应变化 90°，但由于前一双比特码元的载波相位有四种可能，现设它为 180°，那么此时的载波相位应为 180° + 90° = 270°。按四相绝对移相表 4.2 中 A 方式的规定，可查得其相应的输入双比特数据 cd 应为 01，即码变换器应将输入的双比特数据 10 变为 01 输出。但如果前一双比特码元的载波相位为

270°，那么此时的载波相位应为 270° + 90° = 360°（即 0°）。同样查表 4.2，可知其相应的输入双比特数据 cd 应为 00，故码变换器应将输入的双比特数据 10 变为 00 输出。

由上例不难看出，码变换器应完成表 4.5 所示的逻辑功能。表中，本时刻出现的码元状态 $c_n d_n$ 与 θ_n 的关系是固定的，属于绝对调相；而输入双比特码元 $a_n b_n$ 与 θ_n 的关系却是不固定的，有四种可能。可见，码变换器刚好完成了我们所要求的这种转换。

需要指出，按表 4.5 规定逻辑功能产生的 c_n、d_n 还应按 0→+1、1→–1 的规律变换成双极性脉冲，然后才能对载波进行调制。最后由相加器输出的信号便是所需的 QDPSK 信号。

（2）码变换加相位选择。码变换加相位选择产生 QDPSK 信号的原理十分简单，它的组成框图与图 4.28 所示的相位选择法产生 QPSK 信号的组成方框图完全相同。不过，这里的逻辑选相电路除按规定完成选择载波的相位外，还应实现将绝对码转换成相对码的功能。也就是说在四相绝对移相时，直接用输入双比特码去选择载波的相位；而在四相相对移相时，需要将输入的绝对双比特码元 ab 先转换成相应的相对双比特码 cd，再用 cd 去选择载波的相位，便可产生 QDPSK 信号了。

表 4.5　QDPSK 码变换的逻辑功能

本时刻到达的 ab 及所要求的相对相位变化			前一码元的状态			本时刻应出现的码元状态		
a_n	b_n	$\Delta\varphi_K$	c_{n-1}	d_{n-1}	θ_{n-1}	c_n	d_n	θ_n
0	0	0°	0	0	0°	0	0	0°
			1	0	90°	1	0	90°
			1	1	180°	1	1	180°
			0	1	270°	0	1	270°
1	0	90°	0	0	0°	1	0	90°
			1	0	90°	1	1	180°
			1	1	180°	0	1	270°
			0	1	270°	0	0	0°
0	0	180°	0	0	0°	1	1	180°
			1	0	90°	0	1	270°
			1	1	180°	0	0	0°
			0	1	270°	1	0	90°
0	0	270°	0	0	0°	0	1	270°
			1	0	90°	0	0	0°
			1	1	180°	1	0	90°
			0	1	270°	1	1	180°

4.4.2　四相绝对移相键控（QPSK）、相对移相键控（QDPSK）的解调

1. QPSK 信号的解调

由于四相绝对移相信号可以看做是两个正交 2PSK 信号的合成，故它可以采用与 2PSK 信号相类似的解调方法进行解调，即由两个 2PSK 信号相干解调器构成，其组成方框图如图 4.29 所示。图中的并/串变换器的作用与调制器中的串/并变换器相反，它是用来将上、

下支路所得到的并行数据恢复成串行数据的。

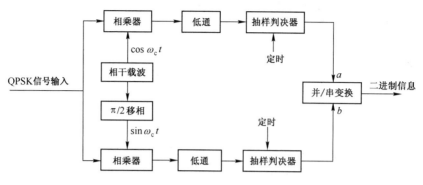

图 4.29　QPSK 信号解调方框图

2. QDPSK 信号的解调

QDPSK 信号的解调方法与 2DPSK 信号的解调方法相类似，也有极性比较法和相位比较法两种。由于 QDPSK 信号可以看做两路 2DPSK 信号的合成，因此，解调时也可以分别按两路 2DPSK 信号解调。上述两种解调方法的组成方框图如图 4.30、图 4.31 所示。

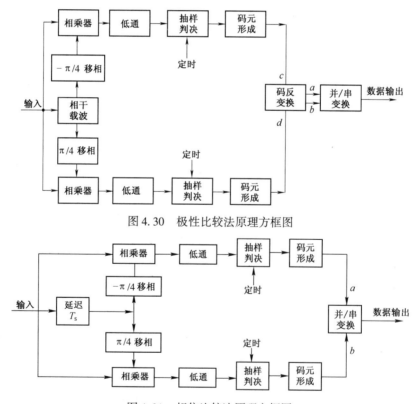

图 4.30　极性比较法原理方框图

图 4.31　相位比较法原理方框图

图 4.30 所示的极性比较法解调电路可以看成是由 QPSK 信号解调器和码反变换器两部分构成。关于 QPSK 信号解调器的原理前面已经介绍，这里不再重复。码反变换器的作用则

是将解调出来的双比特相对码 cd 变换为双比特绝对码 ab，其原理与调制时的码变换器相逆。

由于发送的 QPSK 信号符合表 4.5 的规定，故解调器中上、下条支路的两个相干载波应为 $\cos\left(\omega_c t - \dfrac{\pi}{4}\right)$ 和 $\cos\left(\omega_c t + \dfrac{\pi}{4}\right)$。若不考虑信道引起的失真及噪声影响，加到解调器输入端的接收信号在一个码元持续时间内可以表示为：

$$s(t) = g(t)\cos(\omega_c t + \varphi_K) \tag{4-38}$$

上支路相乘器的输出为：

$$s(t)\cos\left(\omega_c t - \frac{\pi}{4}\right) = g(t)\cos(\omega_c t + \varphi_K)\cos\left(\omega_c t - \frac{\pi}{4}\right)$$
$$= \frac{1}{2}g(t)\cos\left[2\omega_c t + \left(\varphi_K - \frac{\pi}{4}\right)\right] + \frac{1}{2}g(t)\cos\left(\varphi_K + \frac{\pi}{4}\right)$$

故低通滤波器的输出为：

$$\frac{1}{2}g(t)\cos\left(\varphi_K + \frac{\pi}{4}\right)$$

同理，下支路相乘器的输出为：

$$\frac{1}{2}g(t)\cos\left[2\omega_c t + \left(\varphi_K + \frac{\pi}{4}\right)\right] + \frac{1}{2}g(t)\cos\left(\varphi_K - \frac{\pi}{4}\right)$$

低通滤波器的输出为：

$$\frac{1}{2}g(t)\cos\left(\varphi_K - \frac{\pi}{4}\right)$$

因此，上、下支路在 $t = T_s$ 时刻的抽样值可分别表示为：

$$U_A \propto \cos\left(\varphi_K + \frac{\pi}{4}\right)$$

$$U_B \propto \cos\left(\varphi_K - \frac{\pi}{4}\right)$$

由以上分析不难得出如表 4.6 所示的判决规则。判决器按极性判决，负抽样值判为"1"，正抽样值判为"0"。

表 4.6　QPSK 信号正交解调的判决规则

载波相位 φ_K	上支路抽样值 U_A 的极性	下支路抽样值 U_B 的极性	抽样判决输出	
			c	d
0°	+	+	0	0
90°	−	+	1	0
180°	−	−	1	1
270°	+	−	0	1

图 4.31 为相位比较法解调即差分相干解调原理框图。与 2DPSK 差分相干解调一样，由于延迟电路的延迟 T_s 作用，使电路可以通过对输入 QDPSK 信号的前后码元的相位直接进行比较，从而完成解调过程，并在解调的同时已完成了码反变换工作，故无须再另加码反变换器。

由以上原理可以看出，在相同的信息速率下，四相信号的码元长度比二相信号的码元长度长一倍，所需频带为二相信号的一半；在相同的码元速率下，四相系统的信息速率是二相系统的2倍，体现出多进制调制的优点。

4.5 多元数字频带调制

前面几节中比较详细地讨论了二进制数字调制系统的原理及其性能，由于许多实际数字通信系统常常采用多进制数字调制，下面我们就来讨论多进制数字调制系统。与二进制数字调制不同，多进制数字调制是利用多进制数字基带信号去调制载波的振幅、频率或相位，相应地就有多进制数字振幅调制、多进制数字频率调制以及多进制数字相位调制（本章第4节中已经讨论）等三种基本方式。

由于多进制数字已调信号的被调参数在一个码元间隔内有多个可能取值，因此，与二进制数字调制相比，多进制数字调制具有以下两个特点：

（1）在相同的码元传输速率下，多进制系统的信息传输速率比二进制系统的高。比如，四进制系统的信息传输速率是二进制系统的两倍；

（2）在相同的信息速率下，由于多进制码元传输速率比二进制的低，因而多进制信号码元的持续时间（码元宽度）要比二进制的长，增大码元宽度，就会增加码元的能量，并能减小由于信道特性引起的码间干扰的影响等。

正是基于这些特点，使多进制调制方式获得了广泛应用。

4.5.1 多电平调幅（MASK）

多电平调幅（MASK）也称多电平振幅调制，在原理上可以看成是通断键控（OOK）方式的推广。在最近几年它成了十分引人注目的一种高效率的传输方式，即它在单位频带内的信息传输速率较高。其传输效率高的根本原因是：第一，它可以比二进制系统有高得多的信息传输速率；第二，可以证明，在相同的码元传输速率下，多电平调制信号的带宽与二电平的相同。对于二进制系统，其最大的信道频带利用率为2bit/（s·Hz）。对于多电平系统而言，其最大信道频带利用率可超过2bit/（s·Hz）。

由于多电平调幅（MASK）是用具有多个可能电平选择的随机基带脉冲序列对载波进行振幅调制的，MASK信号一般可表示为：

$$e_0(t) = \left[\sum_{n=-\infty}^{\infty} a_n g(t - nT_s) \right] \cos\omega_c t \qquad (4-39)$$

式中，$g(t)$ 是高度为1，宽度为 T_s 的矩形脉冲；

a_n 为 M 进制随机码元，其取值范围为 $\{0,1,2,\cdots,M-1\}$，各种取值出现概率如下，且有 $\sum_{I=0}^{M-1} P_i = 1$。

$$a_n = \begin{cases} 0 & \text{概率为 } P_0 \\ 1 & \text{概率为 } P_1 \\ 2 & \text{概率为 } P_2 \\ \vdots & \vdots \\ M-1 & \text{概率为 } P_{M-1} \end{cases}$$

当 $M=4$ 时，四电平调幅信号的波形如图 4.32 所示。

MASK 信号与二进制 ASK 信号产生的方法相同，可利用乘法器来实现。解调也与二进制 ASK 信号相同，可采用相干解调和非相干解调两种方式。

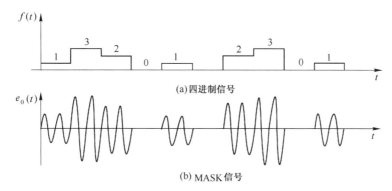

(a) 四进制信号

(b) MASK 信号

图 4.32　M 进制信号及 MASK 信号波形

4.5.2　其他多元调制方式

多元数字频率调制简称多频制，它基本上是二进制数字频率键控方式的直接推广。本节仅简要介绍一个多频制系统的组成方框以及它的主要特点，如图 4.33 所示的框图。图中，串/并变换器和逻辑电路将输入的一组 n 位二进制码转换成有 $M=2^n$ 种状态的 M 进制码。当某组 n 位二进制码到来时，逻辑电路的输出一方面打开相应门电路，让与该门电路相应的载波发送出去；另一方面同时关闭其余所有的门电路。于是，当一组 n 位二进制码元输入时，经相加器送出的便是一个 M 进制频率键控的波形。多频制的解调部分由多个带通滤波器、包络检波器及一个抽样判决器和有关逻辑电路组成。各带通滤波器的中心频率就是多个载波的频率。因而，当某一载波到来时，只有一个带通滤波器有信号及噪声可以同时通过，而其他带通滤波器则只有噪声通过。显然，该选通滤波器的输出信号最大。抽样判决器的任务就是在给定时刻上，比较各包络检波器输出的电压，并选出最大者作为输出。

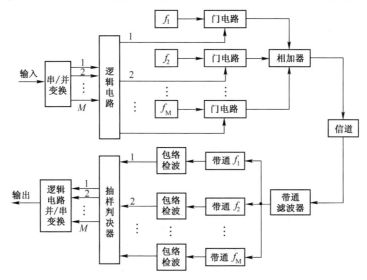

图 4.33　多频制系统的组成方框图

多频制信号的带宽一般定义为：

$$B = f_M - f_1 + 2f_s \tag{4-40}$$

其中，f_M 为最高选用载频；

f_1 为最低选用载频；

$2f_s$ 为单个码元信号的带宽或码元速率。

原则上，多频制同样具有多进制调制的优点，但由于多频制占据频带较宽，其信道频带利用率不高，一般在调制速率不高的场合中使用。

本 章 小 结

数字频带调制是数字通信系统中信号进行频带传输所必需的，本章主要介绍了二进制幅度键控（2ASK）、频移键控（2FSK）和相移键控（2PSK）三种基本调制方式的原理、调制和解调电路形式。三种调制均有相干调制和键控调制两种方法，解调也相应有相干解调和非相干解调两种方法。相位连续的频移键控（CPFSK）、最小频移键控（MSK）、高斯最小频移键控（GMSK）等则是在基本 2FSK 调制的基础上派生出来的。根据数字信息与相位之间的关系，相位键控有绝对移相和相对移相两种方案，其中相对移相可以克服传输过程中可能出现的相位模糊现象，因此其性能优于绝对移相调制方式。

除了二进制数字调制外，还有多进制数字调制，QPSK 就是四进制相移调制，此外还有多进制幅度调制 MASK 和多进制频率调制 MFSK 等。在相同码元速率下，多进制调制比二进制调制信息速率更高；在相同信息速率下，多进制调制码元较宽，使得码元的抗干扰能力更强。因此，多进制调制的使用更为广泛。

习 题 4

一、填空题

4.1 数字调制传输就是用数字基带信号对载波信号的某些参量进行调制，使载波信号的这些参量随该数字基带信号（   ）。实际数字通信系统大都选择（   ）作载波，有（   ）、（   ）和（   ）三种基本调制方式，还有多种其他派生形式。

4.2 过零检测法的基本思想是数字调频波的过零点数随载频（   ），故检出过零点数可以得到关于频率的（   ）。相位不连续的 FSK 信号可看成是两个（   ）信号的叠加，其功率谱是它们的（   ）。

4.3 最小频移键控（MSK）信号是 CPFSK 信号当频差等于码元速率 $\dfrac{1}{T_s}$ 的（   ）时的特例。MSK 信号每一个码元时间内的相位相对于前一码元的载波相位不是（   ）就是（   ）。在 T_s 的奇数倍时刻，相位取 $\dfrac{\pi}{2}$ 的（   ）；在 T_s 的偶数倍时刻，相位取 $\dfrac{\pi}{2}$ 的（   ）。因此，MSK 波形的相位 $\theta(t)$ 在每一码元结束时必定为（   ）。

4.4 GMSK 信号频谱特性的改善是通过降低误比特率性能换来的，显然，前置滤波器的带宽越窄，输出功率谱就越紧凑，系统的误比特率越大。不过，当 $B_b T_s = $（   ）时，误比特率性能下降并不严重。

4.5 移相键控就是载波信号的（   ）按基带脉冲信号的码元变化规律而改变的一种数字调制方式。设载波为 $\cos\omega_c t$，则 2PSK 信号可表示为 $e_0(t) = \left[\sum\limits_n a_n g(t - nT_s)\right]\cos\omega_c t$。其中，$g(t)$ 是脉宽为 T_s 的（   ），a_n 是分别对应于统计概率（P，$1-P$）的常数 +1 和 -1，则 $a_n g(t)$ 就是脉宽 T_s 的（   ）。故 2PSK 信号在一个码元持续时间 T_s 内的统计表示式为 $e_0(t) = \begin{cases} \cos\omega_c t, & \text{概率 } P \\ -\cos\omega_c t, & \text{概率 } (1-P) \end{cases}$，即发送二进制符号

0 时，$e_0(t)$ 取相位（　　　）；发送二进制符号 1 时，$e_0(t)$ 取相位（　　　）。

4.6　多进制绝对数字相位调制利用载波的多种（　　　）来表示数字信息，而多进制相对（差分）移相则是利用载波的多种（　　　）来表示数字信息。由于绝对移相中仍然存在（　　　）的问题，实际通信中大多采用（　　　）方式。

4.7　四相绝对相位调制利用载波的（　　　）相位来表征数字信息。由于每一种载波相位代表（　　　）个二进制码元信息，故每个四进制码元又被称为（　　　）码元。实现 QPSK 的调制方法与 2PSK 信号一样，也有（　　　）和（　　　）。

4.8　多进制数字调制是利用多进制数字基带信号去调制载波的（　　　）、（　　　）或（　　　），相应地就有多进制数字（　　　）调制、（　　　）调制以及（　　　）调制等三种基本方式。

4.9　通信系统的质量通常用指标（　　　）和（　　　）衡量，FSK 系统的指标具体可用（　　　）和（　　　）衡量，FM/PM 系统则用（　　　）和（　　　）衡量。

4.10　已知码元速率 200 波特，从信息速率的角度，8ASK 的频带利用率和带宽分别为（　　　）和（　　　），8PSK 的频带利用率和带宽分别为（　　　）和（　　　），8FSK 的频带利用率和带宽分别为（　　　）和（　　　）。（设 8FSK 两功率谱主瓣刚好互不重叠）

4.11　码元速率相同条件下，m 进制数字调制系统的信息速率是二进制的（　　　）倍。

4.12　对 SSB、VSB、PCM、DPSK、MASK 信号而言，可靠性用信噪比来衡量的有（　　　），用误码率来衡量的有（　　　）。

4.13　对 2ASK、2PSK 和 2DPSK 信号采用相干解调方式，则误码率从小到大为（　　　）。

二、单选题

4.14　二进制振幅键控 ASK 信号的带宽 B 和调制信号频率 f_s、码元间隔 T_s 之间的关系为（　　　）。

A. $B = f_s = \dfrac{1}{T_s}$ 　　　　　　　　　　B. $B = 2f_s = \dfrac{2}{T_s}$

C. $B = 0.5f_s = \dfrac{1}{2T_s}$ 　　　　　　　　D. $B = 4f_s = \dfrac{4}{T_s}$

4.15　以下关于数字频率调制的说法错误的是（　　　）。

A. 差分检波法基于输入信号与其延迟 τ 的信号相比较，故信道的延迟失真不影响最终鉴频结果。

B. 当信道延迟失真为零时，差分检波法的检测性能不如普通鉴频法。

C. 当信道延迟失真较为严重时，其性能优于鉴频法。

D. 差分检波法必须要对低通滤波器的输出波形进行抽样判决，才能还原原始信码；普通鉴频法则无须如此。

4.16　2DPSK 方式是利用前后相邻两个码元载波相位的变化来表示所传送的数字信息，能够唯一确定其波形所代表的数字信息符号的是（　　　）。

A. 前后码元各自的相位　　　　　　　　B. 前后码元的相位之和

C. 前后码元之间的相位之差　　　　　　D. 前后码元之间相位差的 2 倍

4.17　根据 CCITT 建议，A 类移相方式中，每个二进制码元的载波相位相对于基准相位可取值（　　　），B 方式中每个码元的载波相位相对于基准相位可取值（　　　）。

A. $(0, 2\pi)$ 　　　　B. $(0, \pi)$ 　　　　C. $\pm \dfrac{\pi}{2}$ 　　　　D. $\pm \pi$

4.18　根据 CCITT 建议，A 类移相方式中，每个四进制码元的载波相位相对于基准相位可取值（　　　），B 方式中每个码元的载波相位相对于基准相位可取值（　　　）。

A. $\left\{0、\dfrac{3\pi}{4}、\pi、\dfrac{7\pi}{4}\right\}$ 　　　　　　B. $\left\{0、\dfrac{\pi}{2}、\pi、\dfrac{3\pi}{2}\right\}$

C. $\left\{\dfrac{\pi}{4}、\dfrac{\pi}{2}、\dfrac{5\pi}{4}、\dfrac{3\pi}{2}\right\}$ 　　　　　　D. $\left\{\dfrac{\pi}{4}、\dfrac{3\pi}{4}、\dfrac{5\pi}{4}、\dfrac{7\pi}{4}\right\}$

4.19 在相同的信息速率下，四相信号的码元长度是二相信号码元长度的（　　）倍，所需频带为二相信号的（　　）倍；在相同的码元速率下，四相系统的信息速率是二相系统的（　　）。

    A. 1　　　　　　　　　B. 2　　　　　　　　　C. 1/2　　　　　　　　　D. 4

4.20 关于多电平调幅，以下说法错误的是（　　）。

    A. 多电平调幅 MASK 在原理上可以看成是通断键控（OOK）方式的推广

    B. 多电平调幅 MASK 在单位频带内的信息传输速率较高

    C. 多电平系统的最大信道频带利用率大于 $2bit/(s \cdot Hz)$

    D. 在相同的码元传输速率下，多电平调制信号的带宽大于二电平的相同

三、多选题

4.21 MSK 调制方式的突出优点是（　　）。

    A. 信号具有恒定振幅　　　　　　　　B. 信号的功率谱在主瓣以外衰减较快

    C. 信号具有规则起伏的振幅　　　　　　D. 信号的功率谱较为稳定，不因在主瓣内、外有明显的衰减差异

4.22 GMSK 调制在 MSK 调制器之前增加一个高斯低通滤波器作为前置滤波器，为了抑制高频成分、防止过量的瞬时频偏，以及满足相干检测所需，该滤波器必须满足（　　）。

    A. 带宽窄　　　　　　　　　　　　　B. 具有尖锐的截止特性，即其频谱曲线边缘陡峭

    C. 保持输出脉冲的面积不变　　　　　　D. 保持输出脉冲的面积与输入调制信号频率成正比

4.23 2DPSK 信号的解调可采用（　　）。

    A. 极性比较法　　　　　　　　　　　B. 相干解调器

    C. 差分相干解调方法　　　　　　　　D. 相位比较解调法

4.24 与二进制数字调制相比，多进制数字调制具有以下（　　）特点。

    A. 在相同的码元传输速率下，多进制系统的信息传输速率比二进制系统的高

    B. 在相同的码元传输速率下，多进制系统的信息传输速率比二进制系统的低

    C. 在相同的信息速率下，多进制信号码元的持续时间比二进制的长

    D. 在相同的信息速率下，多进制信号码元的持续时间比二进制的短

4.25 以下说法正确的是（　　）。

    A. 在相同码元速率下，多进制调制比二进制调制信息速率更高

    B. 在相同信息速率下，多进制调制码元比二进制码元宽

    C. 多进制码元的抗干扰能力比二进制码元强

    D. 多进制调制的应用比二进制调制更广泛

四、判断题（正确的打√，错误的打×）

4.26 （　　）二进制幅度键控信号由于始终有一个信号的状态为零，即处于断开状态，故常称之为通断键控（OOK）信号。

4.27 （　　）频移键控调制方式在数字通信中使用较广。在语音频带内进行数据传输时，国际电话咨询委员会（CCITT）建议当数据率低于 120bit/s 时使用 FSK 方式。

4.28 （　　）相对调相以载波的不同相位直接表示相应数字信息。

4.29 （　　）绝对调相最致命的弱点就是相位模糊，只有通过相对调相才能够解决这个问题。

4.30 （　　）四相相位调制时，首先把输入二进制序列每两个码元编为一组；再用四种不同的载波相位去表示它们。

4.31 （　　）QDPSK 信号的解调方法主要有极性比较法和鉴频法两种。

4.32 （　　）多电平系统与二进制系统的最大信道频带利用率都是 $2bit/(s \cdot Hz)$。

4.33 （　　）原则上多频制同样具有多进制调制的优点，但由于占据频带较宽而导致信道频带利用

率不高，一般仅仅用在调制速率不高的场合中。

五、计算、作图与分析题

4.34 设发送数字信号、载波信号波形分别如图4.34（a）、（b）所示，请在（c）、（d）、（e）、（f）中分别画出其相应的2ASK、2FSK、2PSK及2DPSK信号波形示意图。

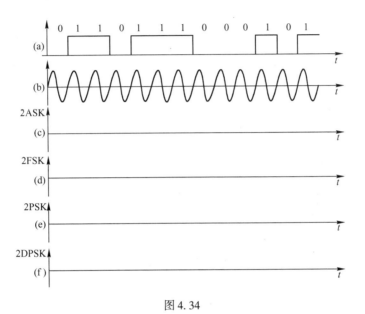

图 4.34

4.35 已知某2ASK系统的码元传输速率为10^3波特，所用的载波信号为$A\cos(4\pi \times 10^6 t)$。

（1）设传送数字信息为0110011011，请在图4.35中画出相应的载波$f(t)$和2ASK信号波形示意图；

（2）求该2ASK信号的带宽。

4.36 设某2FSK调制系统的码元传输速率为1000波特，已调信号的载频为1000Hz或2000Hz。

（1）若发送数字信息为0110100010，试在图4.36中画出相应载波$f_1(t)$、$f_2(t)$和2FSK信号波形；

（2）试讨论这时的2FSK信号应选择怎样的解调器解调？

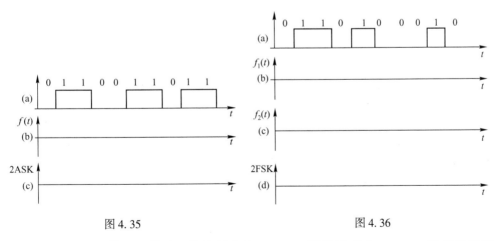

图 4.35   图 4.36

4.37 设某2DPSK信号系统中，载波频率为2400Hz，码元速率为1200Hz，已知相对码序列为1001110101。

（1）试在图 4.37 中分别画出载波 $f(t)$ 和 2DPSK 信号波形；

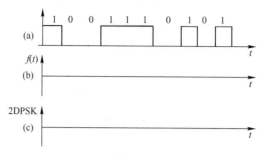

图 4.37

（2）若采用差分相干解调法接收该信号时，试根据给出的信号波形在图 4.38 中画出解调系统中 a、b、c、d、e、f 的波形；

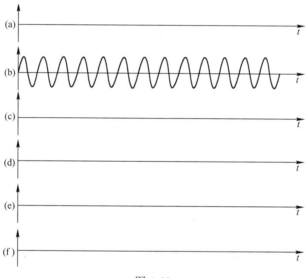

图 4.38

（3）若采用相干解调法接收该信号时，试根据给出的信号波形在图 4.39 中画出解调系统中 a、b、c、d、e 的波形。

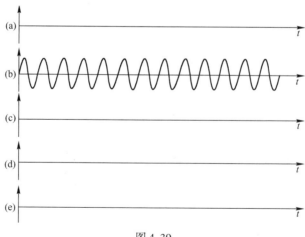

图 4.39

4.38 设载频为 1800Hz，码元速率为 1200 波特，发送数字信息为 011010。

（1）若相位偏移 $\Delta\varphi = 0°$ 代表 "0"、$\Delta\varphi = 180°$ 代表 "1"，试画其 2DPSK 信号波形；

（2）又若 $\Delta\varphi = 270°$ 代表 "0"、$\Delta\varphi = 90°$ 代表 "1"，则该 2DPSK 信号的波形又如何？

4.39 求传码率为 200B 的八进制 ASK 系统的带宽和信息速率。如果采用二进制 ASK 系统，其带宽和信息速率又为多少？

4.40 八进制 ASK 系统，其信息速率为 4800b/s，求其码元传输速率和带宽。

4.41 一相位不连续的 2FSK 信号，发 1 码时的波形为 $A\cos(2000\pi t + \theta_1)$，发 0 码时的波形为 $A\cos(8000\pi t + \theta_0)$，码元速率为 600B，试求该系统的最小频带宽度。

4.42 已知码元传输速率为 200B。求八进制 PSK 系统的带宽及信息传输速率。

4.43 如图 4.40 所示为差分检波解调 2FSK 的原理方框图。设输入信号为 $a\cos(t \pm \Delta\omega t)$，其中 $\Delta\omega$ 为角频率偏移。若适当选择时延 τ，使满足 $\omega_0\tau = \pi/2$，则可将数字调制信号解调出来。试分析其解调原理。又若当角频率偏移较小，满足 $\Delta\omega\tau$ 远小于 1 时，将得到什么样的鉴频特性。

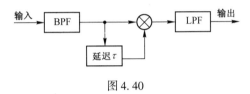

图 4.40

第5章 信道复用

内容提要

介绍无线信道与有线信道的特点和基本性能，以及为提高信道利用率所采用的复用和多址技术的概念、基本原理、常用方式。简单分析说明频分复用 FDM、时分复用 TDM、频分多址 FDMA、时分多址 TDMA、码分多址 CDMA 和混合多址等技术的特点。

5.1 通信信道概述

信道是通信系统必不可少的组成部分，是信号传输的媒介，一般分为有线信道与无线信道两个大类。有线信道包括明线、对称电缆、同轴电缆及光缆等，而无线信道则包含地波传播、短波电离层反射、超短波或微波视距中继、卫星中继以及各种散射信道等。很多情况下，信道的范围被扩大到包含传输媒介以外的有关装置如发送设备、接收设备、馈线与天线、调制器、解调器等，一般称这种扩大范围的信道为广义信道，而称前面所讲的信道为狭义信道。在讨论一般通信原理时，常常采用广义信道进行分析。但由于狭义信道是广义信道的重要组成部分，而一个系统通信效果的好坏，在很大程度上将依赖于传输媒介的特性，因此在研究信道的一般特性时，传输媒介仍然是讨论的重点。为叙述方便，本篇中把广义信道简称为信道。

5.1.1 信道定义

信道按照它所具有的功能，可以分为调制信道与编码信道，如图 5.1 所示。所谓调制信道，是指图 5.1 中所示从调制器输出端到解调器输入端的部分。从调制和解调的角度来看，调制器输出端到解调器输入端的所有变换装置及传输媒介，不论其过程如何，都只是对已调信号进行某种变换，我们只需关心变换的最终结果，而不用考虑其中详细的物理变换过程。同理，在数字通信系统中，如果仅着眼于讨论编码和译码，则可给出编码信道的定义。所谓编码信道，就是图 5.1 中所示从编码器输出端到译码器输入端的部分。

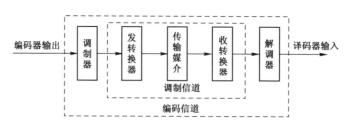

图 5.1 调制信道与编码信道

5.1.2 传输媒介

传输媒介是通信系统中连接收发双方的物理通路，也就是通信过程中传送信息的载体。通常把传输媒介分为有线传输媒介和无线传输媒介两类。

1. 有线传输媒介

（1）明线。明线是指平行而相互绝缘的架空裸线线路。与电缆相比，它的传输损耗低，但易受气候影响，并且对外界噪声干扰比较敏感。目前已逐渐被电缆所代替。

（2）双绞线。双绞线是由两根各自封装在彩色塑料套内的铜线扭绞而成，扭绞的目的是降低它们之间的干扰。多对双绞线之外再套上一层保护套就构成了双绞线电缆，通过改变相邻线对间的扭距，可以使同一电缆内各线对之间的干扰达到最小。

双绞线分为屏蔽型（STP）和非屏蔽型（UTP）两类。STP 在 UTP 外面再加上一个由金属丝纺织而成的屏蔽层，以提高其抗电磁干扰能力。因此，STP 抗外界干扰的性能优于 UTP，但价格要比 UTP 昂贵得多。相互扭绞的一对双绞线可作为一条信息通路，其输入阻抗有 100Ω 和 150Ω 两种，而带宽则取决于铜线的粗细和传输距离。双绞线可以传输模拟信号和数字信号，电话线就是一种双绞线。为保证传输效果，用双绞线传输模拟信号时，每隔 5 ~6km 就需要将信号放大一次；传输数字信号时，每隔 2 ~3km 就必须要用转发器转发一次。双绞线用于远程中继时的最大传输距离为 15km；用于局域网时，它与集线器之间的最大传输距离为 100m。双绞线的抗干扰性能取决于双绞线电缆中相邻线对的扭曲程度及其屏蔽程度。

国际电气工业协会（EIA）对非屏蔽双绞线 UTP 定义了五类质量级别，网络通信中常用的是三类和五类 UTP。三类 UTP 的带宽为 16MHz，最高数据传输速率是 16Mb/s。五类 UTP 的带宽是 100MHz，最高数据传输速率为 100Mb/s。二者之间的差异主要在于电缆内每单位长度上的扭绞数。五类 UTP 的扭绞数多于三类，其典型值是每英寸 3 ~4 扭绞；而三类 UTP 的典型值是每英尺 3 ~4 扭绞。五类 UTP 更紧密的扭绞使得它具有比三类 UTP 更好的性能，当然，其价格也比三类 UTP 高。

综上所述，双绞线的抗干扰性取决于线束中相邻线对的扭曲长度及适当的屏蔽，具有价格便宜、安装维护方便的特点，既可用于点—点的连接，也可用于点—多点连接；用做远程中继线时的最大距离可达 15km，用于 10Mb/s 局域网时，与集线器的距离最大为 100m。

（3）同轴电缆。同轴电缆是由同一轴心的内外两个导体构成，外导体是一个圆柱形的空管，内导体则是金属线即芯线，它们之间以填充介质隔离，这一介质可以是塑料或空气，如图 5.2 所示。

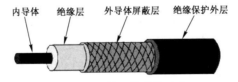

图 5.2　同轴电缆结构示意

通常把几根同轴线管套在一个大的保护套内，其中还装入一些二芯扭绞线对或四芯线组，用于传输控制信号。同轴线的外导体一般都是接地的，由于它的屏蔽作用，外界噪声很少进入内部。

根据同轴电缆的频率特性，可将其分为视频（基带）电缆和射频（宽带）电缆。基带电缆常用来直接传输数字信号；宽带同轴电缆则用于传输高频信号。实际系统中，常利用频分多路复用技术，在一条同轴电缆上传送多路信号。

同轴电缆的特性阻抗有 50Ω 和 75Ω 两种。50Ω 同轴电缆只用于传输数字基带信号，其数据传输速率可达 10Mb/s。无线电工程中则多采用 75Ω 的宽带电缆来传输射频信号。基带同轴电缆的最大传输距离一般不超过几千米，而宽带同轴电缆的最大传输距离可达几十千米。由于同轴电缆比双绞线屏蔽性好，抗电磁干扰能力强，维护使用也更方便，常用它来传输更高速率、更远距离的信号。

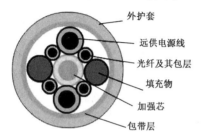

图 5.3　四芯光纤结构示意

（4）光缆。光缆是有线传输介质中性能最好的一类。这是一种直径为 $50\sim100\mu\text{m}$ 的、柔软的、传导光波的介质，一般由玻璃或塑料构成，其中使用超高纯度石英玻璃制作的光纤传输损耗最低。在折射率较高的单根光纤外面，再用折射率较低的包层包住，就可以构成一条光波通道，在这外面再加上一层保护套，就构成了一根单芯光缆。多条光纤放在同一层保护套内，就构成了光缆。四芯光纤结构示意图如图 5.3 所示。

光导纤维通过内部全反射来传输光信号，其传输过程如图 5.4 所示。由于光纤的折射系数高于外部包层的折射系数，使得光波在纤芯与包层界面之间产生全反射。以小角度进入光纤的光波将沿着纤芯以反射的方式向前传播，如图中右边所示的情况。反之，如果光波以较大的角度进入，则信号将在包乘发生折射，如图中左边所示。此时，信号的能量将发生损失，输出信噪比降低。

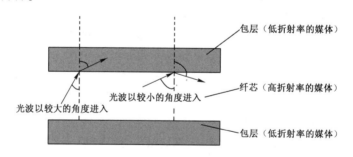

图 5.4　光波在光纤内的传输过程

光纤分为多模光纤与单模光纤两类。所谓多模光纤，是指允许一束多波长的光沿着纤芯反射地向前传播；而单模光纤则仅允许单一波长的光沿着纤芯直线向前传播，不在其中产生反射。两者相比，单模光纤直径较小、价格昂贵，但传输性能优于多模光纤。

光纤对数字信号的传输是利用光脉冲的有无来代表 1、0 的。典型的光纤传输系统如图 5.5 所示。在发送端，可用发光二极管（Light-Emitting Diode，LED）或激光二极管（Laser Diode，LD）等光电转换器件把电信号转换成光信号，再耦合到光纤中进行传输。在接收端则进行逆变换，用光电二极管（PIN）等把光纤中传来的光脉冲转换为电信号输出。

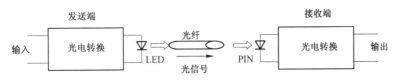

图 5.5 光纤传输系统

光纤具有频带宽、损耗小、数据传输速率高、误码率低、安全保密性好等优点，是目前最有发展前途的有线传输媒介。

2. 无线传输媒介

无线传输媒介利用自由空间作为传输介质来进行数据通信，信号沿直线传播，适用于架设或铺埋电缆或光缆较困难的地方。主要包括红外通信、激光通信和微波通信三类，其中微波通信又分为地面微波接力通信和卫星通信两种。

（1）无线（电）视距中继。无线（电）视距中继是指工作频率在超短波和微波波段时，电磁波基本上沿着视线传播，而通信距离只能依靠中继方式来进行延伸的无线电线路。相邻中继站之间的距离一般是 40 ~ 50km，主要用于长途干线、移动通信网以及某些数据收集（如水文、气象数据的测报）系统中。无线电中继信道的构成如图 5.6 所示，它由终端站、中继站及各站点之间的电磁波传播路径构成。由于这种系统具有传输容量大、发射功率小、通信稳定可靠，以及比使用同轴电缆节省有色金属等优点，被广泛用来传输多路电话及电视信号。

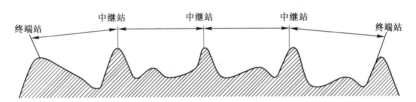

图 5.6 无线电中继信道的构成

总而言之，无线（电）视距通信在传输过程中每隔一段距离就需通过中继站将前一信号放大再向下传，可传输电话、电报、图像、数据等信息，具有频带宽、通信容量大、传输质量高、可靠性较好、投资少、见效快、灵活等优点，但也有相邻中继站点间必须可以直视而不能有障碍物、受气候干扰较大、保密性差等不足。

（2）卫星中继信道。卫星中继信道可看做无线电中继信道的一种特殊形式。轨道在赤道平面上空的卫星，当它离地面高度为 35860km 时，绕地球运行一周的时间刚好为地球自转一周的时间即 24 小时，故一般都称它为同步通信卫星，如图 5.7 所示。使用它作为中继站，可以实现地球上 18000km 范围内多点之间的通信连接。如果将三颗同步卫星等间距地放置在轨道上空（相邻卫星间隔 120°）作为中继站，就可以覆盖除两极盲区以外全球所有地区，如图 5.7（c）所示。这种信道具有传输距离远、覆盖地域广、传播稳定可靠、传输容量大等突出的优点，被广泛用来传输多路电话、电报、数据和电视信号。

卫星中继信道由通信卫星、地球站、上行线路及下行线路构成。其中上行与下行线路分别指由地球站至卫星以及卫星至地球站的电磁波传播路径，而信道设备则集中于地球站与卫

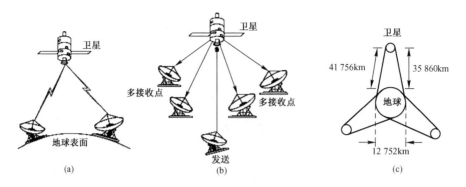

图 5.7　卫星中继通信示意

星中继站内。相对于地球站来说，同步卫星在空中的位置是静止不动的，所以又称它为"静止"卫星。除同步卫星外，在较低轨道上运行的卫星以及轨道不在赤道平面上空的卫星也可以用于中继通信。在几百公里高度的低轨道上运行的卫星，由于对地球站发射功率的大小要求较低，特别适用于移动通信和个人通信系统。

（3）短波电离层反射信道。所谓短波是指波长为 10~100m、频率为 3~30MHz 的无线电波，它既可沿地球表面传播，也可由电离层反射传播。前者简称为地波传播；后者则称为天波传播。地波传播一般属于近距离传播，限于几十千米范围以内；而天波传播由于借助电离层的一次反射或多次反射，可传播几千乃至上万千米的距离。下面简要介绍这种信道的传播路径、工作频率及其应用。

① 传播路径：离地面高 60~600km 的大气层称为电离层，它是由分子、原子、离子和自由电子组成的。形成电离层的主要原因是太阳辐射的紫外线和 X 射线。

实际观察表明，电离层可分为 D、E、F_1、F_2 四层。由于 D 层和 F_1 层在夜晚几乎完全消失，故经常存在的是 E 层和 F_2 层。电离层属于半导电的媒介，其相对介电常数为：

$$E_r = 1 - 80.8 \frac{N_e}{f^2} \qquad (5-1)$$

式中，N_e 为电子密度，表示单位体积内的电子个数，其单位是个/m^3；

f 是电磁波的频率，单位为赫兹（Hz）。

电子密度 N_e 随高度的变化而变化，并在某一高度上出现相对最大值。由于在一定的高度范围内，N_e 随高度的增加而增加，故相对而言介电常数 ε_r 及媒介的折射率（它等于 $\sqrt{\varepsilon_r}$）都随高度的增加而减小。当电波在这样的媒介中传播时因逐步折射而使轨道发生弯曲，从而，在某一高度将产生全反射。

短波电磁波从电离层反射的传播路径如图 5.8 所示。一般来说，F_2 层是反射层，D、E 层是吸收层。因为 D、E 层电子密度小，短波电磁波不会反射，但会产生吸收损耗。由于 F_2 层的高度为 250~300km，故一次反射的最大距离约为 4000km。如果通过两次反射，则通信距离可以达到 8000km。

② 工作频率：为了实现短波通信，选用的工作频率必须小于最高可用频率，且应当使电磁波在 D、E 层的吸收较小。

最高可用频率取决于电离层电子密度的最大值 N_{emax} 及电磁波投射到电离层的入射角 φ_0。当垂直入射（$\varphi_0 = 0°$）时，能从电离层反射的最高频率称为临界频率，记为 f_0，它由下式决定：

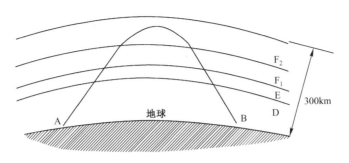

图 5.8 短波信号从电离层反射的传播路径

$$f_0 = \sqrt{80.8 N_{emax}} \qquad (5-2)$$

当电磁波以 φ_0 角入射时，能从电离层反射的最高频率称为最高可用频率 MUF，它与临界频率 f_0 的关系为：

$$MUF = f_0 \sec\varphi_0 \qquad (5-3)$$

当工作频率高于最高可用频率时，电磁波将穿透电离层，不再返回地面。电离层对电磁波的吸收损耗与电离层中的电子密度成比例。由于电离层的电子密度随昼夜、季节以及年份而剧烈变化，使得最高可用频率和吸收损耗也相应变化。因此，工作频率也必须随之经常变换。在夜间，由于 F_2 层的电子密度减小，工作频率必须降低。若仍采用白天的工作频率，则电波将会穿透 F_2 层。与此同时，夜间 D 层消失且 E 层的吸收大大减小，也允许工作频率降低。

③ 应用：虽然短波电离层反射信道存在传输可靠性较差（只要电离层中出现异常变化如扰动或爆变等，都会引起长时间的通信中断，传播可靠性只有 0.9）和必须经常更换工作频两大缺点，但由于它具有传播距离远、受地形限制较小、要求发射功率低、传输带宽适当以及抗人为破坏能力强（这在军事通信中尤为重要）等许多优点，它现在仍然是远距离传输过程中主要使用的信道之一。

5.2 频分复用（FDM）

通信中的"复用"是指一种将若干个彼此独立的信号合并为一个可在同一信道上传输的复合信号的方法或技术，其基本原理如图 5.9 所示，图中，发送端的 n 路彼此独立的信号通过多路复用器按一定的规则合并为一路信号，用一个信道进行传输；接收端收到这 n 路合路信号后，通过分路设备（如带通滤波器、多路译码器等），将其再分割还原成 n 路信号，分别由相应的接收者接收。

图 5.9 信道复用的基本原理

我们日常使用的电话通信系统中，每路语音信号的频带宽度都是 300～3400Hz，把若干路这样的信号分别调制到不同的频段，再把它们合并在一起，通过同一个信道进行传输，在接收端再根据不同的载波频率将它们彼此分离，进而解调还原。这一过程采用的就是复用技术中的频分复用。

常见的信道复用方法有按频率来区分信号和按时间区分信号两种，按频率区分信号的复用方法就叫频分复用，简记为 FDM；按时间区分信号的方法则称为时分复用，简记为 TDM。本节分析讨论有关频分复用的内容，下一节再讨论时分复用。

通信系统中，信道所能提供的带宽往往要比传送一路信号所需的带宽宽得多。随着通信技术的发展，各式各样的通信方式、制式层出不穷，频率资源日益紧张，一个信道只传送一路信号显然是非常浪费的。为了充分利用信道带宽，解决频率紧缺的问题，人们提出了频分复用这一办法。

图 5.10 给出了频分复用系统的框图。图中，复用的信号共有 n 路，每路信号首先通过低通滤波器（LPF）以限制各路信号的最高频率 f_m，再分别由不同频率的载波信号进行调制，经单边带滤波器滤波后，由相加器把各路调制信号选加然后发送出去。

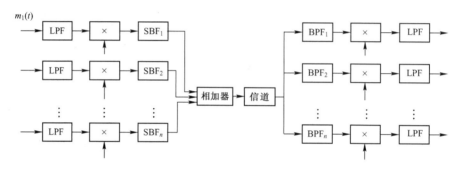

图 5.10　频分复用系统组成方框图

为简单起见，设各路信号的 f_m 都相等，若每路信号都是语音信号，则它们的 f_m 均为 3400Hz。调制方式和电路都有多种选择，但实际中多采用单边带调制，这是因为它最节约频带的缘故，故图中相乘器的输出信号送入了边带滤波器 SBF 中。选择载频时，既要考虑边带频谱宽度，同时还必须留出一定的保护频带，以防止邻路信号之间相互干扰。所以载频选择应遵从如下关系：

$$f_{c(i+1)} = f_{ci} + (f_m + f_g)，i = 1,2,3,\cdots,n \tag{5-4}$$

式中，$f_{c(i+1)}$ 与 f_{ci} 分别为第 $(i+1)$ 路与第 i 路信号的载频频率；

f_m 是每一路的最高频率；f_g 是邻路间隔防护频带。

显然，f_g 愈大，在邻路信号干扰相同的情况下，对边带滤波器的技术指标要求越低，但每一路信号占用的总频带宽度越大。在信道带宽不变的情况下，可以复用的信号路数必然减少，不利于提高信道利用率。因此，实际中一般都以提高边带滤波器的技术指标来换取 f_g 的尽可能减小。按 CCITT 标准，防护频带间隔取为 900Hz，可使邻路干扰电平不高于 -40dB。

经过单边带调制的各路信号，由于载频不同，它们在频率上被分开了。此时就可以通过相加器将它们合并成适合于信道传输的复用信号传送，其频谱结构如图 5.11 所示。

图 5.11 中，各路信号具有相同的 f_m，但它们的频谱结构可能不同。n 路单边带信号的总频带宽度最小应等于：

$$B_n = nf_m + (n-1)f_g = (n-1)(f_m + f_g) + f_m = (n-1)B_1 + f_m \tag{5-5}$$

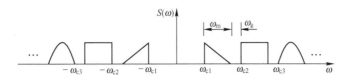

图 5.11　频分复用信号的频谱结构

式中，$B_1 = f_m + f_g$，指一路信号占用的带宽。

合并后的复用信号原则上可以在信道中传输，但有时为了更好地利用信道的传输特性，也可以再进行一次调制，即通常所说的主调制，此处不再赘述。

在频分复用系统的接收端，先进行主解调，然后通过中心频率与发送端各调制载波频率分别相同的带通滤波器（BPF），把各路信号的频谱分离开来，再通过各自的相干解调器进行相干解调，最后恢复出各路调制信号。

中波无线电广播系统的信号传输就采用了频分复用技术，其信道频带范围为 535 ~ 1605kHz。这个宽度 1070kHz 的信道按照不同的频率被划分为多个子信道，每个子信道带宽为 9kHz，用于广播电台的一个频道。如天津广播电台交通频道、生活频道的中心频率分别为 567kHz、1386kHz，他们分别在这些子信道上同时进行信号传输而不相互干扰。不难想到，我们日常使用的收音机就是一个频分多路复用接收器，而广播电台则是一个频分多路复用的发射机。

频分复用的优点是复用率高，容许复用的路数多，同时分路也很方便；但设备较为复杂，且容易因滤波器特性不够理想和信道的非线性产生邻路干扰。频分复用是目前模拟通信系统中最主要的信道复用方式，在有线通信和微波通信系统中应用特别广泛。

5.3　时分复用（TDM）

实现多路通信的方式，除采用前面介绍的频分复用（FDM）外，还可以采用时分复用（TDM）方式，它是建立在抽样定理的基础上的。抽样使取值连续的模拟信号由一系列在时间上离散的抽样脉冲值代替，使一路信号的各抽样脉冲之间就出现了时间空隙，而其他各路信号的抽样值就可以利用这种空隙进行传输，这样就在同一个信道中同时传送了若干路信号。如图 5.12 所示表示了两个基带信号进行时分复用的情形。

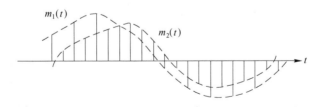

图 5.12　两个信号的时分复用

图 5.12 中所示 $m_1(t)$ 与 $m_2(t)$ 具有相同的抽样频率，但它们的抽样脉冲在时间上是交替出现的。对这种时分复用信号，只要接收端能在时间上将它们准确地进行相应的分离，然后再分别解调，最后就可以得到各个还原的原始信号 $m_1(t)$ 与 $m_2(t)$。这就是时分复用（TDM）的概念。

上述概念可以应用到 n 路信号（$n \geqslant 2$）进行时分复用的情形中去。图 5.13 就是一个 n 路时分复用系统的示意图。图中，发送端的转换开关 S 以某一个固定时间值 T_1 为旋转周期，按时间顺序依次在各路信号之间进行转换，从而获得如图 5.14 所示的 n 路时分复用信号的时间分配关系。

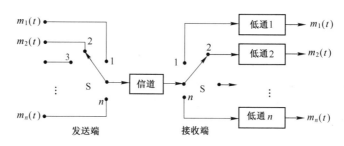

图 5.13　时分复用系统示意图

一般把开关转换的固定时间间隔 T_1 称为时隙，在图 5.14 中，时隙 1 分配给第一路；时隙 2 分配给第二路，……，时隙 n 分配给第 n 路，……。n 个时隙的总时间（即同一路信号两个相邻抽样值之间的间隔）就称为一个帧周期，它的值由抽样频率确定。例如，语音信号的最高频率可认为是 4000Hz，则按照抽样定理，单路语音信号的抽样频率应不小于 8000Hz，一般都取 8000Hz，即一秒时间内对该信号将抽样 8000 次，因此帧周期为 $\frac{1}{8000} =$ 125μs。这种信号通过信道后，在接收端通过与发送端完全同步的转换开关 S，分别接向相应的信号通路，使 n 路信号就分离开来。各分离后的信号通过低通滤波器，便恢复出该路的原始信号。

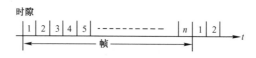

图 5.14　n 路时分复用信号的时隙分配

在时分多路复用的过程中，如果各路信号在每一帧中所占时隙的位置是预先指定且固定不变的，则称之为同步时分多路复用，简称 STDM。由于传送的各路信号可能数据量多少不一，且它们在各个取样时刻的情况也各不相同，使用这种同步复用 STDM 方式，当某路信号在某一时刻不出现或已经传送完成了时，与该信号相对应的时隙就会空闲，从而产生资源浪费。为了改变上述情况，提高信道利用率，数字通信系统中经常采用另一种时分多路复用方式，即统计时分多路复用，简称 ATDM，也叫异步时分多路复用或智能时分多路复用。统计时分多路复用是通过动态地分配时隙来进行数据传输的，即对传送信息量大的某路信号分配时隙多，少的则分配时隙少。当然，此时发送端需要同时发送地址码，而接收端则通过各路信号的不同地址码来进行识别、分离。

时分多路复用的应用十分广泛，常见的数字语音信号传输就采用这一技术。其量化编码既可以采用脉冲调制 PAM 方式，也可以用增量调制 ΔM 方式。对于小容量、短距离脉码调制的多路数字电话，国际上有两种标准化制式，即 PCM30/32 路（A 压缩律压扩特性）制式和 PCM24 路（μ 压缩律压扩特性）制式，并规定国际通信时，以 A 压缩律压扩特性为准

（即以 30/32 路制式为标准），凡是涉及到两种制式之间的转换时，设备接口一律由采用 μ 律压扩特性的国家负责解决，我国采用的是 PCM30/32 路制式。关于时分多路数字电话系统的具体内容在此不作详细介绍。

5.4 复合调制与多级调制系统

在模拟调制系统中，除单独采用前面讨论过的各种幅度调制和频率调制外，还会遇到复合调制和多级调制的情况。所谓复合调制，就是对同一载波进行两种或更多种的调制。例如，对一个调频信号再进行幅度调制，得到的就是调频调幅波，如图 5.15 所示，其中调制信号（基带信号）可以不止一个。

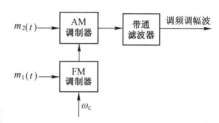

图 5.15　调频调幅波复合调制的方框图

所谓多级调制，是指将同一基带信号进行两次或更多次的调制。这种情况下，每次调制所采用的调制方式可以相同或不同，但使用的载波则一定是不同的。

图 5.16 给出了一个多级调制的例子。这是一个频分复用系统，ω_{1i} 是各路信号第一次调制时各自的载波频率，第一路为 ω_{11}，第二路为 ω_{12}，…，ω_2 则是第二次调制的载频。图中，各路信号第一次采用单边带 SSB 调制方式，第二次也采用 SSB 调制方式，可记为 SSB/SSB。实际通信系统中，常见的多级调制方式除 SSB/SSB 外，还有 SSB/FM、FM/FM 等。例如，频分多路微波通信系统中的多级调制方式就是采用 SSB/FM 调制方式。

复合调制方式广泛应用于模拟通信系统和数字通信系统。

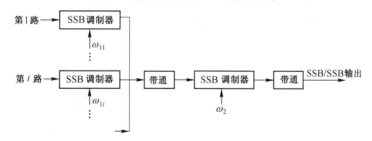

图 5.16　SSB/SSB 多级调制的组成方框图

综上所述，多级调制是针对基带信号即信息信号而言的，即用同一个信号，对多个不同的载波先后进行多次调制；而复合调制则是针对载波信号来说的，即对同一个载波，用一个或多个信号进行若干次超过一种方式的调制。

5.5 多址通信方式

无线通信中是以信道来区分通信对象的，实现信道区分的技术就是多址技术。从频率的角度而言，信道就是电磁信号的一个特定频率区域即频带；从时间的角度而言，信道则是信号的一个特定时间片段即帧。信道共享实质上就是多个用户同时使用同一个信道，并且保证没有相互干扰或干扰小到不足以影响各自的通信，这是目前通信过程中提高信道资源利用率的一个主要措施。

　　和信道复用相似，多址技术也是利用信号的特性在发送端对各路信号进行设计，在接收端则根据发端设计规则将收到的信号分离出来分别解调。两者的差异在于多址技术主要针对移动通信和卫星通信，利用射频辐射的电磁波搜索不断变化的移动地址码，在接收端区分出多个动态地址，所以只能在射频频段实现；而复用技术则主要用于固定式的通信系统中，一般都在基带或中频频段实现。

　　目前常用的多址技术有频分多址（FDMA）、时分多址（TDMA）、码分多址（CDMA）和空分多址（SDMA）以及它们的组合形式，此外，还有利用空间分割和极化隔离技术的多址连接方式即所谓的频率再用技术等等。数据通信网中普遍采用随机多址的 ALOHA 方式，由于计算机和通信技术的结合与日益发展，多址技术还处在进一步的发展当中。

　　和多址连接方式密切相关的还有信道分配问题。前已指出，信道在不同的场合具有不同的含义。对图 5.17 而言，在频分多址 FDMA 系统中，信道是指各地球站占用卫星转发器的频段；在时分多址 TDMA 系统中，信道则指各地球站发送信号占用卫星转发器的时间片段；在码分多址 CDMA 系统中，信道又变成了各地球站用于调制信号的正交码组。

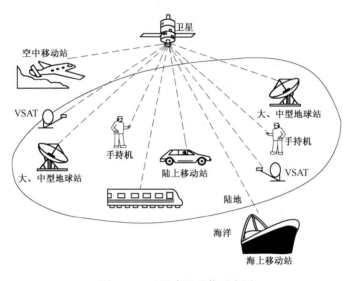

图 5.17　卫星多址通信示意图

　　目前常用的信道分配方案有预分配和按需分配（DAMA 或 DA）两种方式。其中，预分配方式又分为固定预分配（PAMA 或 PA）和按时预分配方式两种；而按需分配方式又分为全可变、分群全可变及随机分配方式三种。

　　信道分配技术与基带复用方式、调制方式、多址连接方式相结合，共同决定了一个通信系统的通信体制。例如，FDM/FM/FDMA/PA 代表了一个"频分多路复用/频率调制/频分多址/固定预分配"方式的通信体制。

　　图 5.17 为卫星多址通信的示意图。在卫星天线波束覆盖区内的任意两点之间都可以进行双边或多边通信，这就是利用多种多址技术来实现的。

5.5.1　频分多址（FDMA）方式

　　FDMA（Frequency Division Multiple Access/Address）是一种常见的多址方式。它利用各

个发送端发射信号的频率不同，将它们在发送端组合起来，从同一个信道传送，而接收端则根据各发送信号的不同频率，把它们分离开来。为了使信道中各信号互不干扰，其信号频谱排列必须互不重叠，且应留有一定的保护频带宽度。

FDMA 是模拟载波通信、微波通信和卫星通信中最基本的技术之一。典型的频分多址方式有北美 800MHz 的 AMPS 体制以及欧洲与我国 900MHz 的 TACS 体制。

图 5.18 为频分多址（FDMA）方式示意图。设有四个地球站，将卫星转发器的整个带宽划分为四个互不重叠的频带，分配给相应的地球站作为其发射频带。各站接收时，可根据载波的不同频率来识别发射站。例如，当 A 站收到 f'_B 时，就知道是 B 站发来的信号；而收到 f'_C 时，则可知该信号来自 C 站。接收端利用相应频段的带通滤波器即可分离出这些信号。但是，如果 B 站发出的信号中既有给 A 站的，也给 C 站的和给 D 站的，A 站、C 站和 D 站如何才能取出 B 站发给自己的信号呢？根据 B 站发射载波方式的不同，常有以下两种处理方式。

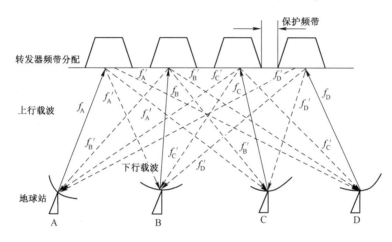

图 5.18　FDMA 方式示意图

1. 群路单载波（MCPC）方式

发送信号的地球站将要发给其他各站的多个信号按某多路复用方式组合在一起后，再进行一次载波调制，然后发送。接收地球站将收到的信号通过第一次载波解调后，根据预知的信号复用方式，利用预先分配给它的 FDM 载波频率或 TDM 时隙数据，选出送给该站的信号，再次解调即可得到发送的原始信号。常用的有 FDM/FM/FDMA/PA 和（AD）PCM/TDM/（Q）PSK/FDMA 两种体制。

只有当每个载波所传输的各路信号都处于工作中时，该 MCPC 方式才经济合理，否则就会造成信道和发射功率的双重浪费。如某地球站的通信业务量较小，则分配给该地球站的信道（如时间或频带）就会出现空闲，而发送消息的地球站和卫星转发器却仍然按业务量最大时的功率来进行发射，从而使信道和发射功率均产生浪费。因此这种体制主要用于大、中容量的通信系统。

2. 单路单载波（SCPC）方式

在很多情况下，往往只有部分话路在工作，针对业务量较小时上述群路单载波方式的缺点，在频分多址的基础上又发展了单路单载波（SCPC）方式。它在每一载波上只传送一路信号或相当于一路信号的数据或电报，并且通过"语音激活"技术使转发器的容量提高2.5倍。设信道的效率为40%，若采用语音激活技术之前能够同时工作的话路最多可有40条，则采用了语音激活技术后，允许同时使用的话路将达到100条。因此，对于通信站址多、但各站之间通信容量小、总通信业务量又不太大的卫星系统而言，最适合的工作方式就是SCPC。

SCPC系统既可以使用数字调制方式，也可以使用模拟调制方式。甚至因为各载波彼此之间独立工作，SCPC系统还可以采用部分载波模拟调制、部分载波数字调制的数模兼容调制方式，使系统工作方式更为机动和灵活。此外，该系统的分配制度也有预分配方式和按需分配方式两种，通常所说的SPADE系统就是采用按需分配方式的SCPC系统。

采用频分多址方式的卫星通信系统中最难解决的问题就是交叉调制干扰，简称交调干扰。当卫星转发器和地球站的行波管、速调管等功率放大器同时放大多个不同频率的载波时，由于各器件输入、输出特性中的非线性和调幅/调相转换过程的非线性，输出信号中必将出现多种频率的组合成分，当这些组合频率与信号频率完全或部分重合时，就产生交调干扰。通常克服交调干扰的办法是：禁用某些干扰严重的频带；控制地球站发射功率及其稳定度；增加能量扩散信号等，但是它们都只能在一定程度上减轻干扰，而不能从根本上解决这个由调制方式和器件特性导致的问题。要想对此从根本上予以解决，只能采用其他的多址方式。

频分多址方式的最大优点是建立通信线路较为方便，可以直接利用地面微波中继通信的成熟技术和设备，与地面微波系统接口的直接连接也很方便，因此尽管该方式存在一些不可克服的缺点，它仍然是卫星通信中较多采用的多址方式之一，常用于国际卫星通信和一些国家的国内卫星通信。

5.5.2 时分多址（TDMA）方式

时分多址技术TDMA（Time Division Multiple Access/Address）依靠极其微小的时差，把信道划分为若干不相重叠的时隙，再把每个时隙分配给一个用户专用，在接收端就可根据发送各个用户信号的不同时间顺序分别接收不同用户的信号。TDMA是数字通信中的基本技术，我国的GSM 900就采用这一技术。

在卫星通信中，时分多址方式分配给各地球站的不是不同的载波，而是转发器的不同时间片段即时隙，使各地球站的信号只能在规定的时隙内通过卫星转发器。从卫星转发器的角度来看，各地球站发来的信号是按时间顺序排列的，各站的信号在时间上互不重叠。因此，各地球站可以使用相同的载波频率，也就是说，任一时刻，卫星行波管功率放大器放大的都只是一个地球站的一个射频信号，这就从根源上杜绝了上述频分多址方式中导致交调干扰的因素。

为了让各地球站的信号顺序地按规定的时隙通过卫星转发器，必须要有一个统一的时间基准。因此，必须安排某地球站作为基准站，周期性地向卫星发射脉冲射频信号，经过卫星"广播"给其他各地球站，作为系统内各地球站之间的共同时间基准，控制各站射频信号的发射时间，使其在分配的时隙内通过卫星转发器。

图5.19为时分多址系统的简化框图。图中，地球站1，2，3，…，K发射的射频信号依

次通过卫星转发器，各站通过的时间片段即时隙分别是ΔT_1，ΔT_2，ΔT_3，$\cdots$，ΔT_K。为了有效地利用卫星信道，同时又必须保证各站的信号互不干扰，各地球站在卫星转发器中所占用的时隙安排应该紧凑而又不互相重叠。在时分多址卫星通信系统中，每个地球站在卫星转发器中占用的时隙即图 5.19 中的$\Delta T_1 \Delta T_2 \Delta T_3 \cdots \Delta T_K$等叫做分帧，所有各站的分帧之和就是帧。图 5.19 中，$\Delta T_1 \Delta T_2 \Delta T_3 \cdots \Delta T_K$的之和就是一帧的时间$T_s$，通常称之为帧长，即：

$$T_s = \Delta T_1 + \Delta T_2 + \Delta T_3 + \cdots + \Delta T_K$$

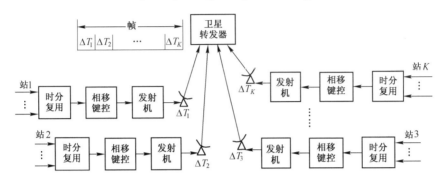

图 5.19　时分多址系统的组成

时分多址 TDMA 方式主要用来传输 TDM 数字信号，最典型的是 TDM/PCM/ PSK/TDMA 体制。一帧信号中，各时隙的排列组合方式就称为该帧的帧结构，不同 TDMA 系统的帧结构可能不同，但完成的任务却大致相似。如图 5.20 所示为一种典型的帧结构。

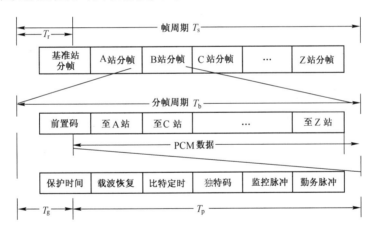

图 5.20　TDMA 系统的帧结构

帧周期T_s一般就取 PCM 取样周期 125μs 或它的整数倍。卫星的一帧由所有地球站分帧和一个基准站分帧组成，其中各地球站分帧的长度可以相同也可以不同，由它们各自的业务量多少而定。

每一个分帧都由前置码和信息数据两部分组成，前置码包括载波恢复和比特定时、独特码、监控脉冲、勤务脉冲等内容。载波恢复和比特定时脉冲主要为接收端提供 PSK 信号相干解调所需的载波和定时同步（位同步）信息；独特码携带本分帧的起始时间标志和本站的站名标志，是完成分帧同步所需要的；监控脉冲用于测量信道特性和标明信道分配的规律和指令；勤务脉冲则用于各地球站之间的通信联络。这样，只要接收站检测到前置码，就可以在其控制下正确地进行 PSK 信号解调，并正确地选出与本站有关的信号。信息数据部分包括发往各地球站的数字语音信号或其他数据信号。发往不同地球站的信息数据安排在数据部分的不同时隙内。如果采用预分配方式，则分配给各站的时隙位置与对方地球站的时间关系是固定不变的；反之，只要它们随着每次电话呼叫而改变，则是采用了按需分配的方式。

基准站分帧只有一个前置码，除了没有勤务联络信号外，其他都与各站的前置码结构一样。它的独特码是整个一帧信号开始的时间基准和标志。

由于 TDMA 系统信息传输能力强，易于实现按需分配的信道分配技术，对各种业务的适应能力强，常用于大容量的卫星通信系统中。

5.5.3　码分多址（CDMA）方式

与 FDMA 和 TDMA 完全不同，码分多址（CDMA，Code Division Multiple Access）技术是利用调制编码的不同来区别各个用户的。它将各用户信号用一组两两正交的序列编码来调制，使得调制后的信号可以同时在同一个信道载频上传输而互不干扰。在接收端，利用编码的正交性，使得只有具有和发送端某一地址码完全相同的接收机才能正确解调恢复出相应这一路的原始信号。

卫星通信系统使用 CDMA 技术时，各站使用相同的载波频率并占用整个信道的射频带宽，且各地球站发射信号或占据转发器的时间也是任意的，也就是说，各站发射信号的射频频率和时间可以互相重叠。这时，接收端对各个站址的区分完全是根据各站调制所用地址码的不同来实现的，一般选择伪随机（PN）码作地址码。在接收端采用相关接收方式，即一个站发出的信号只能用具有与它相同 PN 码的相关接收机才能检测输出。

CDMA 的基础是频谱扩展即扩频技术，其研究和应用已有数十年的历史。所谓扩频通信，是指用来传输信息的信号带宽远远大于信息本身带宽的一种通信方式。扩频通信属于宽带通信的范畴，其系统带宽一般为信息带宽的 100～1000 倍。通常用正交码或准正交码作为扩频码即地址码对信号进行调制，以此来实现码分多址。

扩频技术有直接序列（DS）扩频、跳频（FH）扩频、线性调频（chirp）、跳时（TH）扩频等几种基本的具体实现技术，其中 DS 和 FH 技术用得较多，而 chirp 技术则主要用于雷达系统。此外，上述方法的一些组合如 DS/FH、DS/TH、FH/TH 及 DS/TH/FH 等混合扩频技术也常被采用。

5.5.4　混合多址方式

混合多址方式是指通过对几种多址方式的有序结合来充分发挥各种多址技术的优势。常用的混合多址方式是空分多址（SDMA）分别与频分多址、时分多址或码分多址相结合的多址方式。

空分多址是利用各个发射台的地理位置不同，在接收端通过多个不同方向的天线来分别接收各台发射信号的方式。这一技术应用在卫星通信系统中，就是指在卫星上安装多个天线，它们的波束分别指向地球上的不同区域，使各地区的地球站所发射的电波不会在空间出现重叠，这样即使同时、同频率工作，不同区域的地球站信号之间也不会形成干扰或干扰极小。空分多址技术实际上就是利用天线波束的方向性来分割不同区域发射台的信号，使同一频率可以重复使用，从而容纳了更多的用户。当然，这种方式对天线波束指向的准确性要求是极高的。

在卫星通信系统中，一种典型的混合多址方式是空分多址方式和时分多址方式相结合而构成的空分多址/卫星转换/时分多址方式，即 SDMA/SS/TDMA 方式。这种方式中，卫星转发器相当于一台自动电话交换机，下面以三个不同波束区域内的地球站为例，来说明这一混合多址方式的原理和特点。

SDMA/SS/TDMA 方式的系统组成如图 5.21 所示。图中的卫星上安装了 3 个收发两用的窄波束天线，用来形成 3 个互相分离的波束，以覆盖 3 个不同的通信区域，系统内的各地球站分别处于这 3 个不同的区域内。系统工作时，各地球站发射的上行时分多址信号按要求到达卫星，卫星转发器必须要按照通信对方所属的波束区域，把接收到的信号重新进行编排和组合。这一工作是由转发器内所安装的时分并关矩阵网络来完成的。

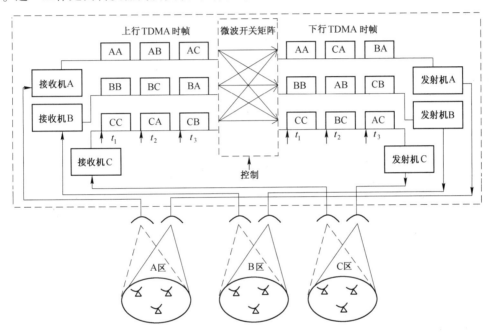

图 5.21 空分多址/星上转换/时分多址（SDMA/SS/TDMA）方式的组成

如果波束区域 A 内某地球站的用户要与区域 B、C 内某地球站的用户通信，则该地球站应先在自己的终端设备中把要向 B、C 区域传送的信号数字化，而且分别编入上行 TDMA 方式下一帧信号中的 AB、AC 两个分帧内。当通信的对方站 A′ 也在 A 波束区域内时，则应把发送到 A′ 站的信号编入 AA 分帧中。

与此相似，B 波束区域的地球站所发送的 TDMA 信号中，第一个分帧 BC 是发向 C 波束区域的，BA 是发向 A 区域的，BB 则是发向同在 B 区域内的其他地球站；而 C 波束区域内的某地球站发出的 TDMA 一帧中的三个分帧则为 CA、CB 和 CC。

上述所有上行 TDMA 信号，进入卫星转发器的开关矩阵网络后就被重新组合，编排成新的 TDMA 的下行帧。图中，发往波束 A 的一帧由 CA、BA、AA 分帧组成；发往 B 区的一帧由 AB、CB 和 BB 组成；发往 C 区的一帧则由 BC、AC 和 CC 组成。接着，根据控制信号的指示，开关矩阵网络把各区的帧信号接通到发往各相应波束区所用的放大器和天线，然后在重新编排的时隙内，把各分帧信号分别转发给相应波束区内的指定地球站。

至于同一波束区内的各地球站的通信，则是在各自波束区的分帧内又再细分成若干个时隙，再按时分多址方式进行安排的。由此可见，要保证该混合多址系统正常工作，必须要完成以下几个同步过程：

（1）空分多址是在时分多址的基础上进行工作的，所以各地球站的上行 TDMA 帧信号进入卫星转发器时，必须保证帧内各分帧的同步，这与时分多址方式的帧同步一样。

（2）在卫星转发器中，接通收、发信道和窄波束天线的转换开关的动作必须分别与上行 TDMA 帧和下行 TDMA 帧保持同步，即每经过一帧，天线的波束就要相应转换一次，这是空分多址方式所特有的一种同步关系。

（3）每个地球站的相移键控调制和解调必须与各个分帧同步，这与数字微波中继通信系统的载波同步相同。

从以上讨论中可以看出，空分多址方式有以下特点：

（1）必须采用窄波束的天线，使其辐射功率集中，有利用于分区接收；

（2）利用多波束之间的空间分离关系，提高抗同波道干扰的能力；

（3）各发射台的位置和状态必须高度稳定，以保证天线窄波束的指向精确度。

本 章 小 结

信道是通信系统必不可少的组成部分，是信号传输的媒介，它包括无线信道与有线信道两类。为了提高信道的利用率，往往采用复用技术和多址技术。复用是指在基带将若干个彼此独立的信号合并为一个可在同一信道上传输的复合信号的方法，主要有频分复用 FDM 和时分复用 TDM 两种。多址技术则是指在射频将若干个彼此独立的信号合并为一个可在同一信道上传输的复合信号的方法，主要有频分多址 FDMA、时分多址 TDMA、码分多址 CDMA 和混合多址等几种方式。

习　题　5

一、填空题

5.1　信道是通信系统必不可少的组成部分，是信号传输的（　　），一般分为（　　）信道与（　　）信道两个大类，前者包括明线、（　　）、对称电缆、（　　）及（　　）等，而后者则包含地波传播、短波电离层反射、超短波或（　　）、（　　）以及各种散射信道等。

5.2　国际电气工业协会（EIA）对非屏蔽双绞线 UTP 定义了（　　）类质量级别，网络通信中常用的是（　　）和（　　），二者之间的差异主要在于电缆内每单位长度上的扭绞数，五类 UTP 的扭绞数（　　）三类，使得它具有比三类 UTP（　　）性能，当然，其价格也比三类 UTP（　　）。

5.3　根据同轴电缆的频率特性，可将其分为（　　）电缆和（　　）电缆，前者常用来传输（　　）信号，特性阻抗为（　　）；后者则用于传输（　　），特性阻抗为（　　）。在实际系统中，常利用（　　）复用技术在一条同轴电缆上传送多路信号。

5.4　光缆是有线传输介质中性能最好的一类，一般由（　　）或（　　）构成。在折射率较（　　）的单根光纤外面用折射率较（　　）的包层包住，就构成了一条（　　），在这外面再加上一层保护套，就构成了一根（　　）。

5.5　光导纤维通过内部（　　）来传输光信号，由于光纤的折射系数（　　）外部包层的折射系数，使得光波在纤芯与包层界面之间产生（　　），导致以（　　）角度进入光纤的光波将沿着纤芯以

（   ）的方式向前传播。

5.6 无线传输媒介利用（   ）作为传输介质来进行数据通信，信号沿（   ）传播，适用于架设或铺埋电缆或光缆较困难的地方，主要包括（   ）、激光通信和（   ）三类。

5.7 轨道在赤道平面上空的卫星，当它离地面高度为（   ）km时，绕地球运行一周的时间刚好为地球（   ）的时间即（   ）小时，故一般都称它为（   ）。将（   ）颗同步卫星（   ）地放置在轨道上空作为中继站，就可以覆盖除两极盲区以外全球（   ）。这种信道被广泛用来传输多路（   ）、电报、数据和（   ）信号。

5.8 短波是指波长为（   ）m、频率为（   ）MHz的无线电波，它既可沿（   ）传播，也可由（   ）反射传播。前者简称为（   ）传播；后者则称为（   ）传播。

5.9 复用是指一种将若干个（   ）的信号（   ）为一个可在（   ）信道上传输的（   ）的方法或技术，最常见的复用方法有（   ）和（   ）两种。

5.10 复合调制是针对载波而言的，就是对同一载波进行（   ）或（   ）的调制。多级调制则是针对（   ）而言的，即把基带信号进行（   ）或（   ）的调制。

5.11 无线通信中是以信道来区分通信对象的，多址技术就是实现（   ）的技术。从频率的角度区分信道，就是（   ）技术；从时间的角度进行，则是（   ）技术。

5.12 时分多址技术 TDMA 依靠极其微小的（   ），把信道划分为若干不相重叠的（   ），再把每个时隙分配给一个用户专用，在接收端就可根据发送各个用户信号的不同（   ）分别接收不同用户的信号。

5.13 码分多址技术利用（   ）的不同来区分用户，它将各用户信号用一组（   ）的序列编码来调制，使得调制后的信号可以（   ）在（   ）上传输而互不干扰。在接收端，利用编码的（   ），使得只有具有和发送端某一地址码完全相同的接收机才能正确解调恢复出相应这一路的原始信号。

二、单选题

5.14 绞线由两根互相绝缘绞合成螺纹状的导线组成。下面关于双绞线的叙述中，正确的是（   ）。
  ① 它既可以传输模拟信号，也可以传输数字信号
  ② 安装方便，价格便宜
  ③ 不易受外部干扰，误码率低
  ④ 通常只用作建筑物内的局部网通信介质
  A. ①、②、③   B. ①、②、④   C. ①、③、④   D. ①、②、③、④

5.15 无线信道的传输媒体不包括（   ）。
  A. 激光   B. 微波   C. 红外线   D. 光纤

5.16 信息的传输媒体也称为（   ）。
  A. 信源   B. 载体   C. 信宿   D. 噪声

5.17 在常用的传输媒体中，带宽最宽、信号传输衰减最小、抗干扰能力最强的是（   ）。
  A. 光纤   B. 双绞线   C. 无线信道   D. 同轴电缆

5.18 地球同步卫星运行于距离地面三万千米的太空中，它可以覆盖地球表面（   ）以上的地区。
  A. 1/4   B. 1/2   C. 3/4   D. 1/3

5.19 光纤对数字信号的传输是利用光脉冲的（   ）有无来代表1、0的。
  A. 幅度极性   B. 幅度有无   C. 相位高低   D. 频率高低

5.20 以下关于无线视距通行的说法错误的是（   ）。
  A. 传输过程中每隔一段距离就需通过中继站将前一信号放大再向下传
  B. 具有频带宽、通信容量大、传输质量高、可靠性较好等优点
  C. 相邻中继站点间必须可以直视而不能有障碍物

D. 受气候干扰较大、保密性较好

5.21 按 CCITT 标准，频分复用系统的防护频带间隔不低于（　　）时，可使邻路干扰电平不高于 -40dB。

　　A. 900Hz　　　　　　　B. 1kHz　　　　　　　C. 9kHz　　　　　　　D. 9MHz

5.22 在目前模拟通信系统中，最主要的信道复用方式是（　　）。

　　A. 频分复用　　　　B. 时分复用　　　　C. 码分复用　　　　D. 波分复用

5.23 若语音信号的最高频率是 4000Hz，则按照抽样定理，取单路语音信号的抽样频率为（　　）。

　　A. 4000Hz　　　　　　B. 8000Hz　　　　　　C. 10kHz　　　　　　D. 16kHz

5.24 对同一个信号先后分别依次进行了一次单边带（SSB）调制、一次频率调制 FM，可将此表示为（　　）。

　　A. SSB/SSB　　　　B. SSB/FM　　　　C. FM/FM　　　　D. FM/SSB

5.25 信道分配技术与基带复用方式、调制方式、多址连接方式相结合，共同决定了一个通信系统的通信体制。如 FDM/FM/FDMA/PA 代表了一个（　　）方式的通信体制。

　　A. "时分多路复用/频率调制/频分多址/固定预分配"

　　B. "频分多路复用/频率调制/时分多址/固定预分配"

　　C. "频分多路复用/频率调制/频分多址/非固定预分配"

　　D. "频分多路复用/频率调制/频分多址/固定预分配"

5.26 下面关于 FDMA 的说法正确的是（　　）。

　　A. 为了使信道中各信号互不干扰，FDMA 信号的发送时间必须互不重叠，且应留有一定的保护时间间隔

　　B. FDMA 是模拟载波通信、微波通信和卫星通信中最基本的技术之一

　　C. FDMA 通信系统中最难解决的就是邻道干扰

　　D. 频分多址方式的最大优点是处理数字信号特别方便

三、多选题

5.27 双绞线是由两根各自封装在彩色塑料套内的铜线扭绞而成的。关于双绞线，如下说法正确的是（　　）。

　　A. 双绞线扭绞的目的是为了降低它们彼此之间的干扰

　　B. 双绞线相邻线对间的扭距不同，其抗干扰的能力也不同

　　C. 双绞线可以传输模拟信号和数字信号

　　D. 用于局域网时，双绞线与集线器之间的最大传输距离为 100m

5.28 光纤由于具有如下（　　）优点，是目前最有发展前途的有线传输媒介。

　　A. 频带宽、数据传输速率高　　　　　　　　B. 损耗小

　　C. 误码率低　　　　　　　　　　　　　　　D. 安全保密性好

5.29 下列关于时分复用的说法正确的是（　　）。

　　A. 时分复用可分为同步时分复用 STDM 和统计时分复用 ATDM 两种

　　B. STDM 的信道利用率高于 ATDM

　　C. STDM 适用于复用的各路信号数据量相对固定的场合

　　D. ATDM 由于动态分配时隙来进行数据传输，即对传送信息量大的某路信号分配时隙多，少的则分配时隙少，其信道利用率高于 STDM

5.30 目前常用的多址技术有（　　）。

　　A. 频分多址（FDMA）　　　　　　　　　　B. 时分多址（TDMA）

　　C. 码分多址（CDMA）　　　　　　　　　　D. 空分多址（SDMA）

5.31 设 B_c 为已调扩频信号的射频带宽，R_i 为信息速率，B_m 为原始（基带）信号带宽，则扩频系统的处理增益 G_P 可表示为（　　）。

A. $G_P = \dfrac{B_c}{B_m}$ 　　　　B. $G_P = \dfrac{B_m}{B_c}$ 　　　　C. $G_P = \dfrac{B_c}{R_i}$ 　　　　D. $G_P = \dfrac{R_i}{B_c}$

5.32 码分多址技术具有如下（　　）特点。

A. 抗干扰与多径衰落能力强，信息传输可靠性高　B. 防截获能力强

C. 系统容量大　　　　　　　　　　　　　　　　D. 具有软切换功能

5.33 码分多址通信的核心技术是（　　）。

A. 自动功率控制　　　　　　　　　　　B. 频率调制与解调

C. 信号加密与解密　　　　　　　　　　D. 分集接收技术

5.34 常用的混合多址方式是（　　）。

A. 空分多址与频分多址结合　　　　　　B. 空分多址与时分多址结合

C. 码分多址与频分多址相结合　　　　　D. 空分多址与码分多址相结合

四、判断题（正确的打√，错误的打×）

5.35 （　　）广义信道就是指包有线信道和无线信道的扩大范围的信道。

5.36 （　　）由于同轴电缆比双绞线屏蔽性好，抗电磁干扰能力强，常用它来传输更高速率、更远距离的信号。

5.37 （　　）单模光纤仅允许单一波长的光以反射的方式，沿着纤芯直线向前传播。

5.38 （　　）虽然短波电离层反射信道传输可靠性较差，且必须经常更换工作频率，但由于它传播距离远、受地形限制较小等特点，现在仍然是远距离传输过程中主要使用的信道之一。

5.39 （　　）频分复用的复用率高，无邻路干扰，分路也很方便，但设备较为复杂。

5.40 （　　）时分复用 TDM 的实现是以抽样定理为基础的。

5.41 （　　）对一个调频信号再进行幅度调制，得到的是调幅波。

5.42 （　　）信道共享实质上就是多个用户同时使用同一个信道，并且保证没有相互干扰或干扰小到不足以影响各自的通信。

5.43 （　　）跳频系统由于具有良好的远近效应及难以跟踪的特性，被广泛应用于军用战术移动通信系统中。

5.44 （　　）自动功率控制即系统根据传输环境和移动台的位置，自动调整发射功率，保证每个用户在收、发信息时保持所需要的最小功率，降低了对其他用户的干扰。

5.45 （　　）混合多址方式是指通过对几种多址方式的有序结合来充分发挥各种多址技术的优势。

五、分析与计算题

5.46 设单路语音信号最高频率 4kHz，抽样速率 8kHz，将所得抽样脉冲以 PCM 方式传输。若传输信号为矩形脉冲，其宽度为 τ，占空比为 1。若抽样后信号按 16 级进行量化，求：

（1）该 PCM 系统的最小带宽。

（2）若抽样后信号按 128 级量化，则 PCM 系统的最小带宽又为多少？

5.47 设一个频分多路复用系统，第一次用 DSB 调制，第二次用 FM 调制。如有 60 路等幅音频输入通路，每路频带限制在 3.3kHz 以下，防护频带为 0.7kHz。如果最大频偏为 800kHz，试求传输信号的带宽。

5.48 将 n 路频率范围 0.3～4kHz 的语音信号用 FDM 方法传输。试求下列调制方式时的最小传输带宽。

（1）调幅 AM。

（2）双边带调制 DSB。

（3）单边带调制 SSB。

5.49 设以 8kHz 的速率对 24 个信道和一个同步信道进行抽样,并按时分复用组合。各信道的频带限制到 3.3kHz 以下。试计算在 PAM 系统内传送这个多路组合信号所需要的最小带宽。

5.50 对 5 个信道抽样并按时分复用组合,再使组合后的信号通过一个低通滤波器。其中三个信道传输频率范围为 0.3~3.3kHz 的信号;其余两个信道传输 50Hz~10kHz 范围的频率。求:

(1) 可用的最小抽样速率是多少?

(2) 对于这个抽样速率,低通滤波器的最小带宽是多少?

(3) 若 5 个信号各按其本身最高频率的二倍作抽样频率,能否进行时分复用?

5.51 设有 24 路最高频率 $f_m = 4$kHz 的 PCM 系统,若抽样后量化级数 $N = 128$,每帧增加 1bit 作为同步信号。试求传输频带宽度及 R_b 为多少? 若有 32 路最高频率 $f_m = 4$kHz 的 PCM 系统,抽样后量化级数 $N' = 256$,每路 8bit,同步信号已包含在内,再求传输频带宽度及 R_b 为多少?

5.52 一个直接序列扩频 CDMA 系统,$B_C = 20$MHz,$B_m = 10$kHz。试求其处理增益 G_p。

第6章 编码技术

内容提要

介绍信息论相关基本概念和理论，给出单个消息的信息量、平均信息量——熵的计算公式和方法。从通信系统的有效性和可靠性指标出发，介绍信源编码和信道编码的基本概念，以及霍夫曼编码和香农－范诺编码法、汉明码和循环码的编译码思路及过程。

衡量一个通信系统的质量好坏，都是从传输信息的数量和质量两方面即有效性和可靠性来进行的。其中，有效性是关于传送信息数量多少的指标；可靠性则主要是指在信息传输过程中，系统抵抗各类干扰的能力，它表现为在接收的信息中有多少错误。本章首先介绍有效性的相关内容，然后再考虑提高可靠性的问题。

6.1 信源编码

6.1.1 信息的度量

衡量通信系统两个主要指标时，涉及到系统所传送信息的多少或传错多少，因此，我们必须首先掌握信息在数量上的准确度量方法。

1. 信源的不肯定性

信源发出的消息通过信道传输，使信宿接收到消息。好比写信，发信者就是信源，而收信的人则是信宿。如果发信人在信中仅仅只反复地写一个字，显然，收信者不能从中得到任何信息。同样地，如果一个广播电台的播音员（信源）在播音时一直就讲一个字，那么，听众（信宿）无法从中获得任何信息。从这两个例子不难看出，信宿要通过信道获得信息，信源发出的消息中必须包含信宿事先不知道的内容，即该消息中必须存在着某种程度的不肯定性，只有这样，收信者得到消息之后，消除了其中的不肯定性，才能从中获得信息。

显然，消息的不肯定性越大，收信者收到消息后获得的信息量就越多；消息的不肯定性小，则收信者得到的信息量也就少；如果信源发出的全是收信者已知的消息，则收信者将不能从中得到任何信息。这正如一则漫画里的故事：某人在雨中告诉他身边的同伴"现在在下雨"，这个同伴只是听到了一句废话而已，他不可能从这句话中得到任何有用的信息。由此可见，接收端获得信息的多少与信源的不肯定性密切相关。因此，对信息度量的研究就转而成为对信源的不肯定性程度的考虑。

由上面的例子，我们发现信源的不肯定性有大小之分，也就是说不肯定性在程度上是有差别的。那么，如何判断不肯定程度的大小呢？我们通过下面的例子来说明这一问题。

设有三个各装 100 只球的布袋，每个球的大小、手感完全一样，但有红、白两色之分。各个袋子中，每种颜色球的数量不同。

第一个布袋：装有 99 个红球和 1 个白球，随意从布袋中拿出一个球，猜测是红球还是白球。首先我们可以肯定：这样的一个信源发出的消息（"是红球"）具有不肯定性，因为拿出的一个球既可能是红的，也可能是白的。但一般都会猜测它大概是红球，因为红球数量多，猜测是红球的正确率可以达到 99%，相应地，猜测正确的不肯定程度很小。或者说，此时猜对是很正常的，而我们从得知猜对中获得的信息也很少。

第二个布袋：装有红球 90 个，白球 10 个，这时要猜对从布袋中随意拿出的一个球是红球还是白球的难度就比第一种情况大了，因为这时红球、白球的数量相差不像刚才那么悬殊，猜测是红球的正确概率下降为 90%。这种情况下，获知猜对得到的信息量就比刚才要多，显然，这是因为信源发出消息（"是红球"）的不肯定度增加了。

第三个布袋：装有红球、白球各 50 个。这时，要猜出拿出的是红球还是白球的难度显然最大。由于红球、白球一样多，猜测是红球的正确率只有 50%。三种情况下，这时信源发出消息的不肯定程度最高，反之，猜对是红球所获得的信息量也最大。

通过这个例子中，可以得出这样一个结论：信源的不肯定度就是信源提供的信息量；信源的不肯定度越高，信宿得到的信息量就越大。

设信源发出某消息 X_i 的概率为 $P(i)$，用 $I(x_i)$ 表示消息 X_i 提供信息量，则定义：

$$I(x_i) = \log \frac{1}{P(i)} \tag{6-1}$$

式中，称 $I(x_i)$ 为消息 X_i 的自信息量，它具有随机变量的性质。它表示了一个具体的消息 X_i 所具有的不肯定程度，但不能表示 X_i 所属信源的总体不肯定度。算式中的对数若取 2 为底，则信息量的单位为比特（bit）；若取 e 为底，则信息量的单位为奈特（nat）；若取 10 为底，则信息量的单位为哈特莱（Hartley）。我们以比特作为信息量的常用计量单位，即计算中对数通常都以 2 为底。

一般而言，20 秒的广告提供的产品信息大约是 10 秒广告所提供信息的 2 倍；n 页教材包含的信息量约为一页教材信息量的 n 倍。也就是说，信源提供的信息量与其发送消息的持续时间或发送消息的长度有关，时间延长一倍或消息长度增加一倍，信息量也相应增加一倍。

例 6.1 有一封 10 页的信，每页 300 个字，假如写信人共有 3500 字可选，且这些字的选择彼此独立。那么，每次从这 3500 个字中选取 300 个字写成一页信的排列组合数，即一页书所能提供的消息状态的总数为 $N_1 = (3500)^{300}$，若每种状态等概率分布，即 $P_1 = \frac{1}{N_1}$，对于 10 页信来说，其消息状态数将增加到：

$$N_{10} = \left[(3500)^{300} \right]^{10} = (3500)^{300 \times 10} = (N_1)^{10} \tag{6-2}$$

则 10 页书中对应的每一种消息状态出现的概率为：

$$P_{10}(x_1) = P_{10}(x_2) = \cdots = P_{10} = \frac{1}{N_{10}} = \frac{1}{(N_1)^{10}} = (P_1)^{10} = \left(\frac{1}{P_1} \right)^{10} \tag{6-3}$$

若同样用概率倒数的对数来表示信源的不肯定度，则一页信包含的不肯定度 $H_1(x)$ 为：

$$H_1(x) = \log \frac{1}{P_1} = \log N_1 \tag{6-4}$$

而 10 页信提供的不肯定度为：

$$H_{10}(x) = \log \frac{1}{P_{10}} = \log \left(\frac{1}{P_1} \right)^{10} = 10 \log \frac{1}{P_1} = 10 H_1(x) \tag{6-5}$$

式（6-5）表明，10 页信的不肯定度，亦即它提供的信息量为 1 页信的 10 倍，这与我们前面的直观理解是一致的，也说明用概率倒数的对数来表示信息的不肯定度即信息量是合理的。当消息 X_i 的出现概率 $P(x_i)$ 越小时，$I(x_i) = \log \frac{1}{P(x_i)}$ 的值越大，也就是说如果消息 X_i 出现愈罕见，则一旦出现，从中获得的信息量就愈大。

综上所述，对于任何离散信源，输出单个消息 X_i 所提供的信息量，用 X_i 出现概率倒数的对数来表示，是十分准确精妙的。

2. 离散信源的平均信息量——熵

由有限个消息符号或状态构成的信源就是离散信源。如一个只能输出 26 个英文字母和 9 个常用标点符号的英文打字机；只可输出高、低两种电平来代表 0、1 两种代码的信源等就是离散信源。其中，第一个信源的消息数为 35；第二个信源的消息数为 2。

通过式（6-1）可以算出一个消息符号所包含的信息量，但在实际通信过程中，任何离散信源发出的都是一长串的消息序列而非单个的符号，因此我们更注重考虑一串消息序列中每个消息符号的平均信息量，即信源的平均信息量。显然，我们不可能针对每个具体的消息序列去计算均值，而只能从概率统计的角度出发来解决这一问题。

定义：设某离散信源 X 可输出 n 种彼此独立的符号，各符号出现的概率分布如下：

$$X: \qquad x_1, \qquad x_2, \qquad \cdots, \quad x_i, \cdots, \qquad x_n$$
$$P(x): \quad P(x_1), \qquad P(x_2), \qquad \cdots, P(x_i), \cdots, \qquad P(x_n)$$

则该信源的平均信息量为：

$$H(x) = -\sum_{i=1}^{N} P(x_i) \log P(x_i) \tag{6-6}$$

由于该平均信息量 $H(x)$ 的公式与热力学、统计学中关于系统熵的公式形式一样，所以也把信源输出一个消息所提供的平均信息量，即信源的不肯定度 $H(x)$ 叫做信源熵。公式计算中，对数通常取 2 为底，所以它的常用单位是比特。

对于二元离散信源，若出现 0、1 的概率分别为 $P(0) = P$，$P(1) = 1 - P$，那么，该信源的熵为：

$$H_2(x) = -[P \log_2 P + (1 - P) \log_2 (1 - P)] \tag{6-7}$$

数学证明：只有当 $P = \frac{1}{2}$ 时，$H_2(x)$ 取最大值，即 $H_2(x) = -\log_2 P = 1(\text{bit})$。当 $P = 1$ 或 $P = 0$ 时，$H_2(x)$ 取最小值 0。这一数学结论蕴涵的实际意义是：当一个二元信源只能发出全 0 或者全 1 符号时，其消息序列不包含任何信息量；反之，当信源等概率地发出 0、1 时，该信源的不确定性最大。事实上，这一结论还可以推广到具有 N 个符号的离散独立信源中，即当 N 个符号的出现概率 $P = \frac{1}{N}$ 时，该信源的熵 $H_N(x)$ 取最大值为：

$$H_N(x) = \sum_{i=1}^{N} P \cdot \log_2 \frac{1}{P} = NP\log_2 \frac{1}{P} = \log_2 \frac{1}{P} = \log_2 N \quad （bit） \tag{6-8}$$

在通信过程中，收信者对某一事件的了解从不肯定到比较肯定或完全肯定，完全依赖于他获得的信息。若获得信息量不够，则只能达到比较肯定；获得信息量足够，则变成完全肯定。因此，可以直观地将通过通信获得的信息量定义为：

$$I（信息量） = 不肯定程度的减少量 \tag{6-9}$$

也就是说，收信者收到一个消息所获得的信息量就等于他获得信息前后对事件了解的不肯定程度的减少。显然，导致不肯定程度减小的原因是由于收到消息前后信源的概率空间分布发生了改变。

设信源 X 的概率空间为：

$$X: \quad x_1, \quad\quad x_2, \quad \cdots, \quad x_i, \quad \cdots, \quad x_n$$
$$P(x): P(x_1), \quad P(x_2), \quad \cdots, P(x_i), \quad \cdots, P(x_n)$$

则该信源的不肯定度，也就是它所包含的平均信息量为 $H(x)$。设收信者收到的消息为 Y，则可以写出由收到的 Y 来判定发送 X 的后验条件概率空间为：

$$Y: \quad y_1, \quad\quad y_2, \cdots, \quad\quad y_i, \cdots, \quad y_n$$
$$P(x/y): P(x_i/y_1), \quad P(x_i/y_2), \quad \cdots, P(x_i/y_j), \quad \cdots, P(x_i/y_j)$$

如果信道没有噪声干扰，则发送消息 X_i 就必然收到 X_i，即收到消息 y_j 后确定发送为 x_i 的后验概率为：

$$\begin{cases} P(x_i/y_j) = 1, 当 i = j 时 \\ P(x_i/y_j) = 0, 当 i \neq j 时 \end{cases} \tag{6-10}$$

故收到 Y_j 后，对信源的不肯定度就变为零。

当信道中有干扰时，收到消息 X_i 后不能完全确定发送的一定就是 X_i，此时有：

$$\begin{cases} P(x_i/y_j) < 1, 当 i = j 时 \\ P(x_i/y_j) > 0, 当 i \neq j 时 \end{cases} \tag{6-11}$$

即收信者收到消息后对信源 X 仍然存在一定程度的不肯定性。用 $H(x/y)$ 表示这个收到消息后对信源仍然存在的不肯定度，则根据平均信息量 $H(x)$ 的定义式可以得到：

$$H(x/y) = H[P(x/y)] = -\sum_i \sum_j P(x_i, y_j) \log P(x_i/y_j) \tag{6-12}$$

由式（6-9）、式（6-12），收信者从收到信源输出消息 X_i 中所获得的平均信息量为：

$$I = H(x) - H(x/y) = H[P(X)] - H[P(x/y)] \tag{6-13}$$

$$= \log \frac{1}{P(x_i)} - \log \frac{1}{P(x_i/y_j)} = \log \frac{P(x_i/y_j)}{P(x_i)} = \log \frac{后验概率}{先验概率} \tag{6-14}$$

即通过通信，收信者所获得的信息量随先验概率的增加而减小，随后验概率的增加而增加。

根据式（6-12）可知：对无扰信道，$H(x/y) = 0$；对有扰信道，$H(x/y) \neq 0$。于是我们有如下结论：在无干扰情况下，收信者从信源输出的每个消息中得到的平均信息量，等于信源每个消息所提供的平均信息量，也等于信源的不肯定度 $H(x)$；当信道存在干扰时，收信者从收到的每个消息中得到的平均信息量将小于信源每个消息提供的平均信息量，或者说小

于信源的不肯定度 $H(x)$。

例 6.2 设某信源发送 0 和 1 的概率相等，但由于噪声影响，发送的 0 码有 $\frac{1}{6}$ 被错收成 1 码，而发送的 1 码有 $\frac{1}{3}$ 被错收成 0 码，试求收信者收到该信源发出的一个消息所获得的平均信息量。

解：设发端信源符号为 X，收端符号集为 Y，由已知可得：

$$P(x_0) = P(x_1) = \frac{1}{2};$$

$$P(y_0/x_0) = \frac{5}{6}; P(y_1/x_0) = \frac{1}{6}$$

$$P(y_0/x_1) = \frac{1}{3}, P(y_1/x_1) = \frac{2}{3}$$

根据全概率公式和后验概率公式有：

$$P(x,y) = P(x) \cdot P(y/x) = P(y) \cdot P(x/y) \tag{6-15}$$

$$P(x/y) = P(x,y)/P(y) = P(x) \cdot P(y/x)/P(y) \tag{6-16}$$

收到 0、1 的概率 $P(y_0)$、$P(y_1)$ 以及各后验条件概率 $P(x_i/y_j)$ 分别为：

$$P(y_0) = P(x_0) \cdot P(y_0/x_0) + P(x_1)P(y_0/x_1) = \frac{7}{12}$$

$$P(y_1) = P(x_0)P(y_1/x_0) + P(x_1)P(y_1/x_1) = \frac{5}{12}$$

$$P(x_0/y_0) = \frac{P(x_0) \cdot P(y_0/x_0)}{P(y_0)} = \frac{5}{7}$$

$$P(x_0/y_1) = \frac{P(x_0) \cdot P(y_1/x_0)}{P(y_1)} = \frac{1}{5}$$

$$P(x_1/y_0) = \frac{P(x_1) \cdot P(y_0/x_1)}{P(y_0)} = \frac{2}{7}$$

$$P(x_1/y_1) = \frac{P(x_1) \cdot P(y_1/x_1)}{P(y_1)} = \frac{4}{5}$$

则接收端收到符号 0、1 分别获得的信息量为：

$$I(x_0/y_0) = \log_2 \left[\frac{P(x_0/y_0)}{P(x_0)} \right] = \log_2 \frac{10}{7} = 0.5146 \text{bit}$$

$$I(x_0/y_1) = \log_2 \left[\frac{P(x_0/y_1)}{P(x_0)} \right] = \log_2 \frac{2}{5} = -1.3219 \text{bit}$$

$$I(x_1/y_0) = \log_2 \left[\frac{P(x_1/y_0)}{P(x_1)} \right] = \log_2 \frac{4}{7} = -0.8074 \text{bit}$$

$$I(x_1/y_1) = \log_2 \left[\frac{P(x_1/y_1)}{P(x_1)} \right] = \log_2 \frac{8}{5} = 0.6781 \text{bit}$$

其中求出的负信息量表示收信者由于干扰而得到了错误的消息，他不但没有得到信息量，反而损失了信息量。

设信源发出的消息序列长度为 N，则其中：

发 0 收 0 的次数为：$\qquad NP(x_0)P(y_0/x_0) = \dfrac{5N}{12}$；

故发 0 收 0 的总信息量为：$\quad I(x_0/y_0) \cdot \dfrac{5N}{12} = 0.5146 \times \dfrac{5N}{12} \text{bit}$

发 0 收 1 的次数为：$\qquad NP(x_0)P(y_1/x_0) = \dfrac{N}{12}$；

故发 0 收 1 的总信息量为：$\quad I(x_0/y_1) \cdot \dfrac{N}{12} = -1.3219 \times \dfrac{N}{12} \text{bit}$

发 1 收 0 的次数为：$\qquad NP(x_1)P(y_0/x_1) = \dfrac{N}{6}$；

故发 1 收 0 的总信息量为：$\quad I(x_1/y_0) \cdot \dfrac{N}{6} = -0.8074 \times \dfrac{N}{6} \text{bit}$

发 1 收 1 的次数为：$\qquad NP(x_1)P(y_1/x_1) = \dfrac{N}{3}$；

故发 1 收 1 的总信息量为：$\quad I(x_1/y_1) \cdot \dfrac{N}{3} = 0.6781 \times \dfrac{N}{3} \text{bit}$

所以，他收到的总信息量为：

$$0.5146 \times \frac{5N}{12} + \left(-1.3219 \times \frac{N}{12}\right) + \left(-0.8074 \times \frac{N}{6}\right) + 0.6781 \times \frac{N}{3} = 0.196N \text{bit}$$

故接收端每收到一个消息获得的平均信息量为：

$$\frac{0.196N}{N} = 0.196 \text{bit}$$

3. 连续信源的熵

当信源输出的消息是连续变化时，或者说信源的输出在任意时间范围内，都可以有无数多个取值时，就称该信源为连续信源。我们常用的正弦信号发生器就是一个连续信源。设连续信源输出信号的频带为（$0 \sim W$），根据取样定理，只要用频率不低于 $2W$ 的抽样信号来取样，接收端就可以完全恢复原来的信号而不会丢失任何信息。用概率分布密度函数 $p(v)$ 来表示每个取样点的抽样值，就可以利用与连续信源的熵 $-\sum p\log p$ 相类似的表示式来计算连续信源的熵。

将一个连续信号的幅度 v 分成一些微分段，每段宽度为量化间隔 $\mathrm{d}v$，则样值位于 $(v_i, \ v_i + \mathrm{d}v)$ 的概率为 $p(v_i)\mathrm{d}v$。这样就把连续信号量化成离散信号，量化电平为 $\mathrm{d}v$，而连续信源就变成了离散信源。设各取样值之间相互独立，则该离散信源的熵为：

$$\sum p(v_i)\mathrm{d}v\log[p(v_i)\mathrm{d}v] \tag{6-17}$$

求当 $\mathrm{d}v \to 0$ 时的极限，就得到连续信源的熵：

$$H_{连续} = \lim_{\mathrm{d}v \to 0}\{-\sum p(v_i)\mathrm{d}v\log[p(v_i)\mathrm{d}v]\}$$

$$= -\int p(v)\log p(v)\mathrm{d}v - \lim_{\mathrm{d}v \to 0}\sum_i p(v_i)\log(\mathrm{d}v)\mathrm{d}v \tag{6-18}$$

显然，当 $\mathrm{d}v \to 0$ 时，上式中第二项的值 $\to \infty$，故定义其中的第一项为连续信源的相对熵，简称连续信源的熵 $H(v)$：

$$H(v) = -\int p(v)\log p(v)\,\mathrm{d}v \qquad\qquad (6\text{-}19)$$

以后提到连续信源的熵，都不是指它实际输出的绝对熵，而是减去了一个无穷大项后的相对熵 $H(v)$。有的读者可能会感到疑惑：使用这个相对熵替代绝对熵，在计算的时候不会出错吗？事实上，在计算任何熵的变化时，这个无穷大项将出现两次，一次为正，一次为负，正好相互抵消。因此，使用相对熵的定义完全可以得到正确结论。

从上面分析可以得到一个结论：连续信源的熵指的是一个比无穷大大多少的相对量，而不是绝对量；离散信源的熵是一个绝对量，二者是不同的。

6.1.2 信源编码

对于信源和信道都已知的通信系统，其编码根据不同的目的可分为信源编码和信道编码两类。信源编码主要针对信源特性，通过改变信源各个符号之间的概率分布，实现信源与信道间的匹配，使信息传输速率无限接近其最大值——信道容量，所以也称之为有效性编码。信道编码则是通过变换各个信码之间的规律或相关性，使其对误码具有一定的自检或自纠能力，进而使系统在一定的传信率下错误概率任意小。这类编码的目的主要是为了提高系统的抗干扰力，针对信道特性而采取的措施，所以称之信道编码，有时也叫抗干扰编码。

信源编码的实施过程就是将表达某一消息的符号集合通过确定的规则，用另一个符号集合来表示。通过这一符号的转换过程，减少或消除待发消息中的冗余信息，提高系统的有效性。这个符号转换过程，其实质就是寻求一种最佳概率分布，使信源熵 $H(x)$ 达到最大，也称这一过程为信源最佳化。下面我们只介绍离散信源的最佳化。

由熵函数 $H(x)$ 的数学性质可知，离散信源当且仅当各个符号间彼此独立且等概率分布时，信源熵达到最大。因此，信源最佳化过程一般按如下两步进行：

（1）符号独立化：解除各符号间的相关性。

（2）概率均匀化：使各符号出现概率相等。

1. 符号独立化

首先介绍两个关于信源的分类定义。

（1）弱记忆信源。如果在一个信源输出的所有符号序列中，每个符号都只与其相邻的少数几个符号之间统计相关，而和所有其他相距较远的符号相互独立或者其相关性可以忽略不计，就称这种信源为弱记忆信源或弱相关信源。

（2）强记忆信源。如果一个信源输出序列的各个符号之间具有很强的相关性，以致于只要知道其中的一部分符号就可以推知其余符号，就称这种信源为强记忆信源或强相关信源。

所谓符号独立化，其实质就是解除信源各符号之间的相关性，使得各个符号的出现彼此独立。由于强、弱记忆信源各个符号之间的相关性完全不同，我们分别采用预测法、延长法（也叫合并法）来完成其各自的符号独立化过程。

在弱记忆信源输出序列中，由于每个符号仅仅只与其紧邻的几个符号相关性较强，与其余的相关性可忽略不计，我们完全可以把这紧邻的几个符号看成一个符号。如此一来，整个序列就变成了由各大符号组成，而这些大符号之间的相关性很小，可以视为统计独立。这就是延长法（或合并法）。这一变换实际上就是把原来的基本一维信源空间变成一个各个（大）符号之间相互独立的多重空间。各个大符号包含的原来的符号数量愈多，新空间的重数就愈多，而这些大符号之间的相关性也就愈小，但是系统实现起来亦愈复杂。因此，新空间重数的选择必须根据实际情况折中考虑。

如果二元序列 1110100101001011… 中只有相邻两符号之间存在相关性，于是把相邻两个符号组成一个新符号，就得到一个新四元序列 11，10，10，01，01，00，10，11，…。可以证明，新信源中，各个符号所包含的平均信息量增加了 $\sum_{i=1}^{n} P(x_i) \log P(x_i)$，信息的传输效率也因此得到提高。

强记忆信源由于各个符号之间强相关，知道其中一个或几个符号就可以大致推知其前后若干个，故传送时常常将那些可以被推知（或预测）的符号略掉不传，从而节省了传输时间，提高传信效率。这就是预测法。一般来说，完全精确地预测总是困难的。我们只能根据信源的统计特性作近似地预测。预测法中，信息序列本身并不传送，而是传送序列的实际值与预测值之差（即预测误差），在收端只需把收到的误差信号叠加到它的预测信号上，就可以还原出原来的信号。显然，预测越准确，预测误差值就越小，需要传送的误差信息量就越小于序列信号本身的信息量，从而节约信道容量，提高传信率。

最典型的预测法应用就是增量调制（DM）和差分编码调制（DPCM），其调制原理已在本书前面相关章节做了仔细分析和介绍，此处不再赘述，请读者们自行对照分析、讨论。

除了预测法和延长法之外，近几年来也发展了一些效率较好的压缩信源、解除关联的方法如声码器编码技术，变换编码技术以及相关编码技术等。

2. 概率均匀化——最佳编码

有冗余信息的信源在解除了各符号的相关性后，若能够使各个符号出现的概率趋于均匀，就能进一步去掉冗余信息，提高信源的平均信息量。如果将出现概率大的消息符号编成位数少的短码，而出现概率小的符号编成长码，则编码后各个符号的出现概率就会接近或趋于均匀，这就是概率均匀化的基本思路，其实现过程就是前面提到的信源的有效编码。多种信源编码方案中，最著名的是香农–范诺编码（Shannon–Fano）法和霍夫曼编码（Huffman）法。下面分别举例介绍这两种编码法。

（1）香农–范诺（Shannon–Fano）编码法。设一个有限离散独立信源，可以输出八个独立的消息 A、B、C、D、E、F、G、H，各符号输出的概率空间如下所示：

X:	A	B	C	D	E	F	G	H
$P(X)$:	0.01	0.27	0.09	0.14	0.05	0.12	0.03	0.29

利用香农–范诺编码法，对该信源进行编码。具体编码方法及步骤如下：

① 首先把各个消息按其出现概率的大小，由大到小重新排列；

② 将这个重排的概率序列分成两组，每组的概率之和尽可能接近或相等。然后，再对每一组又进行同样的分组，仍然使分成的相应两组概率之和尽可能相等，这时就得到四个分组了。如此继续进行下去，直至每个消息都被单独分割出来为止。

③ 对每一次划分出的第一组的消息分配一个 0，第二组消息则分配一个 1。最后，每个消息的二元编码就由它分得的所有的 0、1 序列给定，如表 6.1 所示。

表6.1　香农－范诺（Shannon-Fano）编码

消息	概率	第1次分组	第2次分组	第3次分组	第4次分组	第5次分组	所得码组	码组长度
H	0.29	0	0				00	2
D	0.14	1	0	0			100	3
B	0.27	0	1				01	2
F	0.12	1	0	1			101	3
C	0.09	1	1	0			110	3
E	0.05	1	1	1	0		1110	4
G	0.03	1	1	1	1	0	11110	5
A	0.01	1	1	1	1	1	11111	5

（2）霍夫曼（Huffman）编码法。霍夫曼编码法是一种较新的编码方式，一般情况下，它的编码效率高于香农－范诺法。其具体编码方法及步骤如下：

① 将信源各个消息按其出现的概率大小以降序排列；

② 把排列后的两个最小概率对应的消息分成一组，给其中大的（或小的）一个消息分配0，另一个分配1，然后求出它们的概率和，并把这个新得到的概率与其他尚未处理过的概率再次按由大到小的顺序重新排成一个新序列；

③ 反复重复步骤②，直到所有的概率都已经被联合处理过为止。

④ 从图6.1的左边开始，沿着从这个消息为出发点的路线一直走到最右边，将遇到的二元数字依次由最低写到最高位所得的二元数字序列，就是最佳的二元代码。

我们仍以前面的例题中的信源为例来分析霍夫曼编码法，表示出获得霍夫曼编码的过程如图6.1所示。

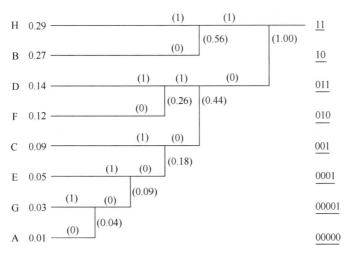

图6.1　霍夫曼编码

将得到的各个信源符号的相应霍夫曼编码排列如下：

符号	A	B	C	D	E	F	G	H
代码	00000	10	001	011	0001	010	00001	11

计算和实践都已证明：一般情况下，霍夫曼编码法的效率略高于香农－范诺编码法的效率。

前面讨论分析的例子都是针对信源各个符号相互独立的情况，即信源符号已经解除了相关性。那么，可否利用这些最佳编码法直接对那些输出符号之间存在相关性的信源编码呢？假如某一信源的每个符号都只和它前面的 N 个符号相关，则一般将长度为 $L(L > N)$ 的输出符号序列作为一个独立的消息来对其进行编码。例如，某信源各符号之间的依赖关系只存在于三个连续输出的符号之间，即任一个符号出现的概率只依赖于它前面的两个符号，我们可以把每 20 个符号组成的一段序列作为一个新消息来编码，而这个新消息中只有它最前面的两个符号才会依赖于前一段的符号。若再把分段的长度 20 进一步增加到 40，则分段得到的各个新消息之间的依赖关系就将进一步减小至可以完全忽略。当然，分段愈长，每段的可能数量愈大，通信系统编码与解码的过程也愈复杂。

例 6.3 有一个信源，输出三个消息符号 A、B、C，它们的出现概率分别为 $\frac{1}{4}$，$\frac{1}{2}$，$\frac{1}{4}$，各消息之间存在一定的相关性，条件概率由表 6.2 给出。

表 6.2　例 6.3 的条件概率

$P(j/I)$	A	B	C
A	1/8	1/2	1/4
B	3/4	1/4	1/4
C	1/8	1/4	1/2

由于各符号之间有一定的相关性，则应当将它们两两组合起来编码。事实证明，这样编码的效率要比直接编码的效率高。首先算出各符号联合出现的概率如下所示。

各消息组的出现概率为：

消息组　　AA　　AB　　AC　　BA　　BB　　BC　　CA　　CB　　CC

概率 $P(i, j)$　1/32　3/16　1/32　1/4　1/8　1/8　1/16　1/16　1/8

根据联合概率的大小，进行霍夫曼编码，编码过程及结果如图 6.2 所示。

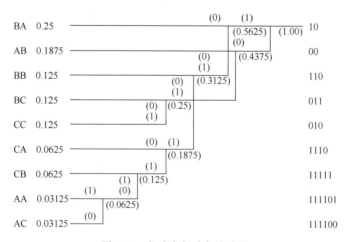

图 6.2　成对消息霍夫曼编码

编码得到各符号的代码为：

符号	AA	AB	AC	BA	BB	BC	CA	CB	CC
代码	111101	00	111100	10	110	011	1110	11111	010

综上所述，这两种目前公认最好的编码方法，它们都是根据已知的各个符号的出现概率，将它们编码成为长度不相等的二元代码，其中概率大的符号编成的代码短，概率小的符号编成的代码长，使信源各个符号的出现概率趋于均匀化，从而增大了信源的熵。

6.2 信道容量与香农公式

一个通信系统的质量好坏是和它的信道传输能力密切相关的，再可靠的系统，即便没有一个误码，如果说传输信息的能力极差，也是毫无价值的。单位时间内传输的信息量就叫做信息传输速率，简称传信率，用符号 R 表示，它表征了信道的传输能力。显然，R 越大，信道的传输能力就越强，定义信道容量为信道可能达到的最大传信率，用符号 C 表示，即对于信源的一切可能概率分布，信道能够传送的最大熵速率就是 C，即：

$$C = \left[H(x) - H(x/y) \right]_{\max} = R_{\max} \tag{6-20}$$

1. 离散信道的熵速率和信道容量

设一个离散信道每秒可传送 n 个具有 K 种不同状态的脉冲信号，且各个符号的出现彼此独立。当信源等概率分布时，其熵为：

$$H(x) = - \sum_{i=1}^{K} P(x_i) \cdot \log P(x_i) = - \sum_{i=1}^{K} \frac{1}{K} \cdot \log \frac{1}{K} = \log_2 K \tag{6-21}$$

此时的传信速率 R 为：

$$R = nH(x) = n \log_2 K \qquad (\text{bit/s}) \tag{6-22}$$

由前面所学，我们已经知道，对离散信道，当信源符号等概率分布时，其熵值达到最大，即该信源的最大熵为 $\log_2 K$，故 $n\log_2 K$ 就是它的最大传信速率 $R_{\max}$，也称之为最大熵速率。所以该信道的信道容量 C 为：

$$C = R_{\max} = n\log_2 K \qquad (\text{bit/s}) \tag{6-23}$$

这就是这个信道针对该信源可能达到的最大传信能力。由于实际信源的符号之间往往不可避免地存在着相关性，使信源熵低于等概分布时的熵值。因此，信源输出的消息在被送入信道之前必须再被编成其他形式的码，其主要目的就是要让消息变成能使信源的熵速率接近信道容量的信号来传送，这就是我们常说的使信源和信道相匹配，而这种编码就是信源最佳编码或匹配编码。

对于二元离散信源，其信道容量就等于每秒钟传送的消息（符号）数 n。

$$C = n\log_2 2 = n \qquad (\text{bit/s}) \tag{6-24}$$

刚才的分析没有考虑噪声干扰，即发送什么信码，接收端收到的就是什么信码，故信源输出的熵速率与收信者接收的熵速率完全一样。对于离散信源，如果其输出消息符号等概率分布，则此时的传信率就等于信道容量。但这种理想情况是不可能出现的，因为任何信道都会受到各种各样的噪声干扰，信道的实际传信率要比信道容量小得多，我们来分析一下这种情况。

前已指出，当收信者收到第 j 个消息时，得知发送端发送的是第 i 个消息所获得的信息量为：

$$I = \log \frac{后验概率}{先验概率} \log \frac{P(i/j)}{P(i)} \qquad (6-25)$$

其中，$P(i)$ 为发送第 i 个消息的先验概率；

$P(j)$ 为接收第 j 个消息的先验概率；

$P(i,j)$ 为发送第 i 个消息接收第 j 个消息的联合概率；

$P(i/j)$ 为当第 j 个消息被接收到时，发送的是第 i 个消息的后验概率。

对全部可能发送的消息进行统计平均，就可以得到接收第 j 个消息所获得的平均信息量：

$$\sum_i P(i/j) \log \frac{P(i/j)}{P(i)} = \sum_i \left[P(i/j) \log P(i/j) - P(i/j) \log P(i) \right] \qquad (6-26)$$

若对全部可能接收到的信息进行统计平均，则得到收到一个消息的平均信息量：

$$I_{CP} = \sum_j P(j) \sum_i \left[P(i/j) \log P(i/j) - P(i/j) \log P(i) \right] \qquad (6-27)$$

$$= \sum_i \sum_j P(j) P(i/j) \log P(i/j) - \sum_i \sum_j P(j) P(i/j) \log P(i)$$

$$= \sum_i \sum_j P(i,j) \log P(i/j) - \sum_i \sum_j P(i,j) \log P(i)$$

$$= H(i) - H(i/j) \qquad (6-28)$$

其中，$H(i)$ 为信源熵，通常用 $H(x)$ 表示；

$H(i/j)$ 为收到消息 j 而发送的消息为 i 的条件熵，一般用 $H(x/y)$ 表示。

则上式可以写成更一般的形式：

$$I_{CP} = H(x) - H(x/y) \qquad (6-29)$$

它表示接收端收到信息 Y 后获得的关于发送端 X 的信息，有时也称之为 Y 关于 X 的互信息，记为 $I(x, y)$。这一公式表明，由于干扰和噪声对信道传输的影响，接收端并没有完全得到全部的信源熵 $H(x)$，即系统在传输的过程中要损失信息量 $H(x/y)$。称条件熵 $H(x/y)$ 疑义度或可疑度，它表明收信者收到消息 Y 后，对于信源 X 仍然存在的疑惑性或不确定性。

如果信道每秒钟传输的消息数为 n 个，则收信者接收到的信息速率为：

$$R = n \left[H(x) - H(x/y) \right] \qquad (6-30)$$

例 6.4　一个二元信源以相等的概率把 0 和 1 码送入有噪声信道进行传输。由于噪声影响，发送 0 码的错误接收概率为 $\frac{1}{16}$，发送 1 码的错误接收概率为 $\frac{1}{8}$。如果信源每秒发送 1000 个码元，求收信者接收到的信息速率。

解：根据题意可知，当发送端发出 0 码时，接收端只有 $\frac{15}{16}$ 的情况下正确接收，同样地，发 1 码时，接收端的正确接收概率是 $\frac{7}{8}$。据此画出该有噪信道如图 6.3 所示。

用 X、Y 分别表示发和收，则可写出各转移概率如下：

发送 0 而收到 1 的概率为：$P(1y/0x) = \frac{1}{16}$

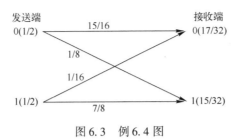

发送端
0(1/2)
1(1/2)

接收端
0(17/32)
1(15/32)

15/16
1/8
1/16
7/8

图 6.3　例 6.4 图

发送 1 而收到 0 的概率为：$P(0y/1x)=\dfrac{1}{8}$

发送 0 而收到 0 的概率为：$P(0y/0x)=\dfrac{15}{16}$

发送 1 而收到 1 的概率为：$P(1y/1x)=\dfrac{7}{8}$

接收端收到 0 和 1 码的概率分别为：

$$P(1y)=P(1x)P(1y/1x)+P(0x)P(1y/0x)=\frac{1}{2}\left(\frac{7}{8}+\frac{1}{16}\right)=\frac{15}{32}$$

$$P(0y)=P(1x)P(0y/1x)+P(0x)P(0y/0x)=\frac{1}{2}\left(\frac{1}{8}+\frac{15}{16}\right)=\frac{17}{32}$$

求得各联合概率 $P(x,y)$ 和后验条件概率 $P(x/y)$：

$$P(0x,0y)=P(0x)P(0y/0x)=\frac{1}{2}\times\frac{15}{16}=\frac{15}{32}$$

$$P(0x,1y)=P(0x)P(1y/0x)=\frac{1}{2}\times\frac{1}{16}=\frac{1}{32}$$

$$P(1x,0y)=P(1x)P(0y/1x)=\frac{1}{2}\times\frac{1}{8}=\frac{1}{16}$$

$$P(1x,1y)=P(1x)P(1y/1x)=\frac{1}{2}\times\frac{7}{16}=\frac{7}{16}$$

$P(0x/0y)=\dfrac{P(0x)P(0y/0x)}{P(0y)}=\left(\dfrac{1}{2}\times\dfrac{15}{16}\right)\Big/\dfrac{17}{32}=\dfrac{15}{17}$，它表示收到 0 发送也是 0 的条件概率。

同理可得：收到 1 码而发送也是 1 码的条件概率：$P(1x/1y)=\dfrac{14}{15}$

收到 1 码而发送是 0 码的条件概率：$P(0x/1y)=\dfrac{1}{15}$

收到 0 码而发送是 1 码的条件概率：$P(1x/0y)=\dfrac{2}{17}$

求出条件熵：

$$H(x/y)=-\sum_x\sum_y P(x,y)\log P(x/y)=0.443(\text{bit/码元})$$

信源熵为：

$$H(x)=-\sum_{i=1}^{2}P(i)\log_2 P(i)=1(\text{bit/码元})$$

熵速率 R 为：

$$R = n[H(x) - H(x/y)] = 1000(1 - 0.443) = 557 \text{bit/s}$$

可知该信道的信道容量为 $C = R_{\max} = nH(x) = 1000 \text{bit/s}$，显然，$R$ 远小于 C。说明由于噪声干扰，系统在接收时出现错误，不能将发送的信息完全正确接收，使信息传输速率下降，系统的实际熵速率低于信道容量。

例6.5 二元信源等概率地输出码元 0 和 1，且每秒传送 1000 个码元。由于噪声的影响，平均每传输 100 个码元就出现一个错误（把发送的 0 码错译成 1 码或把 1 码错译成 0 码），求接收的信息速率。

解：在本例中，由于噪声的影响导致错误发生，显然接收的熵速率小于 1000 bit/s。但初学者常常会这样考虑：由于每 100 个码元错一个，则发送 1000 个码元就有 10 个会被错误接收，因此，收信者接收到的熵速率为 990bit/s。实际上这是不对的，因为收信者根本就不知错误出现在何处。这好比当信道中的噪声很大，以至于接收到的符号完全和发送的符号无关，这种情况下，接收端恢复出来的信息的正确率是凭借偶遇的概率。这时，大约有一半输出符号是正确的，但实际上我们没有收到任何信息，绝对不能认为每秒接收到了 500bit 的信息，这和我们投掷硬币来决定所接收的信息是一样的。

和例6.4一样，我们首先画出信道概率图如图6.4所示：这是一个对称信道，即信源以相同的概率发送 0 和 1 码，且它发送 0 收到 1 的概率 $P(1y/0x)$ 和发送 1 收到 0 的概率 $P(0y/1x)$ 也相等。

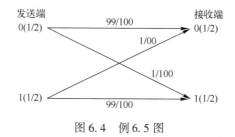

图 6.4　例 6.5 图

写出各转移概率分别为：

$$P(1y/0x) = \frac{1}{100}; \quad P(0y/1x) = \frac{1}{100};$$

$$P(0y/0x) = \frac{99}{100}; \quad P(1y/1x) = \frac{99}{100};$$

接收端收到 0 和 1 码的概率：

$$P(1y) = P(1x)P(1y/1x) + P(0x)P(1y/0x) = \frac{1}{2}$$

$$P(0y) = P(1x)P(0y/1x) + P(0x)P(0y/0x) = \frac{1}{2}$$

各联合概率为：

$$P(0x,0y) = P(0x)P(0y/0x) = \frac{99}{200}; \quad P(0x,1y) = P(0x)P(1y/0x) = \frac{1}{200}$$

$$P(1x,0y) = P(1x)P(0y/1x) = \frac{1}{200}; \quad P(1x,1y) = P(1x)P(1y/1x) = \frac{99}{200}$$

各后验条件概率为：

$$P(0x/0y) = \frac{99}{100}; \quad P(1x/1y) = \frac{99}{100}$$

$$P(0x/1y) = \frac{1}{100}; \quad P(1x/0y) = \frac{1}{100}$$

求得条件熵：

$$H(x/y) = - \sum_x \sum_y P(x,y) \log P(x/y) = 0.081 \text{bit/码元}$$

而信源熵：

$$H(x) = - \sum_{i=1}^{2} P(i) \log_2 P(i) = 1 \text{bit/码元}$$

故熵速率 R 为：

$$R = n[H(x) - H(x/y)] = 1000(1 - 0.081) = 919 \text{bit/s}$$

前面的分析都是关于离散信道在无扰和有扰时的传信率和信道容量。事实上，这些概念对连续信道也是同样适用的。下面我们就来分析一下连续信道的情况。

2. 连续信道的信息容量

我们已经知道连续信道的熵是相对熵，虽然我们仍用 $H(x)$ 表示，但应该注意到它和离散信源熵的不同。

可以证明：对于频带为 $(0 \sim W)$，平均功率受限于 N 的连续信源，当其幅度分布为高斯分布时，其熵最大，且为：

$$H_{\max}(x) = \log_2 \sqrt{2\pi e N} \quad (\text{bit/s}) \tag{6-31}$$

根据抽样定理，取抽样频率为 $2W$，可以求出信道单位时间内传送的最大熵速率，即信道容量 C 为：

$$C = 2W H_{\max}(x) = 2W \log_2 \sqrt{2\pi e N} = W \log_2 2\pi e N \quad (\text{bit/s}) \tag{6-32}$$

和离散信源一样，在实际的连续信源中，由于其消息概率难以达到高斯分布，它的熵速率将远远低于信道容量。改变这一现象、提高信道传信能力的办法就是通过适宜的编码，使信源输出的概率分布尽量接近随机噪声的性质。

这一公式针对的是无扰信道，但这种理想信道是不存在的，因此，必须考虑干扰的影响。前已指出，信息经有扰信道传送，在接收端收到的平均信息量等于收到的总平均信息量减去由干扰导致的条件平均信息量，即：

$$I_{CP} = H(x) - H(x/y) \tag{6-33}$$

用传信率来表示，即：

$$R = n[H(x) - H(x/y)] = H_t(x) - H_t(x/y) \tag{6-34}$$

通常只考虑加性干扰，故在连续有扰信道中，接收端收到的消息 y 是信源输出的消息 x 和信道噪声 n 的线性叠加，即：

$$y = x + n \tag{6-35}$$

一般情况下，信源消息 x 与噪声 n 是相互独立的，故信号 x 和噪声 n 在单位时间内传输的联合信息量，即共熵 $H(x,n)$ 为：

$$H(x,n) = H(n,x) = H(x) + H(n) \tag{6-36}$$

因为：

$$H(x,y) = H(x) + H(y/x) = H(y) + H(x/y)$$

所以有：

$$H_t(x,y) = H_t(x) + H_t(y/x) = H_t(y) + H_t(x/y) \tag{6-37}$$

$$H_t(x) + H_t(n) = H_t(y) + H_t(x/y) \tag{6-38}$$

又因为：

$$R = H_t(x) - H_t(x/y) \tag{6-39}$$

最后推得：

$$R = H_t(y) - H_t(n) \tag{6-40}$$

$$I_y = H(y) - H(n) \tag{6-41}$$

该式表明，经有扰信道传送，在接收端收到的有用信息的传输速率等于收到的总信息速率减去噪声信息速率。注意，这个熵之差是绝对值而非相对值了。

这样，我们就得出某特定信道的信道容量 C 就是它的最大熵速率或最大信息速率：

$$C = R_{\max} = \left[H_t(y) - H_t(n) \right]_{\max} \tag{6-42}$$

显然，只有当 $H_t(y)$ 最大和 $H_t(n)$ 最小时，R 的值才可能最大。

假定信道具有如下特性：

（1）信道噪声为高斯白噪声，其统计特性符合正态分布，平均功率 $N = n_0 W$，n_0 为噪声的单边带功率谱密度。

（2）信道带宽为 W。

（3）输入信号平均功率受限，且为 P。

（4）信号迭加噪声后仍然服从正态分布，总平均功率为 $P + N$。

则可以算出该信道的最大传信率为：

$$H(y) = W \log_2 2\pi e(P + N) \qquad (\text{bit/s}) \tag{6-43}$$

同样可以算出噪声的传信率为：

$$H(n) = W \log_2 2\pi e N \qquad (\text{bit/s}) \tag{6-44}$$

则信道容量 C 为：

$$C = W \log_2 \left(1 + \frac{P}{N} \right) \qquad (\text{bit/s}) \tag{6-45}$$

式（6-45）就是信息论中最著名的香农公式。观察分析这一公式，我们可以得出如下几个结论：

（1）平均功率受限的高斯白噪声信道，当输入信号为高斯分布时，在一定带宽的信道上，单位时间内能够无差错地传递的最大信息量为 $C = W \log_2 \left(1 + \frac{P}{N} \right)$（bit/s）。目前，在任一信道上要想以高于 C 的速率实现无误码地传递消息是不可能的。

（2）信道容量 C 与信道带宽 W 和信号噪声功率比 $\frac{P}{N}$ 有关，W 愈大或 $\frac{P}{N}$ 愈大，则 C 就愈大。对于一个给定的信道容量 C，既可以用减小信噪比 $\frac{P}{N}$ 和增大信道带宽 W 来达到，也可以用增加信噪比 $\frac{P}{N}$ 和减小信号带宽 W 来实现，即：维持信道容量不变的情况下，带宽 W 和信噪比 $\frac{P}{N}$ 可以互换。

（3）对于平均功率受限的信道，高斯白噪声的危害最大，因为此时噪声的熵最大，所以信道容量 $C = \left[H_t(y) - H_t(n) \right]_{\max}$ 最小。

虽然目前还没有任何实际系统的传信率达到信道容量，但香农公式指出了现实系统的潜在能力和它可能达到的理论极限。由于公式没有指出带宽 W 和信噪比 $\dfrac{P}{N}$ 互换的具体实现方法，它只能作为通信系统中 W 与 $\dfrac{P}{N}$ 互换的理论依据。如何实现带宽和信噪比的互换，以及如何提高信息传输速率将是广大通信工作者研究的重要课题。

6.3 信道编码

数字信号在信道的传输过程中，由于实际信道的传输特性不尽理想以及无处不在的加性噪声干扰，在接收端将产生误码。那么，如何降低误码率，提高通信的可靠性呢？首先，应当根据信道特性，合理设计基带信号，选择合适的调制解调方式及发射功率。其次还需采用均衡技术，消除或减少码间串扰。但很多情况下，仅采用这几项措施是不够的，必须通过信道编码，即差错控制编码，使系统的传输质量提高 1～2 个数量级。与制造高质量的设备相比，这一方法花费少而且效果好。

信号由于受到干扰而产生误码，其实质就是干扰信号破坏了传输信号的内在结构或码元的前后关联性，使接收端在收到消息后无法正确恢复原来的信码。可靠性编码针对这一情况，在传输的信息中增加一定的冗余量，使其内部关联性加强。这样，信号即使受到干扰使内部结构遭受一定程度的破坏，在接收端也可根据其前后的关联性或规律性正确地还原出原来的信息。

与信源编码提高信号传输的有效性不同，信道编码的目的在于提高通信的可靠性，因此它不但不像信源编码那样尽可能地压缩信息中的冗余度，反而通过加入冗余码元来减小误码率。显然，信道编码以降低信息传输速率为代价，用有效性换取可靠性。可能很多读者看到这里不禁要感到疑惑，似乎信道编码正好和信源编码是逆过程，信源编码减少信息冗余度，而信道编码又增加了冗余度，采用这两类编码究竟有何意义？事实是，这两种冗余度是截然不同的，信源编码减少的冗余度是由随机的、无规律的无用消息形成；而信道编码增加的冗余度是特定的、有规律的人为消息，使接收端在接收信息后可以利用它发现错误，进而纠正错误。

信道编码技术涉及内容十分丰富，我们从相关的基本概念入手，对检错码和纠错码分别加以阐述。

6.3.1 差错控制原理

1. 差错控制编码的基本原理

信道编码的基本思想就是用系统的有效性来换取可靠性，实际上就是在传输的信息码元中附加一定数量的冗余码（通常称之为监督码元），冗余码在整个编码中的位置及代码选择由某一事先确定的规则来决定，收端接收到这样的编码后，根据已知的规则，对接收信息进行检验，发现、纠正和删除错误。下面我们举例说明差错控制编码的原理。

设某工地的塔吊指挥中心，发送二元数字信息序列来指示上下左右四个塔吊的运送方向。由于两位二进制码元共有 $2^2 = 4$ 种可能码组（也叫码字）00、01、10、11，正好与四个运送方向一一对应。设两位码元与各方向的对应关系如下：

$$上——00 \qquad 下——01$$
$$左——10 \qquad 右——11$$

这样，塔吊车收到一串数字序列 10011110001001… 后，执行的运送操作是：

$$10 \to 01 \to 11 \to 10 \to 00 \to 10 \to 01 \to \cdots$$

即：　　左　　下　　右　　左　　上　　左　　下　…

此时，如果系统受到干扰使一位码元出现错误，如：

$$10 \to 01 \to \boxed{10} \to 10 \to 00 \to 10 \to 01 \to \cdots$$

即：　　左　　下　　左　　左　　上　　左　　下　…

由于每两位码元组成的码字正好对应四个方向，任何码元错误情况（0 变成 1 或 1 变成 0）都会被收端错译成另一个码字，所以不可能发现出错，当然就更谈不上纠正了。

如果我们把四个方向的对应码字规定稍微改变一下，给每个码字增加一位码元，使原来的四个码字分别变成：

$$上——00——001 \qquad 下——01——010$$
$$左——10——100 \qquad 右——11——111$$

这样一来，每个新码字中都含有奇数个 1。这时，如果序列受到干扰使某一码字的一位码元发生了错误，那么，这个码字中含 1 的个数将变为偶数，则接收端可以发现这个码字出错，但因为不知错在何处，不能纠正错误。仍以上面的序列 10011110001001… 为例：

发送信息：$100 \to 111 \to 100 \to 010 \to 01 \to \cdots$

即：　　　　　　左　　右　　左　　上　…

而收到为：$100 \to \boxed{110} \to 100 \to 010 \to 01 \to \cdots$

即：　　　　　　左　　错　　左　　上　…

显然，由于第六位码元出错，使收到的 110 中有两个 1，不符合奇数个 1 的规则，可以断定这是错误的码字，但由于不知究竟是哪一位码元发生了错误，因为发送 111、100、010 这三个码字，在错一位的情况下都可能变成 110，故而无法纠正错误码元，也就不能知道指挥中心究竟指示转向何方，从而只能不执行这一条出错的指令。

一般把系统通信过程中按照规则允许使用的码字（如本例中的 001、010、100、111）称为许用码字，不符合规则的码字就称为禁用码字。当收到的码字是禁用码字时，可以断定这个码字是错误的。

对上述第二种情况的四个许用码字定义做进一步修改如下：

$$上——00——00110 \qquad 下——01——11101$$
$$左——10——10011 \qquad 右——11——11000$$

虽然这时许用码字仍然为 4 个，但禁用码字却有 $2^5 - 4 = 28$ 个。如果收到一个码字为 00111，因为是禁用码字，显然有错误。将 00111 与四个许用码字逐一进行比较，就会发现 00111 可能是由 00110 出错形成的可能性最大，因此可以把 00111 纠正为 00110。这一判决的前提假设是：由于干扰使得接收的码字中同时错一位、两位、三位以及更多位码元的各种可能性中，错一位码元的可能性最大，错二位的可能性次之，而错三位以及更多位的可能性则更进一步的小了。基于这种假设的判决规则通常称为最大似然法则。

2. 差错控制方式

常见差错控制编码的工作方式有前向纠错（FEC）、检错重发（ARQ）、混合纠错（HEC）和信息反馈（IF）四种。下面逐一简要介绍它们的基本原理。

（1）前向纠错 FEC。其纠错码由发送端直接发送至接收端，作为译码器自动发现和纠正错误的依据。这类系统适于单向通信的场合，如网络通信中的点对多点广播。它自动纠错，不要求重发，实时性好，但传输的可靠性与设备的关联极大，在要求纠错能力强的情况下，对系统编译码设备的精确度要求很高。后边介绍的重复码就属于这类差错控制工作方式。

（2）检错重发 ARQ。又称判决反馈或反馈重发，ARQ 是英文"自动请求重发"的缩写。这一工作方式由北爱尔兰人万杜伦提出，由国际无线电咨询委员会 CCIR 作为建议的标准系统而被广泛采用。

消息经过信源编码及经信道编码后，由发射机通过前向信道送至接收端，并同时送至缓存器存储。接收端接收到信息后，进行译码和检错，如果没有发现错误，则将该译码信息输出至收信者；如果检测到错误，则触发重发指令发生器，从反向信道向发送端发出请求重发指令，并通知发端出现错误的码组编号，同时停止输出。发射机收到该 ARQ 信令后，中断编码器输入，停止编码，把原来存储的码字从出错那组开始，重新通过输出设备经前向信道发出。

如图 6.5 所示为 ARQ 系统收、发两端的工作情况示意图。发送端不断地顺序发送信息码组，当接收到出错的反馈信号时，则立即停止编码及输出，从下一码组起重发从出错码组开始的码组。图中，收端发现第 4 个码组出现错误，设反馈信息延时 4 个码元周期，则发送端在发送第 8 个码组时收到反馈信号，从第 9 个码元周期开始，重新发送从第 4 组起的码元信息。

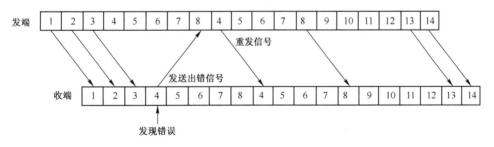

图 6.5 ARQ 系统的工作方式

通常，ARQ 系统设备比前向纠错系统的设备简单得多，而且只要能发现错误，就能纠正错误，抗误码效果较好，尤其对纠正突发错误有效。干扰小的情况下，码元错误少，重发的次数也少，信息传输率就较高；如果干扰严重，则码元错误多，重发的次数也多，信息传输速率就很低甚至于传输停顿。所以说 ARQ 系统的信息传输速率随信道干扰情况而自动改变。该系统只适于点对点的通信方式，且必须工作于有双向信道的系统，否则就无法实现纠错。

（3）混合纠错 HEC。这一方式实质上是 FEC 和 ARQ 方式的综合。当收端接收到少量错码时，就在接收端直接纠正，即采用前向纠错方案；当错码太多超过其纠错能力时，则采用检错重发方式。HEC 充分利用了前向纠错和检错重发系统的特点，性能较好。但需要双向信道，且系统设备较复杂。

（4）信息反馈 IF。接收端对收到的消息不做任何判断而原样送回发送端，由发端将其和保存在缓存器中的原发信息比较，发现有错误则重发该信息，否则不做任何处理，继续发送后面的信息。

综上所述，前三种差错控制工作方式都是在接收端进行错误判断和识别，只有第四种是在发送端进行的。

3. 差错控制编码的分类

差错控制系统中使用的编码种类十分丰富。下面列举出一些常见的差错控制码分类。

按照编码的不同用途，差错控制码可分为检错码、纠错码和纠删码。其中，检错码只可检测错误；纠错码只可纠正错误；而纠删码则同时具有纠错和检错能力，当发现不可纠正的错误时，将发出错误指示或将该错误码元删除。

按照监督码元和信息码元之间的不同关系，差错控制码分为线性码和非线性码。监督码元和信息码元之间的关系可以用一组线性方程来表示的，称为线性码；否则就是非线性码。

按照对信息码元的处理方式不同，差错控制码可分为分组码和卷积码。分组码的监督码元仅由本码组的信息码元确定，而卷积码的监督码元则由本码组的信息码元与前几个码组的码元按一定规则共同确定。

按照码组中信息码元在编码前后的位置是否发生变化，可将差错控制码分为系统码和非系统码。编码后信息码元在监督码元的前面，且相互位置不变的编码称为系统码，否则就是非系统码。

按照编码针对的不同干扰类型，差错控制码可分为纠（检）随机（或独立）错误码、纠（检）突发错误码和既能纠（检）随机错误同时又能纠（检）突发错误码。

按照每个码元的取值不同，差错控制码又可分为二进制码和多进制码。

6.3.2 码重与码距

1. 几个基本概念

（1）码长。称码组或码字中编码码元的总位数为码组长度，简称码长。如 110 的码长为 3，10110 的码长为 5。

（2）码重。码组中码元为 1 的数量，就叫做该码组的重量，简称码重，有时也称为汉明重量。如两个码组（字）11110 和 01001，其码重分别为 4 和 2。

（3）码距。码距 d 是码组（字）间差别的定量描述，两个长度相等的码组之间对应位置上码元不同的位数之和就称为码组的距离，简称码距，也叫汉明距离。

两个码组"11010010"、"10100100"之间的码距 d 为 5。若两个码组的码距 $d=0$，称这两个码为全同码；若码长为 N 的两个码的码距 $d=N$，称这两个码为全异码，显然，一个码的全异码就是它的反码。

（4）最小码距 $d_{\min}$。在一个由多个长度相等的码字组成的码组集合中，并不是所有码组之间的码距都相等。称所有码距中的最小值为最小码距 $d_{\min}$，它是衡量一种编码的纠/检错能力强弱的主要依据。

2. 纠/检错能力与最小码距 d_{min} 的关系

从前面介绍差错控制编码原理所举的例子，可以看出最小码距 d_{min} 与编码的纠错或检错能力之间有着密切关系。我们对例题中的三种情况做一个对比分析，从中找出 d_{min} 与纠/检错能力的关系：

第一种：没有禁用码字，各码组之间最少只差一位码元（如 11 和 10），即 $d_{min}=1$。这种情况下，一旦出现错误，就会变成另一个许用码字，因而不能发现错误。

第二种：许用码字和禁用码字各 4 个，各码字之间最少相差二位码元，即 $d_{min}=2$。如果只有一位码元出错，这个码字就会变成禁用码字，因而能发现错误，但不能具体指出错在哪一位，即具有检查错一位码元的能力而没有纠错能力。

第三种：许用码字 4 个，禁用码字 28 个，各码字之间最少相差三位码元，即 $d_{min}=3$。此时如果错一位码元，该码字就会变为禁用码字。由于仍与某许用码字相似，利用最大似然法则可以纠错，即具有纠正一位错误码元的能力。

综上所述，不难推出如下 d_{min} 与检错和纠错能力之间的关系。事实上，它们已被严格的数学证明证明是正确的。

（1）若要发现 e 个错误，必须满足条件：

$$d_{min} > e + 1 \tag{6-46}$$

（2）若要纠正 t 个错误，则必须满足条件：

$$d_{min} > 2t + 1 \tag{6-47}$$

（3）若要纠正 t 个错误，且发现 e 个错误，则必须满足条件：

$$d_{min} > t + e + 1 \text{ 且 } e > t \tag{6-48}$$

6.3.3 几种常用的差错控制码

我们已经知道，最小码距 d_{min} 越大，编码的纠/检错能力越强。但是，d_{min} 的增加是由监督码元数增加，导致禁用码组增加而来的。随着监督码元的增加，信息传输速率也随之减小，编码效率降低。显然，编码效率的提高和编码的纠/检错能力加强之间是矛盾的。理想的编码应该是能使编码效率尽量高，纠/检错能力尽可能强，同时编/解码规律简单，易于电路实现的编码方式。在实际应用中，这些要求无法一一达到，只能在其中根据实际系统状况，进行折中考虑。下面简单介绍几种常用的纠/检错码。

1. 重复码

重复码是用于单向信道的简单纠错码。前面介绍了差错控制的三种方式，在没有反馈信道的单向系统中，最简单的纠错办法就是将有用信息按照约定的次数重复发送。只要正确传输的次数多于传错的次数，根据最大似然法则，就可用少数服从多数的原则排除差错，使接收端接收正确信息，这就是重复码的基本原理。它分为逐位重复和分段重复两种方式。

（1）逐位重复。将信息码元以位为单位，重复传送 N 次，它产生的 $N-1$ 位冗余码元就是该信息位的 $N-1$ 次重复。设待发的信息码序列为：

110100101…

则它的三重码为：

111 111 000 111 000 000 111 000 111…

显然，它的每一个信息码元对应两个冗余码元，其编码效率 $\eta = 33.3\%$。

（2）分段重复。将待传送信息码元以固定的若干位为单位，重复传送 N 次。设待发的信息码序列为：

$$110100101\cdots$$

若以三位为一段，则它的三重码为：

$$110\ 110\ 110\ 100\ 100\ 100\ 101\ 101\ 101\cdots$$

显然，分段重复码抗成群错误的能力比逐位重复码强。本例中，只要连续突发干扰的持续时间小于 3 个码元周期，则每一段信息（3 位）最多将被破坏一次，根据最大似然法则，接收端当然可以正确恢复原始信息。但逐位重复却不能恢复。

重复码编码方法简单，且它可根据系统对纠/检错误能力的要求，任意增加重复的次数 $N-1$。例如，三重码可以纠正一位差错，发现两位差错；五重码可以纠正两位差错，发现四位差错。至于分段重复码，它的纠错能力还取决于每段长度。重复码的编码效率 $\eta = \dfrac{1}{N} \leqslant 50\%$，显然很低，只能适于对传输速率要求很低的场合，实现设备简单。

应当注意：重复码的重复次数必须是偶数，加上本身的信息码则发送奇数次，这样就可以避免出现一半正确一半错误而无法判断的情况。

2. 奇偶监督码

奇偶监督码又称奇偶校验码或一致监督检错码，这是一种最常用的检错码。其基本思想是在 $n-1$ 位信息码元后面附加一位监督码元，构成一个 n 位的编码，使码长为 n 的码组中 1 的个数保持为奇数或偶数。码组中 1 的个数保持为奇数的称为奇校验码，保持为偶数的称为偶校验码。下面就来介绍其编码规则。

设有 $n-1$ 位二元信息码元 a_{n-1}，a_{n-2}，a_{n-3}，$\cdots$，a_2，a_1。在 a_1 后面附加一位监督码 a_0，使得如下关系式（6-49）成立，则称 a_0 为该码组 a_{n-1}，a_{n-2}，a_{n-3}，$\cdots$，a_2，a_1 的奇监督码元。

$$\sum_{i=0}^{n-1} a_i = 1 \tag{6-49}$$

注意：该公式中的求和运算为模 2 加。

如果该求和公式（6-49）的结果为 0，即：

$$\sum_{i=0}^{n-1} a_i = 0 \tag{6-50}$$

则称 a_0 为该码组 a_{n-1}，a_{n-2}，a_{n-3}，$\cdots$，a_2，a_1 的偶监督码元。

四位 BCD 码的奇偶校验码如表 6.3 所示。

从表 6.3 中可以看出，奇偶校验码的最小码距 $d_{\min}$ 都为 2。所以，奇、偶校验码可以发现奇数个错误码元，但不能纠正。它的检错能力较低，编码效率 $\eta = \dfrac{n-1}{n}$ 较高，且随着 n 的增加而增加。奇偶校验码广泛应用于计算机数据如标准 ASCII 码的传输，一般用高 7 位（7bit）码元来表示 128 个 ASCII 字符，再加上 1 位奇偶校验码，构成一个 8bit 的二元码组发送，接收端则根据收到的码组是否满足奇偶校验和的值（偶校验和为 0，奇校验和为 1），来判断接收的码元是否有错误。

表 6.3　四位 BCD 码的奇偶校验码

BCD 码	奇校验位	偶校验位	奇 校 验 码	偶 校 验 码
0 0 0 0	1	0	0 0 0 0 1	0 0 0 0 0
0 0 0 1	0	1	0 0 0 1 0	0 0 0 1 1
0 0 1 0	0	1	0 0 1 0 0	0 0 1 0 1
0 0 1 1	1	0	0 0 1 1 1	0 0 1 1 0
0 1 0 0	0	1	0 1 0 0 0	0 1 0 0 1
0 1 0 1	1	0	0 1 0 1 1	0 1 0 1 0
0 1 1 0	1	0	0 1 1 0 1	0 1 1 0 0
0 1 1 1	0	1	0 1 1 1 0	0 1 1 1 1
1 0 0 0	0	1	1 0 0 0 0	1 0 0 0 1
1 0 0 1	1	0	1 0 0 1 1	1 0 0 1 0

3. 水平奇偶监督码

水平奇（偶）监督码是前面所讲的奇（偶）监督码的一种改进形式。首先把信息按奇（偶）监督规则编码，再将信息以每个码组一行排成一个阵列，发送时按列的顺序进行。接收时以列的顺序排阵后，再按行进行奇（偶）校验，故称之水平奇偶校验，有时也称之为交织奇偶校验。在表 6.4 所示例子中，信息码元为 8 位，监督码元 1 位，采用奇校验方式。

表 6.4　水平奇偶监督码

信 息 码 元	监 督 码 元
1 0 0 1 0 1 0 1	1
0 1 0 0 0 0 1 0	1
1 1 0 0 1 0 1 0	1
0 0 1 1 0 0 0 1	0
1 0 0 1 0 0 1 1	1
1 1 1 1 0 1 0 1	1

发送时按列从左到右发送，则发送序列为 101011，011001，000101，100111，001000，100001，011010，100111。在接收端收到序列后按列的顺序排列，所得方阵仍如下表所示，再对它按奇监督关系逐行检查。只要突发错误的持续时间小于 6 个码元周期，则收端得到的每个码组中的错误码元数将不超过 1，当然可被检测发现。

从表 6.5 不难看出，水平奇（偶）监督码除了具备一般奇（偶）监督码的检错能力外，还能发现所有突发长度不大于 M（M 为发送的水平奇（偶）监督码方阵的行数）的突发错误。

4. 水平垂直奇偶监督码

在水平奇（偶）监督码的基础上，对其每一列也进行奇偶校验，就可以得到水平垂直奇（偶）监督码。显然，它除了能检测到每一行以及每一列中的奇数个错误以外，还能发现长度不大于行数或列数的突发错误。

5. 定比码

定比码又称等比码或等重码，它的每个许用码组中含 1、0 的个数是固定的。编码时，取所有含 1、0 个数符合要求的码组为许用码组，其余则为禁用码组。在收端进行检测时，只要检测码组中 1、0 的个数是否等于规定的数目，就可判断有无错误。

常见的定比码有五三定比码和七三定比码。我国电传通信中普遍采用五三定比码，又称 5 中取 3 码。它的每个码字都由 3 个 1、2 个 0 共 5 个码元组成。其许用码组的数目为 5 中取 3 的组合数，即 $C_5^3 = 10$，正好可以唯一表示 10 个阿拉伯数字，如表 6.5 所示。

表 6.5　五三定比码

阿拉伯数字	五三定比码	阿拉伯数字	五三定比码
1	0 1 0 1 1	6	1 0 1 0 1
2	1 1 0 0 1	7	1 1 1 0 0
3	1 0 1 1 0	8	0 1 1 1 0
4	1 1 0 1 0	9	1 0 0 1 1
5	0 0 1 1 1	0	0 1 1 0 1

在国际无线电报通信中用的是七三定比码，其码字由 3 个 1、4 个 0 组成，许用码字的数量为 $C_7^3 = 35$，代表 26 个英文字母和其他几个常用符号。

从定比码的构成特点可以发现，只有当出错码元数目为偶数，且正好是 1 错成 0、0 错成 1 时，定比码不能发现错误。

定比码编码简单，适于传输电报或其他键盘设备产生的确定的字母或符号，而不宜二进制随机数字序列的场合。

6. 群计数码

群计数码针对分组后的信息码元组，计算出每组码元中 1 的个数，再将该数目的二进制编码作为监督码元，加在信息码元之后一起发送。

设有一组 7 位信息码元 1001101，由于其 1 的个数为 4，监督码元就是 100。这样，发送的代码为 1001101100。接收端只需检测监督码元所表示的 1 的个数与信息码元中的 1 的个数是否相同，就可立即判断正误。

除了 1 变为 0 和 0 变为 1 成对出现的错误以外，群计数码可以检测到所有其他形式的错误，检错能力很强。

6.4　线性分组码

6.4.1　线性分组码的定义及性质

如果信息码元与监督码元之间的关系可以用一组线性方程来表示，且监督码元仅由本码组的信息码元确定，而与其他码组的码元无关，则称该编码为线性分组码。由于线性码的概念是建立在代数中群论的基础上，因此有时又称之群码。

一般用符号 (n,k) 表示线性分组码，其中 k 是码组中信息码元的数目，n 是编码后码组的总长度，则监督码元的数目 $r = n - k$，编码效率：

$$\eta = \frac{k}{n} \tag{6-51}$$

奇偶监督码就是一种线性分组码，它的监督位和信息位的关系如式（6-49）或（6-50），显然，它是一种 $(n, n-1)$ 线性分组码，其编码效率：

$$\eta = \frac{n-1}{n} \tag{6-52}$$

数学证明，线性分组码具有以下两点性质：

（1）封闭性：任意两个许用码组相加后（按位模2相加），所得编码仍是许用码组。

（2）最小码距 d_{min} 等于除全零码组以外的最小码重。

根据第二个特性，可以很方便地找到各种线性分组码的最小码距 d_{min}，并由此判断其纠/检错能力。

6.4.2 生成矩阵 G 和监督矩阵 H

不同的线性方程组确定了不同的线性分组码，或者说每一个线性分组码都唯一对应一个特定的生成矩阵和一个监督矩阵。我们从代数的角度，通过具体实例来介绍 (n,k) 码的构成原理及其生成矩阵和监督矩阵。

(n,k) 分组码实际上就是从 2^n 个可能码组中取出 2^k 个许用码组。在 $(7, 3)$ 码中，码长 $n = 7$，信息码元的数目 $k = 3$，则监督码元的数目为4位。通常，我们把每个码组写成 $c = (c_6, c_5, c_4, c_3, c_2, c_1, c_0)$。其中，$c_6, c_5, c_4$ 为信息位，c_3, c_2, c_1, c_0 为监督位。若它们之间的监督关系由下列监督方程组确定：

$$\begin{cases} c_3 = c_6 + c_5 \\ c_2 = c_6 + c_5 + c_4 \\ c_1 = c_5 + c_4 \\ c_0 = c_6 + c_4 \end{cases} \tag{6-53}$$

则可以写出 $2^k = 2^3 = 8$ 种许用码组，如表6.6所示。

表6.6　信息码元与监督码元

编　　号	信 息 码 元 c_6 c_5 c_4			监 督 码 元 c_3 c_2 c_1 c_0			
1	0	0	0	0	0	0	0
2	0	0	1	0	1	1	1
3	0	1	0	1	1	1	0
4	0	1	1	1	0	0	1
5	1	0	0	1	1	0	1
6	1	0	1	1	0	1	0
7	1	1	0	0	0	1	1
8	1	1	1	0	1	0	0

1. 生成矩阵

可将码组中各码元与信息码元 $c6, c5, c4$ 之间的关系用下面的方程组完整地表示为：

$$\begin{cases} c6 = 1 \cdot c6 + 0 \cdot c5 + 0 \cdot c4 \\ c5 = 0 \cdot c6 + 1 \cdot c5 + 0 \cdot c4 \\ c4 = 0 \cdot c6 + 0 \cdot c5 + 1 \cdot c4 \\ c3 = 1 \cdot c6 + 1 \cdot c5 + 0 \cdot c4 \\ c2 = 1 \cdot c6 + 1 \cdot c5 + 1 \cdot c4 \\ c1 = 0 \cdot c6 + 1 \cdot c5 + 1 \cdot c4 \\ c0 = 1 \cdot c6 + 0 \cdot c5 + 1 \cdot c4 \end{cases} \tag{6-54}$$

改用矩阵形式可以写成为：

$$\begin{bmatrix} c6 \\ c5 \\ c4 \\ c3 \\ c2 \\ c1 \\ c0 \end{bmatrix} = \begin{vmatrix} c6 \\ c5 \\ c4 \\ c6 + c5 \\ c6 + c5 + c4 \\ c5 + c4 \\ c6 + c4 \end{vmatrix} = \begin{bmatrix} c6 & c5 & c4 \end{bmatrix} \begin{bmatrix} 1 & 0 & 0 & 1 & 1 & 0 & 1 \\ 0 & 1 & 0 & 1 & 1 & 1 & 0 \\ 0 & 0 & 1 & 0 & 1 & 1 & 1 \end{bmatrix}$$

即：

$$\begin{bmatrix} c6 & c5 & c4 & c3 & c2 & c1 & c0 \end{bmatrix}^T = \begin{bmatrix} c6 & c5 & c4 \end{bmatrix} G \tag{6-55}$$

把上面的矩阵运算简记为：

$$C = M \cdot G \tag{6-56}$$

则称 G 为生成矩阵，这是一个 $k \times n$ 阶矩阵。本例中，G 为 3×7 阶矩阵。

$$G = \begin{bmatrix} 1 & 0 & 0 & 1 & 1 & 0 & 1 \\ 0 & 1 & 0 & 1 & 1 & 1 & 0 \\ 0 & 0 & 1 & 0 & 1 & 1 & 1 \end{bmatrix}$$

对于系统码，由于它的信码在编码后保持原来的位置不变，监督码只是加在信码后面，所以它的生成矩阵可以写成 $G = \begin{bmatrix} I_k Q \end{bmatrix}$ 形式，其中，I_k 为 $k \times k = 3 \times 3$ 阶单位方阵，Q 为 $k \times (n-k) = 3 \times 4$ 阶矩阵。本例中，I_k 为 I_3（3×3）阶单位方阵，Q 为 3×4 阶矩阵。

$$I_3 = \begin{bmatrix} 1 & 0 & 0 \\ 0 & 1 & 0 \\ 0 & 0 & 1 \end{bmatrix} \quad Q = \begin{bmatrix} 1 & 1 & 0 & 1 \\ 1 & 1 & 1 & 0 \\ 0 & 1 & 1 & 1 \end{bmatrix}$$

2. 监督矩阵

在前面表示监督关系的方程组中，将四个方程分别移项，可得到如下四个相互独立的监督方程：

$$\begin{cases} 1 \cdot c6 + 1 \cdot c5 + 0 \cdot c4 + 1 \cdot c3 + 0 \cdot c2 + 0 \cdot c1 + 0 \cdot c0 = 0 \\ 1 \cdot c6 + 1 \cdot c5 + 1 \cdot c4 + 0 \cdot c3 + 1 \cdot c2 + 0 \cdot c1 + 0 \cdot c0 = 0 \\ 0 \cdot c6 + 1 \cdot c5 + 1 \cdot c4 + 0 \cdot c3 + 0 \cdot c2 + 1 \cdot c1 + 0 \cdot c0 = 0 \\ 1 \cdot c6 + 0 \cdot c5 + 1 \cdot c4 + 0 \cdot c3 + 0 \cdot c2 + 0 \cdot c1 + 1 \cdot c0 = 0 \end{cases} \tag{6-57}$$

用矩阵表示上面的监督方程组，为：

$$\begin{bmatrix} 1 & 1 & 0 & 1 & 0 & 0 & 0 \\ 1 & 1 & 1 & 0 & 1 & 0 & 0 \\ 0 & 1 & 1 & 0 & 0 & 1 & 0 \\ 1 & 0 & 1 & 0 & 0 & 0 & 1 \end{bmatrix} \begin{bmatrix} c6 \\ c5 \\ c4 \\ c3 \\ c2 \\ c1 \\ c0 \end{bmatrix} = 0 \tag{6-58}$$

这一矩阵运算可简记为 $H \cdot C^T = 0$，其中 C^T 为矩阵 $C = [c6, c5, c4, c3, c2, c1, c0]$ 的转置矩阵，称 H 为该线性分组码的监督矩阵或一致校验矩阵，这是一个 $(n-k) \times n$ 阶矩阵，本例中为 4×7 阶矩阵。

$$H = \begin{bmatrix} 1 & 1 & 0 & 1 & 0 & 0 & 0 \\ 1 & 1 & 1 & 0 & 1 & 0 & 0 \\ 0 & 1 & 1 & 0 & 0 & 1 & 0 \\ 1 & 0 & 1 & 0 & 0 & 0 & 1 \end{bmatrix}$$

和生成矩阵一样，由于系统码的监督码加在信码后面，而信码在编码后保持原来的位置不变，所以它的监督矩阵矩阵可以写成 $H = [P I_{n-k}]$ 形式，称之为典型监督矩阵。其中，I_{n-k} 为 $(n-k) \times (n-k) = 4 \times 4$ 阶单位方阵，P 为 $(n-k) \times k = 4 \times 3$ 阶矩阵。由典型监督矩阵和信息码元，可以很容易地算出各监督码元。

由线性代数的基本理论可以证明：典型监督矩阵的各行一定是线性无关的，非典型形式的监督矩阵经过行运算，可以化为典型形式的监督矩阵。

对于 (n, k) 线性分组码，由于它的监督码元数为 $r = n - k$，只发生一位错码时，监督码元应能指出所有 n 个码元位置上出错以及全对共 $(n+1)$ 种情况。所以，监督码元可以构成的状态总数 2^{n-k} 必须满足式（6-59）所示关系，才能纠正一位错误的情况。

$$2^{n-k} \geq (n+1) \tag{6-59}$$

据此，可以确定不同数目的信息码元构成 (n, k) 线性分组码所需要的最少监督码元数目 r。

如果传输过程中没有码元发生错误，则收端收到的码元 $C' = [c6' c5' c4' c3' c2' c1' c0']$ 将和发端发送码元 $C = [c6 c5 c4 c3 c2 c1 c0]$ 完全相同，故必然满足关系 $H \cdot C' = 0$。只要有一位码元发生错误，则上述关系将不成立。分析不同码元出错时 $H \cdot C' \neq 0$ 的具体非 0 位置，就可以找出错误码元，并进而纠正它。一般，称 $S = H \cdot C'$ 为该编码的校验和。

若传输过程中发生错误的码元不止一位，系统就只能检错而不能纠错。这时可根据不同的系统要求，将错误码组丢弃或请求重发。当然，也有在传输中同时有几位码元出错后成为另一许用码组的情况，此时收端无法检错，称之为不可检测的错误。但这种情况出现的概率比错一位的概率要小得多。

6.4.3 汉明码

前面已经指出，要纠正 (n, k) 线性分组码中的单个错误，则监督码元的个数 r 必须满足关系 $2^{n-k} \geq (n+1)$。当 $2^{n-k} = (n+1)$ 时所得的线性编码就是汉明码。可以由此推知汉明码的两个特性：

（1）只要给定 r，就可确定线性分组码的码长 $n = 2^r - 1$ 及信息码元的个数 $k = n - r$；

（2）在信息码元长度相同、纠正单个错误的线性分组码中，汉明码所用的监督码元个数 r 最少，相对的编码效率最高。

不难发现，无论码长 n 为多少，汉明码的最小码距 $d_{\min} \equiv 3$，所以它只能纠正 1 位错误。下面我们来分析一个具体的汉明码。

设有一个（7,4）汉明码，若已知监督矩阵如式（6-60）所示：

$$H = \begin{bmatrix} 1 & 1 & 1 & 0 & 1 & 0 & 0 \\ 0 & 1 & 1 & 1 & 0 & 1 & 0 \\ 1 & 0 & 1 & 1 & 0 & 0 & 1 \end{bmatrix} \quad (6\text{-}60)$$

则该汉明码就被唯一确定了，亦即对于任意的输入信息码元，都可根据该监督矩阵得出对应的监督码。与该矩阵相应的监督位生成方程组如下所示：

$$\begin{cases} c2 = c6 + c5 + c4 \\ c1 = c5 + c4 + c3 \\ c0 = c6 + c4 + c3 \end{cases} \quad (6\text{-}61)$$

据此可求出其相应的（7,3）汉明码如表 6.7 所示。

表6.7　汉明码

编号	信息码元 c6 c5 c4 c3				汉明码元 c6 c5 c4 c3 c2 c1 c0							编号	信息码元 c6 c5 c4 c3				汉明码元 c6 c5 c4 c3 c2 c1 c0						
1	0	0	0	0	0	0	0	0	0	0	0	9	1	0	0	0	1	0	0	0	1	0	1
2	0	0	0	1	0	0	0	1	0	1	1	10	1	0	0	1	1	0	0	1	1	1	0
3	0	0	1	0	0	0	1	0	1	1	1	11	1	0	1	0	1	0	1	0	0	1	0
4	0	0	1	1	0	0	1	1	1	0	0	12	1	0	1	1	1	0	1	1	0	0	1
5	0	1	0	0	0	1	0	0	1	1	0	13	1	1	0	0	1	1	0	0	0	1	1
6	0	1	0	1	0	1	0	1	1	0	1	14	1	1	0	1	1	1	0	1	0	0	0
7	0	1	1	0	0	1	1	0	0	0	1	15	1	1	1	0	1	1	1	0	1	0	0
8	0	1	1	1	0	1	1	1	0	1	0	16	1	1	1	1	1	1	1	1	1	1	1

接收端译码时，根据校验矩阵求校验和 S：

$$S = H \cdot C' = \begin{bmatrix} s3 \\ s2 \\ s1 \end{bmatrix} = \begin{bmatrix} c6' + c5' + c4' + c2' \\ c5' + c4' + c3' + c1' \\ c6' + c4' + c3' + c0' \end{bmatrix}$$

显然，错误码元的位置不同，校验和 $s3s2s1$ 的取值也相应不同，如 $s3s2s1 = 011$，则说明错误发生在共同生成 $s2s1$ 两项校验和的码元中，因此只可能是 $c4$ 或 $c3$，而 $s3 = 0$ 没有错误，故错误码元就只可能是 $c3$ 了。以此类推，可得到如表 6.8 所示的校验和与错误码元位置的对应关系表，即通常所说的错误图样。

表6.8　校验和与错误码元位

$s3$	0	0	0	0	1	1	1	1
$s2$	0	0	1	1	0	0	1	1
$s1$	0	1	0	1	0	1	0	1
错误位置	无错	$c0$	$c1$	$c3$	$c2$	$c6$	$c5$	$c4$

根据上述分析，可以画出该汉明码的编码器和译码器电路分别如图6.6、图6.7所示。其中，3－8线译码器的输出逻辑关系如下式所示：

$$\begin{cases} Y7 = A3 \cdot A2 \cdot A1 & Y6 = A3 \cdot A2 \cdot \overline{A1} \\ Y5 = A3 \cdot \overline{A2} \cdot A1 & Y4 = A3 \cdot \overline{A2} \cdot \overline{A1} \\ Y3 = \overline{A3} \cdot A2 \cdot A1 & Y2 = \overline{A3} \cdot A2 \cdot \overline{A1} \\ Y1 = \overline{A3} \cdot \overline{A2} \cdot A1 & Y1 = \overline{A3} \cdot \overline{A2} \cdot \overline{A1} \end{cases} \tag{6-62}$$

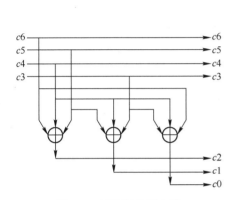

图6.6 汉明码编码电路

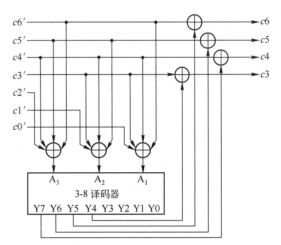

图6.7 汉明码译码电路

6.5 循环码

(n,k) 循环码是另一种常用的线性分组系统码，是目前研究得最成熟的一类信道编码。它的前 k 位为信息码元，后 $r = n - k$ 位为监督码元。它既具有线性分组码的封闭性，又独具循环性，即循环码中任一许用码组经过满环移位后，不论右移或左移，移位位数是多少，所得的新码组仍是许用码组。如：若 $(a_{n-1} a_{n-2} \cdots a_1 a_0)$ 为一循环码组，则 $(a_{n-2} a_{n-3} \cdots a_0 a_{n-1})$、$(a_{n-3} a_{n-4} \cdots a_0 a_{n-1} a_{n-2})$ ……都是许用码组。

循环码编码电路简单，可以很容易地用带有反馈的移位寄存器来实现其硬件，且性能优良，不仅可以纠正独立的随机错误，还能纠正突发错误。

6.5.1 循环码的特点

由于循环码的数学特性，常将其码组用代数多项式来表示，称为码多项式。一般，把许用码组 $A = (a_{n-1} a_{n-2} \cdots a_1 a_0)$ 表示为：

$$A(x) = a_{n-1} x^{n-1} + a_{n-2} x^{n-2} + \cdots + a_1 x + a_0 \tag{6-63}$$

这里，x 为一个任意的实变量，其幂次代表移位次数。当码组 A 向左循环移一位时，得到的码组记做 $A^{(1)} = (a_{n-2} a_{n-3} \cdots a_0 a_{n-1})$，其码多项式则用多项式 $A(x)$ 乘以 x 产生，记为：

$$A^{(1)}(x) = a_{n-1} x^{n} + a_{n-2} x^{n-1} + a_{n-3} x^{n-2} + \cdots + a_1 x^{2} + a_0 x \tag{6-64}$$

$$= a_{n-2}x^{n-1} + a_{n-3}x^{n-2} + \cdots + a_1x^2 + a_0x + a_{n-1} \qquad (6-65)$$

同理可得左移 i 位后的码组 $A^{(i)} = (a_{n-i-1}a_{n-i-2}\cdots a_{n-i+1}a_{n-i})$，其码多项式为：

$$A^{(i)}(x) = a_{n-i-1}x^{n-1} + a_{n-i-2}x^{n-2} + \cdots + a_{n-i+1}x + a_{n-i} \qquad (6-66)$$

注意：本章中的加和乘法运算都是二元运算，其运算规则定义如式（6-67）所示。有的教材中，把"＋"写作"$\oplus$"，其实质是一样的。

$$加 \begin{cases} 0+0=0 \\ 0+1=1 \\ 1+0=1 \\ 1+1=0 \end{cases} \qquad 乘 \begin{cases} 0\cdot 0=0 \\ 0\cdot 1=0 \\ 1\cdot 0=0 \\ 1\cdot 1=1 \end{cases} \qquad (6-67)$$

码多项式的运算就遵从上述运算规则。例如，某循环码组为 1100101，则它的码多项式为：

$$A(x) = x^6 + x^5 + x^2 + 1 \qquad (6-68)$$

若将此循环码左移一位，可得新循环码的码多项式为：

$$A^{(1)}(x) = x \cdot A(x) = x^7 + x^6 + x^3 + x \qquad (6-69)$$

将它除以 x^7+l，列成直式计算如下：

$$
\begin{array}{r}
1 \\
x^7+1 \overline{\smash{\big)}\ x^7 + x^6 + x^3 + x} \\
\underline{x^7 + 1 } \\
x^6 + x^3 + x + 1
\end{array}
$$

该代数除法所得余式为 $x^6 + x^3 + x - 1$，这就是新循环码的码多项式，与此对应的码组为 1001011。显然，这个运算结果与直观上将码组 1100101 直接循环左移一位的结果是相同的。

应当指出，在上述除法运算中的减法也是模 2 加运算。可以证明上边所做的运算过程，对所有循环码左移 i 位的情况普遍成立。

6.5.2 循环码的生成多项式

通过代数变换，可以得到循环码 $c(x)$ 的表示式：

$$c(x) = m(x) \cdot g(x) \qquad (6-70)$$

式中，$m(x)$ 表示信息码元的代数多项式；

$g(x)$ 为循环码的生成多项式。

显然，生成的循环码的多项式 $c(x)$ 由其码组长度 n 及生成多项式 $g(x)$ 所决定，它是 $g(x)$ 的倍式，即凡能被 $g(x)$ 除尽，且次数不超过 $(n-1)$ 的多项式，一定是这一组循环码的码多项式。

那么，如何确定生成多项式 $g(x)$ 呢？数学分析发现，$g(x)$ 是一个能除尽 x^n+1 的 $n-k$ 阶多项式，所以，对 x^n+1 进行因式分解所得到的因式就是 $g(x)$，这项工作一般由计算机来完成。表 6.9 中列出了 $n=7$ 和 $n=15$ 时的 x^n+1 的因式分解。

表 6.9 中，$(4,3,2,1,0)$ 代表因式 $(x^4 + x^3 + x^2 + x + 1)$，其余依此类推。

对于任意 n 值，必然存在如式（6-71）所示关系，可以由此生成两种最简单的循环码。

$$x^n + 1 = (x+1)(x^{n-1} + x^{n-2} + \cdots + x + 1) \qquad (6-71)$$

表 6.9　$n=7$ 和 $n=15$ 时 x^n+1 的因式分解

$n=7$			$n=15$		
$(7,k)$码	d_{min}	$g(x)$	$(15,k)$码	d_{min}	$g(x)$
$(7,6)$	2	$(1,0)$	$(15,14)$	2	$(1,0)$
$(7,4)$	3	$(3,1,0)$	$(15,11)$	3	$(4,1,0)$
$(7,k)$码	d_{min}	$g(x)$	$(15,k)$码	d_{min}	$g(x)$
$(7,3)$	4	$(3,1,0)$ $(1,0)$	$(15,10)$	4	$(1,0)$ $(4,1,0)$
$(7,1)$	7	$(3,1,0)$ $(3,2,0)$	$(15,7)$	5	$(4,1,0)$ $(4,3,2,1,0)$
			$(15,6)$	6	$(1,0)$ $(4,1,0)$ $(4,3,2,1,0)$
			$(15,5)$	7	$(4,1,0)$ $(4,3,2,1,0)$ $(2,1,0)$
			$(15,4)$	8	$(1,0)$ $(4,1,0)$ $(4,3,2,1,0)$ $(2,1,0)$
			$(15,2)$	10	$(1,0)$ $(4,1,0)$ $(4,3,2,1,0)$ $(4,3,0)$
			$(15,1)$	15	$(4,1,0)$ $(4,3,2,1,0)$ $(4,3,0)$ $(2,1,0)$

（1）取 $(n+1)$ 为生成多项式，由此构成的循环码即为简单的偶监督码 $(n,n-1)$。由于 $g(x)$ 为一阶多项式，因此只有一位监督码。可以证明，$(n+1)$ 的任何倍式的码重必定保持偶数，其最小码距 $d_{min}=2$。

（2）以 $(x^{n-1}+x^{n-2}+\cdots+x+1)$ 为生成多项式，由于生成多项式为 $(n-1)$ 阶多项式，故信息码位数为1。它只有两个许用码组：全0和全1，因此这种循环码是 $(n,1)$ 重复码，其最小码距 $d_{min}=n$。

6.5.3　循环码的编码过程

对于 (n,k) 循环码，首先将它的信息码用次数不高于 $(n-k)$ 次的码多项式表示（称为信息码多项式）后，再用 D^{n-k} 乘以它，然后用所得多项式除以生成多项式 $g(x)$，所得余式就是该循环码的监督码的代数多项式（称为监督码多项式）。

例6.6　若 $(7,4)$ 循环码的生成多项式为 $g(x)=x^3+x+1$，求出其所有的 $(7,4)$ 循环码。

解：对任意一个四元信息码组如 0111，其信息码多项式为 $m(x)=x^2+x+1$。将它乘以 $x^{n-k}=x^3$ 后得 $x^3m(x)=x^5+x^4+x^3$，再用 $g(x)=x^3+x+1$ 除该式。除法计算如下：

$$
\begin{array}{r}
x^2+x \\
x^3+x+1\overline{)x^5+x^4+x^3} \\
\underline{x^5+x^3+x^2} \\
x^4+x^2 \\
\underline{x^4+x^2+x} \\
x
\end{array}
$$

所得余式为 $r(x)=x$，故该信息码的 $(7,4)$ 循环码多项式为：

$$c(x)=x^{n-k}m(x)+r(x)=x^5+x^4+x^3+x$$

即该信息码 0111 的 $(7,4)$ 循环码为 0111010。同理，可求得其他四位信息码元的 $(7,4)$ 循环码如表 6.10 中所示。

显然，我们用这一方法求出的循环码，其监督码元都加在信息码元之后，使信息码保持原来位置不变，故生成的是系统循环码。

表 6.10 例 6.6 循环码

序　　号	信息码元	循环码元	序　　号	信息码元	循环码元
1	0000	0000000	9	1000	1000101
2	0001	0001011	10	1001	1001110
3	0010	0010110	11	1010	1010011
4	0011	0011101	12	1011	1011000
5	0100	0100111	13	1100	1100010
6	0101	0101100	14	1101	1101001
7	0110	0110001	15	1110	1110100
8	0111	0111010	16	1111	1111111

6.5.4 循环码的编码电路

从例 6.6 可以看出，构造系统循环码时，只需将信息码多项式 $m(x)$ 提升 $(n-k)$ 阶（即乘以 x^{n-k}），然后以 $g(x)$ 为模（即除以 $g(x)$），所得余式 $r(x)$ 就是要求的监督码元多项式。这一编码过程可以用下式表示出来：

$$\frac{x^{n-k} \cdot m(x)}{g(x)} = q(x) + \frac{r(x)}{g(x)} \tag{6-72}$$

这里，$q(x)$ 为商式。由此得到的系统循环码多项式为：

$$c(x) = x^{n-k}m(x) + r(x) \tag{6-73}$$

这样，系统循环码的编码过程就变成用除法求余式的问题。

多项式除法可以用带反馈的线性移位寄存器来实现。有两种不同的除法电路形式：内接异或（模 2 加）门电路和外接异或门电路，实际中通常采用内接异或门除法电路。

图 6.8 以 $g(x) = x^5 + x^4 + x + 1$ 为例，画出内接异或门除法电路。其中，方框 1～5 代表 5 个触发器 $D_1 \sim D_5$（后面相应电路与此类似），3 个符号"$\oplus$"均代表异或门，进行模 2 加运算。

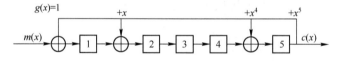

图 6.8 $g(x) = x^5 + x^4 + x + 1$ 的内接异或门除法电路

这样，就可以通过查阅循环码的因式分解表，得出各种循环系统码的编码电路。如由表 6.10 可知，(7,3) 循环码的 $g(x) = (x^3 + x + 1)(x + 1) = x^4 + x^3 + x^2 + 1$，故可画出其除法电路如图 6.9 所示。

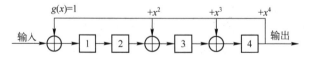

图 6.9 $g(x) = x^4 + x^3 + x^2 + 1$ 的内接异或门除法电路

对任意输入信码 110，分析上示电路的工作过程，发现与手算的长除过程一致。每当电路中有一个"1"移出寄存器进入反馈线时，就相当于代数除法里从被除式中减去除式。

因为，

$$m(x) = x^2 + x$$

所以

$$x^4 m(x) = x^6 + x^5$$

故

$$\frac{x^4 m(x)}{x^4 + x^3 + x^2 + 1} = \frac{x^6 + x^5}{x^4 + x^3 + x^2 + 1} = x^2 + 1 \cdots 余(x^3 + 1)$$

得到生成的循环码多项式为：

$$c(x) = x^4 c(x) + r(x) = x^6 + x^5 + x^3 + 1$$

即该循环码为 1101001。

上述除法电路虽然能完成编码，但它工作的前$(n-k)=4$个码元周期只是将信息码元逐位输入移位寄存器中，因此在信息码元输出之后，尚需$(n-k)=4$次移位才能把监督码元完全输出。显然，这一过程出现了 4 个周期的间隙，为此，我们将电路进行修改，采取先把信息码元乘以x^{n-k}的编码方案，如图 6.10 所示。

在 k 位信息码元输入时，图中开关 S_2、S_3 合上，而 S_1 掷向上端。在前 k 个码元周期里，电路直接经 S_3 输出信息码元，并同时完成了除法运算。然后将 S_1 掷向输出端，S_2、S_3 打开，在随后的 $(n-k)$ 个码元周期里，使移位寄存器中所存的监督码元随着信息码输出。

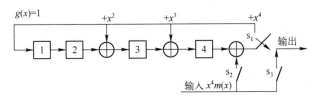

图 6.10 修改后的 $g(x) = x^4 + x^3 + x^2 + 1$ 内接异或门除法电路

该电路的工作过程如表 6.11 表示。

以上编码器一次只能编一位二元码，它的编码速率是每次一个比特，这对于高速系统来说太低。故高速系统一般采用带反馈的并联移位寄存器来实现，其编码速率可以提高到每次几个比特，本书在此不过多阐述，有兴趣的读者可以自行查阅相关内容。

表 6.11 实际 $g(x) = x^4 + x^3 + x^2 + 1$ 的内接异或门除法电路工作过程

初 态	0	0	0	0		
	D_1 状态	D_2 状态（+）	D_3 状态（+）	D_4 状态（+）	输入	反馈	输出
	0	0	0	0	1	1	1
	1	0	1	1	1	0	1
	0	1	0	1	0	1	0
	1	0	0	1			1
	0	1	0	0			1
	0	0	1	0			0
	0	0	0	1			1
	0	0	0	0			0

6.5.5 循环码的译码

考虑噪声为加性干扰的情况，设信道干扰的多项式表示式为 $e(x)$，发送循环码的多项式 $c(x)$，则收端收到的码多项式为：

$$c'(x) = e(x) + c(x) \tag{6-74}$$

$$= (c_{n-1} + e_{n-1})x^{n-1} + (c_{n-2} + e_{n-2})x^{n-2} + \cdots + (c_1 + e_1)x + (c_0 + e_0) \tag{6-75}$$

如果没有干扰，即 $e(x) = 0$，则 $c'(x) = c(x)$，那么，$c'(x)/g(x) = 0$，反过来说，只要 $c'(x)/g(x) \neq 0$，则一定有误码存在。前已指出，信息传输过程中，每个码组发生一位错码的概率要比错两位以及更多位的概率高得多。因此一般只分析发生一位误码的情况。定义 $c'(x)$ 除以 $g(x)$ 所得的余式为校正子 $s(x)$，即：

$$s(x) = c'(x) \quad [\text{模 } g(x)] \tag{6-76}$$

由于 $g(x)$ 的最高次数为 $n-k$，故 $s(x)$ 的最高次数必为 $n-k-1$，亦即共有 2^{n-k} 种不同表式，只要满足关系：

$$2^{n-k} \geqslant n+1 \tag{6-77}$$

则必可实现纠错功能。也就是说，当只有一位误码发生，且 $2^{n-k} \geqslant n+1$ 时，校正子与错码所在位置、即错误图样之间存在一一对应关系。

如前面分析的 (7,4) 循环码，其生成多项式 $g(x) = x^3 + x + 1$，令收到的码多项式为：

$$c'(x) = c6'x^6 + c5'x^5 + c4'x^4 + c3'x^3 + c2'x^2 + c1'x + c0' \tag{6-78}$$

通过如下长除运算过程 1，根据式 (6-76)，得到校验和 $s(x)$。

$$s(x) = (c6' + c5' + c4' + c2')x^2 + (c5' + c4' + c3' + c1')x + (c6' + c5' + c3' + c0')$$

因为，

$$s = s2s1s0$$

所以

$$\begin{cases} s2 = c6' + c'5 + c4' + c2' \\ s1 = c5' + c4' + c3' + c1' \\ s0 = c6' + c5' + c3' + c0' \end{cases} \tag{6-79}$$

该长除运算过程 1 如下：

$$
\begin{array}{r}
c6'x^3 + c5'x^2 + (c6' + c4')x + (c6' + c5' + c3') \\
x^3 + x + 1 \enclose{longdiv}{c6'x^6 + c5'x^5 + c4'x^4 + c3'x^3 + c2'x^2 + c1'x^1 + c0'} \\
\underline{c6'x^6 + c6'x^4 + c6'x^3} \\
c5'x^5 + (c6' + c4')x^4 + (c6' + c3')x^3 + c2'x^3 + c1'x + c0' \\
\underline{c5'x^5 + c5'x^3 + c5'x^2} \\
(c6' + c4')x^4 + (c6' + c5' + c3')x^3 + (c5' + c2')x^2 + c1'x + c0' \\
\underline{(c6' + c4')x^4 + (c6' + c4')x^2 + (c6' + c4')x} \\
(c6' + c5' + c3')x^3 + (c6' + c5' + c4' + c2')x^2 + (c6' + c4' + c1')x + c0' \\
\underline{(c6' + c5' + c3')x^3 + (c6' + c5' + c3')x + (c6' + c5' + c3')} \\
(c6' + c5' + c4' + c2')x^2 + (c5' + c4' + c3' + c1')x + (c6' + c5' + c3' + c0')
\end{array}
$$

与前面所讲的汉明码类似，可以推得该循环码的错误图样如表6.12所示。

表6.12 循环码的错误图样

$s2$	0	0	0	0	1	1	1	1
$s1$	0	0	1	1	0	0	1	1
$s0$	0	1	0	1	0	1	0	1
错误位置	无错	$c0'$	$c1'$	$c3'$	$c2'$	$c6'$	$c4'$	$c5'$

根据这个错误图样，就可以在接收端对收到的编码进行译码及纠错了。所以，循环码的纠错译码同其他线性分组码如汉明码一样，分如下三步进行：

（1）由接收到的码多项式 $c'(x)$，计算校正子多项式 $s(x)$。

（2）由校正子 $s(x)$ 确定错误图样。

（3）根据错误图样纠错。

由前面的分析可以看出，校正子的计算实质上也是一个除法运算，故一般采用前面所讲的除法电路作为校正子的计算电路，即可构成循环码的译码电路。

数学证明：某码组循环移位 i 次的校正子等于原码组的校正子在除法电路中循环移位 i 次所得的结果。一般而言，纠错译码器的复杂性主要取决于译码过程的第二步，而上述性质可以使译码器需要识别的错误图样数大为减少。因为某个可纠正错误图样 $e(x)$ 的 i 次循环移位 $x^i e(x)$ 也必定是可纠正的错误图样，所以可以把 $e(x), xe(x), \cdots, x^i e(x)$ 归为一类，用一个错误图样作代表。这样，纠正 t 个错误时，需要识别的错误图样就由 $\sum C_n^i$ 减少为 $\sum C_{n-1}^{i-1}$ 个。随着需要识别的错误图样减少，译码器中的逻辑电路也必然大为简化。

基于错误图样的纠错译码器称为梅吉特译码器，它的原理图如图6.11所示。这是一个具有 $(n-k)$ 个输入端的逻辑电路，它采用查表方式，根据校正子找到相应的错误图样，再利用循环码的上述特性简化识别电路。梅吉特译码器特别适合于纠正误码数目不超过2个随机独立错误的情况。

图6.11中 k 级缓存器用于存储系统循环码的信息码元，模2加电路用于纠正错误。当校正子为0时，错误图样识别电路的输出为0，模2加电路的输出即为缓存器的内容。当校正子或它的 i 次循环移位结果不为0时，识别电路输出错误图样，使缓存器输出取补（0变成1，1变成0），纠正错误。

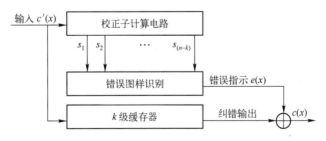

图6.11 梅吉特译码器原理框图

循环码的译码方法除了梅吉特译码以外，还有捕错译码、大数逻辑译码等多种方法。捕错译码是梅吉特译码的一种变形，也由简单的组合逻辑电路实现，特别适于纠正突发错误、单个随机错误和两个错误的低速率循环码，但不适于要求强纠错能力的高速率码。

本 章 小 结

本章首先给出了单个消息的信息量度量方式，并由此介绍了模拟信源、离散信源发出消息所携带的平均信息量——熵的计算公式和方法。针对通信的两个主要技术指标——有效性和可靠性，根据香农公式，提出信源编码和信道编码的概念，指出了改善系统两大指标的措施——压缩信源消息中的冗余来提高有效性以及增加冗余码元来提高可靠性，还具体介绍了两种最佳信源编码方法，即霍夫曼编码和香农 – 范诺编码法；最后，通过汉明码和循环码阐明信道的可靠性编译码思路及过程。

习 题 6

一、填空题

6.1 在通信过程中，收信者对某一事件的了解完全依赖于他获得的（　　　）。若获得信息量不够，则只能达到比较肯定；获得信息量足够，则变成完全肯定。因此可以直观地将通过通信获得的信息量定义为 I（信息量）=（　　　）。

6.2 连续信源的熵指的是一个（　　　）的相对量，而（　　　）绝对量；离散信源的熵（　　　）绝对量，二者是不同的。

6.3 信源编码主要针对（　　　），通过改变信源各个符号之间的概率分布，使信息传输速率无限接近其最大值——信道容量，所以也称之为（　　　）。信道编码则是通过变换各个信码之间的（　　　），使其对误码具有一定的（　　　）或（　　　）能力，进而提高系统的抗干扰力，所以有时也叫（　　　）。

6.4 信源编码首先要解除带有大量冗余的信源符号之间的（　　　）；其次再使各个符号的出现概率（　　　），就能进一步提高信源的平均信息量。概率均匀化的基本思路就是将出现概率大的消息符号编成（　　　），而出现概率小的符号编成（　　　），使编码后各个符号的出现概率（　　　）。

6.5 香农公式可表达为（　　　）。它说明对于一个给定的信道容量 C，既可以用减小（　　　）和增大（　　　）来达到，也可以用增加（　　　）和减小（　　　）来实现，即：维持信道容量不变的情况下，（　　　）和（　　　）可以互换。

6.6 信道编码的目的在于提高（　　　），因此它通过（　　　）来减少误码率。显然，信道编码以降低（　　　）为代价，用系统的（　　　）换取可靠性。信道编码增加的冗余信息是（　　　）、（　　　）人为消息，使接收端在接收信息后可以利用它（　　　），进而（　　　）。

6.7 奇偶监督码又称（　　　），这是一种最常用的检错码。其基本思想是在 $n-1$ 位信息码元后面附加（　　　）位监督码元，构成一个（　　　）位编码，并根据码组中 1 的个数保持为（　　　）或（　　　），相应地称为（　　　）或（　　　）。

6.8 常见的定比码有（　　　）和（　　　）。我国电传通信中普遍采用（　　　），它的每个码字都由（　　　）个 1、（　　　）个 0 共（　　　）个码元组成。其许用码组的数目为（　　　）个，正好可以唯一表示（　　　）个阿拉伯数字。

6.9 一般用符号（　　　）表示线性分组码，其中（　　　）是码组中信息码元的数目，n 是编码后码组的总长度，则监督码元的数目为（　　　），编码效率为（　　　）。

6.10 对于 (n,k) 循环码，将它的信息码用次数不高于（　　　）次的码多项式表示，称之为信息码多项式，再用（　　　）乘以它，然后用所得多项式除以生成多项式 $g(x)$，所得余式就是（　　　）的代数多项式，称为监督码多项式。

6.11 二元确知信号在先验等概情况下，误码率将达（　　　）。

6.12　已知四个码字：$A_1 = 00000000$，$A_2 = 00001111$，$A_3 = 11110000$，$A_4 = 11111111$，则其 $d_0 =$（　　）。若同时用于纠错和检错，可检出（　　）个错码，纠正（　　）个错码。

6.13　数字通信系统中，差错控制的主要工作方式有（　　）、（　　）和（　　）。

6.14　（5, 1）重复码若用于检错，能检出（　　）位错码，若用于纠错，能纠正（　　）位错码，若同时用于检错、纠错，各能检测、纠正错码（　　）位。

6.15　已知电话信道带宽为 3.4kHz，接收端信噪比 $S/N = 30$dB 时，信道容量为（　　）。

二、单选题

6.16　通过通信，收信者从收到信源消息 X_i 中所获得的平均信息量为 $I = H(x) - H(x/y) = \log \dfrac{1}{P(x_i)} - \log \dfrac{1}{P(x_i/y_j)} = \log \dfrac{P(x_i/y_j)}{P(x_i)} = \log \dfrac{\text{后验概率}}{\text{先验概率}}$，该式的物理意义是（　　）。

A. 发信者所剩余的信息量随先验概率的增加而增加，随后验概率的增加而减少

B. 发信者所剩余的信息量随先验概率的增加而增加，也随后验概率的增加而增加

C. 收信者所获得的信息量随先验概率的增加而增加，随后验概率的增加而减少

D. 收信者所获得的信息量随先验概率的增加而减小，随后验概率的增加而增加

6.17　在无扰情况下，收信者从信源输出的每个消息中得到的平均信息量，就（　　）；当信道存在干扰时，收信者从收到的每个消息中得到的平均信息量将（　　）。

A. 小于信源的不肯定度 $H(x)$　　　　B. 等于信源的不肯定度 $H(x)$

C. 不大于信源的不肯定度 $H(x)$　　　D. 大于信源的不肯定度 $H(x)$

6.18　对离散信道，当 K 种信源符号等概率分布时，其熵值达到最大为，相应的最大熵速率 $R_{\max}$ 为（　　）。

A. $\log_2 1/K$　　　B. $\log_2 2K$　　　C. $\log_2 K$　　　D. $\log_2(K+1)$

6.19　香农公式 $C = W \log_2\left(1 + \dfrac{P}{N}\right)$（bit/s）说明：（　　）。

A. 信道容量 C 与带宽 W 和噪声功率比 $\dfrac{P}{N}$ 有关，W 愈大或 $\dfrac{P}{N}$ 愈大，C 就愈小

B. 维持信道容量不变的情况下，带宽 W 和信噪比 $\dfrac{P}{N}$ 可以互换

C. 对于平均功率受限的信道，高斯白噪声的危害最小，因为此时噪声的熵最小

D. 目前 3G 移动通信系统的传信率已达到了香农公式中的极限信道容量

6.20　设有 $n-1$ 位二元信息码元 $a_{n-1}, a_{n-2}, a_{n-3}, \cdots, a_2, a_1$，若在 a_1 后面附加一位奇监督码 a_0，则必然存在如下关系（　　）；反之，若是附加的偶监督码 a_0，则满足关系（　　）。

A. $\displaystyle\sum_{i=0}^{n-1} a_i = 1$　　　B. $\displaystyle\sum_{i=0}^{n-1} a_i = 2$　　　C. $\displaystyle\sum_{i=0}^{n-1} a_i = 0$　　　D. $\displaystyle\sum_{i=0}^{n-1} a_i = -1$

6.21　设 M 为发送的水平奇（偶）监督码方阵的行数，则水平奇（偶）监督码除了具备一般奇（偶）监督码的检错能力外，还能（　　）。

A. 纠正所有突发长度不大于 M 的突发错误　　B. 发现所有突发长度不大于 M 的突发错误

C. 发现所有突发长度不大于 $M+1$ 的突发错误　D. 纠正所有突发长度不大于 $M+1$ 的突发错误

6.22　若用符号（n, k）表示线性分组码，则奇偶监督码可表示为（　　），其编码效率为（　　）。

A. （$n, 1$）　　　B. （$n-1, n$）　　　C. （$n, n-1$）　　　D. （$n-1, 1$）

E. $\eta = \dfrac{1}{n}$　　　F. $\eta = \dfrac{n-1}{n}$　　　G. $\eta = \dfrac{n}{n-1}$　　　H. $\eta = \dfrac{1}{n-1}$

6.23　要纠正（n, k）线性分组码中的单个错误，则监督码元的个数 r 必须满足关系（　　）。

A. $2^{n-k} > (n+1)$　　B. $2^{n-k} \geqslant (n+1)$　　C. $2^{n-k} \leqslant (n+1)$　　D. $2^{n-k} < (n+1)$

三、多选题

6.24 信源编码的目的是减少或消除待发消息中的冗余信息，提高系统的有效性。其实质就是寻求一种最佳概率分布，使信源熵 $H(x)$ 达到最大。一般而言，信源编码包括如下（　　）步骤。

    A. 发送端增加冗余监督码：提高系统抗干扰能力　　B. 接收端进行校验，发现或纠正错码

    C. 符号独立化：解除各符号间的相关性　　　　　　D. 概率均匀化：使各符号出现概率相等

6.25 下列编码方法中，属于信源编码方案的是（　　）。

    A. 香农 – 范诺编码（Shannon-Fano）法　　　　　B. 汉明码编码法

    C. 霍夫曼编码（Huffman）　　　　　　　　　　D. 卷积码编码法

6.26 常见差错控制工作方式有（　　）。

    A. 前向纠错（FEC）　　　　　　　　　　　　　B. 检错重发（ARQ）

    C. 混合纠错（HEC）　　　　　　　　　　　　　D. 信息反馈（IF）

6.27 按照编码的不同用途，差错控制码包括（　　）几种；按照码组中信息码元在编码前后的位置是否发生变化，差错控制码又可分为（　　）。

    A. 检错码　　　　B. 纠错码　　　　C. 纠删码　　　　D. 循环码

    E. 卷积码　　　　F. 线性分组码　　G. 系统码　　　　H. 非系统码

6.28 下列有关最小码距 $d_{\min}$ 与差错控制码的检/纠错能力之间的关系，正确的是（　　）。

    A. 要纠正 t 个错误且发现 e 个错误（$e>t$），必须满足条件 $d_{\min}>t+2e+l$

    B. 要纠正 t 个错误且发现 e 个错误（$e>t$），必须满足条件 $d_{\min}>2t+e+l$

    C. 要发现 e 个错误，必须满足条件 $d_{\min}>e+l$

    D. 要纠正 t 个错误且发现 e 个错误（$e>t$），必须满足条件 $d_{\min}>t+e+l$

6.29 线性分组码具有（　　）性质。

    A. 循环性：码组中的码元位置可以任意按次序循环，所得编码仍是许用码组

    B. 封闭性：任意两个许用码组相加后，所得编码仍是许用码组

    C. 最小码距 $d_{\min}$ 等于除全零码组以外的最小码重

    D. 系统性：编码生成的码组中，原信息码元的位置关系保持不变

6.30 设 (n,k) 汉明码的监督码元位数为 r，则它具有如下（　　）特性。

    A. 只能纠正 1 位错误

    B. 只要给定 r，就可确定码长 n 及信息码元的个数 k

    C. 在信息码元长度相同、可纠正单个错误的线性分组码中，汉明码编码效率较低

    D. 无论码长 n 为多少，汉明码的最小码距 $d_{\min}\equiv 3$

四、判断题（正确的打√，错误的打×）

6.31 （　　）不肯定性越大的消息携带的信息量越小；反之，不肯定性越大的消息带给收信者的信息量越多。

6.32 （　　）连续信源的熵表示的是一个比无穷大大多少的相对量；离散信源的熵是一个绝对量，二者是不同的。

6.33 （　　）平均功率受限的一定带宽高斯白噪声信道中，当输入信号为高斯分布时，单位时间内能够无差错地传递的最大信息量为 $C=W\log_2\left(1+\dfrac{P}{N}\right)(\text{bit}/\text{s})$。

6.34 （　　）一般情况下，各种信源编码中以香农 – 范诺编码法的效率最高。

6.35 （　　）信源编码是消除或减少信息冗余量，而信道编码则是增加信息冗余以提高抗干扰力。所以，两者正好是互逆的过程。

6.36 （　　）纠删码同时具有纠错和检错能力，当发现不可纠正的错误时，将发出错误指示或将该错误码元删除。

6.37　（　　）最小码距 $d_{\min}$ 越大，编码的纠/检错能力越弱。

6.38　（　　）分段重复码抗成群错误的能力比逐位重复强。

6.39　（　　）重复码的编码效最高可达 80% 左右。

6.40　（　　）水平垂直奇（偶）监督码除了能检测到每一行以及每一列中的奇数个错误以外，还能发现长度不大于行数或列数的突发错误。

五、分析与计算题

6.41　设某离散信源以概率 $P_1 = \dfrac{1}{2}$，$P_2 = \dfrac{1}{4}$，$P_3 = \dfrac{1}{4}$ 发送 3 种消息符号 l, m, n。若各消息符号的出现彼此独立，试求每个符号的信息量以及该符号集的平均信息量。

6.42　一个离散信源以每毫秒 10 个符号的速度发送彼此独立的四种符号中的一个，已知各符号的出现概率分别为 0.1、0.2、0.2、0.5，求该信源的平均信息量和信息速率。

6.43　设二进制数据信道输入符号的概率分布为 $P_1 = \dfrac{3}{4}$，$P_2 = \dfrac{1}{4}$。信道的转移概率矩阵如下，求其 $H(x)$，$H(y)$，$H(x/y)$。

$$\begin{bmatrix} P(y0/x0) & P(y1/x0) \\ P(y0/x1) & P(y1/x1) \end{bmatrix} = \begin{bmatrix} 0.9 & 0.1 \\ 0.2 & 0.8 \end{bmatrix}$$

6.44　二进制数据对称信道中的误比特率 P_e 为 0.2，若输入信道的符号速率为 2000 符号/秒，求该信道的信道容量。

6.45　已知某语音信道带宽为 4kHz，若接收端的信噪比 $\dfrac{S}{N} = 60\text{dB}$，求信道容量。若要求该信道传输 56000bit/s 的数据，则接收端的信噪比最小应为多少？

6.46　若黑白电视机的每幅图像含有 3×10^5 个像素，每个像素都有 16 个等概率出现的亮度等级，如果信道的输出信噪比为 40dB，信道带宽为 1.4MHz，则该信道每秒可传送多少幅图像？

6.47　(7,1) 重复码若用于检错，最多能检测出几位错码情况？若用于纠错，最多能纠正几位错码？若同时用于检错和纠错，则最多能检几位错码、纠几位错码？

6.48　已知 (7,3) 分组码的监督关系方程组如下，试求出它的监督矩阵、生成矩阵，写出全部码字，并分析其纠错能力。

$$\begin{cases} c6 + c3 + c2 + c1 = 0 \\ c5 + c2 + c1 + c0 = 0 \\ c6 + c5 + c1 = 0 \\ c5 + c4 + c0 = 0 \end{cases}$$

6.49　已知某汉明码的监督矩阵如下所示，试求：

$$\begin{bmatrix} 1 & 0 & 1 & 0 & 1 & 0 & 0 \\ 0 & 1 & 1 & 1 & 0 & 1 & 0 \\ 1 & 1 & 1 & 0 & 0 & 0 & 1 \end{bmatrix}$$

（1）n, k, η；

（2）若输入信息码元为 1001，写出其相应的汉明码字；

（3）验证 1111001 和 0101011 是否符合该汉明码的编码规则？如果不，请纠正之。

6.50　试查表写出所有能构成 (15,10) 循环码的 $g(x)$。

6.51　已知 (7,3) 循环码的全部码字为 0000000；0011101；0100111；0111010；1001110；1010011；1101001；1110100；1111111。试分析：

（1）该循环码共有几个循环圈，并画出循环圈。

（2）求循环码的生成多项式 $g(x)$，生成矩阵 G 和监督矩阵 H。

第7章 最佳接收机

内容提要

详细介绍最大输出信噪比接收准则下的最佳接收机，给出最小均方误差、最小错误接收概率和最大后验接收概率的判决准则及其相应的最佳接收机模型。

最佳接收机只是一个相对概念，指某特定标准或准则下达到最佳的某种接收方式，但对于其他准则就不一定是最佳了。因此，每个接收准则都有与其相对应的最佳接收机。

本章主要介绍数字通信系统中，为提高接收机性能，在相同输入信噪比条件下，使接收机实现各个特定准则下的最佳接收方式。由于数字通信中常用的接收准则有最大输出信噪比准则、最小均方误差准则、最小错误概率准则和最大后验概率准则等，因此，将分别介绍这些准则及其相应的最佳接收机模型。

7.1 最大输出信噪比准则和匹配滤波接收机

7.1.1 最大输出信噪比准则

数字信号的传输过程中，在有噪声干扰的情况下，接收端能否正确地进行判决主要取决于输出信噪比的大小。输出信噪比越高，正确判决译码的概率就越大，系统的误码率也越低，所以，最大输出信噪比是数字通信系统接收解调中最重要的参数指标。

当干扰信号是高斯白噪声时，理论和实践都已证明：匹配滤波器可以使输出信噪比达到最大。因此，用匹配滤波器作为接收机的输入滤波器，会使输出信噪比达到最大，而由匹配滤波器构成的接收机必然满足最大输出信噪比准则。我们通常称这种采用匹配滤波器来进行滤波的接收机为匹配滤波接收机，它就是最大输出信噪比条件下的最佳接收机。

7.1.2 匹配滤波器的传递函数 $H(f)$

设匹配滤波器输入输出信号与噪声如图 7.1 所示。其中，$s(t)$ 是输入信号，$n(t)$ 为噪声干扰信号。设 $n(t)$ 为高斯白噪声，其功率谱密度为 $P_n(f) = \dfrac{n_0}{2}$，$H(f)$ 是匹配滤波器的传递函数，$S(f)$ 是信号的振幅谱，则滤波器输出噪声 $n_0(t)$ 的功率谱密度将为：

$$P_{n_0}(f) = \frac{n_0}{2} \mid H(f) \mid^2 \tag{7-1}$$

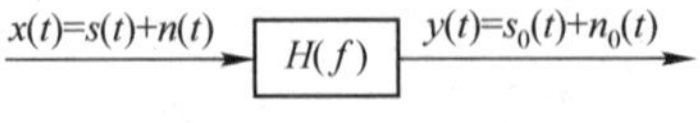

$$x(t)=s(t)+n(t) \longrightarrow \boxed{H(f)} \xrightarrow{\ y(t)=s_0(t)+n_0(t)\ }$$

图 7.1 匹配滤波器框图

根据滤波器的特性，我们知道：

$$S_0(f) = H(f)S(f) \tag{7-2}$$

而 $s_0(t)$ 与 $S_0(f)$ 为傅里叶变换对，即：

$$s_0(t) = \mathscr{F}[S_0(f)] \tag{7-3}$$

$$S_0(f) = \mathscr{F}^{-1}[s_0(t)] \tag{7-4}$$

所以，当取样时刻为 t_0 时，输出信号为：

$$s_0(t_0) = \int_{-\infty}^{\infty} H(f)S(f)\mathrm{e}^{\mathrm{j}2\pi f t_0}\mathrm{d}f \tag{7-5}$$

则 t_0 时刻输出信号的功率和输出噪声的功率分别为：

$$G_{S_0} = |s_0(t_0)|^2 = \left|\int_{-\infty}^{\infty} H(f)S(f)\mathrm{e}^{\mathrm{j}2\pi f t_0}\mathrm{d}f\right|^2 \tag{7-6}$$

$$G_{N_0} = \int_{-\infty}^{\infty} P_{n_0}(f)\mathrm{d}f = \frac{n_0}{2}\int_{-\infty}^{\infty} |H(f)|^2\mathrm{d}f \tag{7-7}$$

故 t_0 时刻滤波器的输出信噪比为：

$$(S/N)_{t_0} = \frac{\left|\int_{-\infty}^{\infty} H(f)S(f)\mathrm{e}^{\mathrm{j}2\pi f t_0}\mathrm{d}f\right|^2}{\dfrac{n_0}{2}\int_{-\infty}^{\infty} |H(f)|^2\mathrm{d}f} \tag{7-8}$$

由数学分析可以推出，当满足下面的条件式（7-9）时

$$H(f) = K \cdot [S(f)\mathrm{e}^{\mathrm{j}2\pi f t_0}]^* = K \cdot S^*(f)\mathrm{e}^{-\mathrm{j}2\pi f t_0} \tag{7-9}$$

匹配滤波器输出最大信噪比为：

$$(S/N)_{t_0\max} = \frac{2E}{n_0} \tag{7-10}$$

式（7-9）中的 $S^*(f)$ 是 $S(f)$ 的复共轭。对等式（7-9）两边取模，可得：

$$|H(f)| = |K \cdot S^*(f)\mathrm{e}^{\mathrm{j}2\pi f t_0}| = K|S(f)| \tag{7-11}$$

根据式（7-9）、式（7-10）、式（7-11），可以得到如下关于匹配滤波器的几点结论：

（1）由 $H(f) = K[S(f)\mathrm{e}^{\mathrm{j}2\pi f t_0}]^*$ 可知：匹配滤波器的传递函数完全由信号波形来确定，也就是说，对于不同的信号，其相应的匹配滤波器是不同的。因此，只要某一滤波器是某信号 $s(t)$ 的匹配滤波器，则对其他所有不同于 $s(t)$ 的信号，该滤波器就一定不是匹配滤波器。

（2）因为 $|H(f)| = K \cdot |S(f)|$，而一般情况下 $S(f)$ 都不可能是一个常数，所以，信号通过匹配滤波器后的输出信号波形将出现失真。故匹配滤波器一般不用于模拟信号的接收滤波，但由于它的输出可获得最大信噪比而有利于取样判决，故将其用于数字信号的接收滤波。

（3）既然匹配滤波器的最大输出信噪比 $(S/N)_{t_0\max} = \dfrac{2E}{n_0}$，提高信号幅度和延长信号作用时间都能提高信号的能量，从而提高输出信噪比。

7.1.3 匹配滤波器的冲激响应 $h(t)$

由于 $H(f)$ 与 $h(t)$ 互为傅里叶变换，所以：

$$h(t) = \mathscr{F}^{-1}\big[H(f)\big] = \mathscr{F}^{-1}K\big[S(f)\,\mathrm{e}^{\mathrm{j}2\pi f t_0}\big]^* = K\cdot s(t_0 - t) \tag{7-12}$$

式（7-12）说明：匹配滤波器的冲激响应就是输入信号的镜像在时间上延迟一个取样时刻 t_0，或者说，若一个滤波器的冲激响应 $h(t)$ 是某特定波形 $s(t)$ 在时间上对于某固定时刻 t_0 的反转或镜像，则该滤波器就一定是信号 $s(t)$ 的匹配滤波器。那么，究竟 t_0 应选择多少呢？我们用图7.2来说明这个问题。

选择 t_0 必须考虑两个方面：首先，为提高传输速度，t_0 应该尽可能的小；其次，由于 $h(t)$ 是系统的冲激响应，考虑其物理可实现性，即 $h(t)$ 在时间为负时不可能有响应，即 t_0 取值应不小于信号结束时间。综合以上两点，t_0 一般都选在信号的结束时刻。

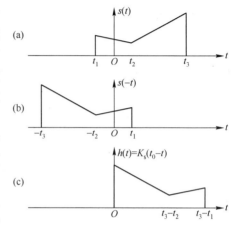

在图7.2中，信号 $s(t)$ 及其镜像信号 $s(-t)$ 分别如（a）、（b）所示。由于 t_3 是信号 $s(t)$ 的结束时刻，故选择 t_0 为最小（即在 t_3 时刻取样，取 $t_0 = t_3$）的物理可实现 $h(t)$ 如图7.2中（c）时，可以使速率达到最高且对应的 $h(t)$ 也能够物理实现。若取样时间 t_0 先于信号结束时间 t_3，即取 $t_0 < t_3$，显然该系统不可实现。

图7.2　匹配滤波器的冲击响应示例

在实际分析中，常常根据匹配滤波的冲激响应是输入信号的镜像信号右移 t_0 这一特性，首先求得 $h(t)$，然后再根据 $h(t)$ 的波形，通过博里叶变换求出 $H(f)$。

7.1.4　匹配滤波器的输出波形 $s_0(t)$

根据线性网络的特性，滤波器输出信号 $s_0(t)$ 等于输入信号 $s(t)$ 与冲激响应 $h(t)$ 的卷积，于是有：

$$s_0(t) = s(t) * h(t) = \int_{-\infty}^{\infty} s(\tau) h(t-\tau)\,\mathrm{d}\tau = K\cdot R_s(t_0 - t) \tag{7-13}$$

其中，$R_s(t_0 - t)$ 是输入信号 $s(t)$ 的自相关函数，由于自相关函数是偶函数，故：

$$s_0(t) = K\cdot R_s(t - t_0) \tag{7-14}$$

说明匹配滤波器的输出信号是输入信号自相关函数的 K 倍。当取样时刻 $t = t_0$ 时：

$$s_0(t) = K\cdot R_s(0) \tag{7-15}$$

由于相关函数表征信号波形的相似程度，根据它的数学性质和物理意义可知式（7-15）的输出 $s_0(t)$ 不小于式（7-14）的 $s_0(t)$，即取样时刻 $t = t_0$ 时输出信号最大，故此时进行信号判决的可靠性最高。因此，通常也把匹配滤波器叫做输入信号的自相关器。

对于输出噪声 $n_0(t)$，同样可得：

$$n_0(t) = n(t) * h(t) = \int_{-\infty}^{\infty} n(\tau) K\cdot s\big[(t_0 - (t - \tau)\big]\,\mathrm{d}\tau = K\cdot R_{ns}(t_0 - t) \tag{7-16}$$

式中，$R_{ns}(t_0 - t)$ 是输入噪声与输入信号的互相关函数。在取样时刻 $t = t_0$，有：

$$n_0(t_0) = K\cdot R_{ns}(0) \tag{7-17}$$

说明 t_0 时刻滤波器的噪声输出等于 $n(t)$ 与 $s(t)$ 乘积的积分，即它们的互相关函数值。前已指出，相关函数值仅取决于进行相关运算的两个波形的相似程度，而与它们的幅度大小等全无关系。因此，所有相关运算中自相关值必然最大，而互不相关或者说完全不相似的两个信号波形之间的互相关值最小。由于 $n(t)$ 与 $s(t)$ 彼此独立，因此该积分值很小，也即输出噪声信号很小，这样输出信噪比就比输入信噪比大为提高。正因为匹配滤波器既是输入信号的自相关器，同时也是噪声信号与输入信号的互相关器，所以通过匹配滤波器后的输出信噪比可以达到最大。

　　根据上述分析可知，匹配滤波器可以用图 7.3 所示的相关运算电路来实现。图中，当输入信号 $s(t)$ 时，则输出信号 $s_0(t)$ 为：

图 7.3　匹配滤波器的相关器实现电路框图

$$s_0(t) = K \int_{-\infty}^{\infty} s(t) \cdot s(t) \mathrm{d}t = K \cdot R_s(0) \qquad (7\text{-}18)$$

同理，对输入的噪声信号 $n(t)$，其输出信号为：

$$n_0(t) = K \int_{-\infty}^{\infty} n(t) \cdot s(t) \mathrm{d}t = K \cdot R_{ns}(0) \qquad (7\text{-}19)$$

　　显然，式（7-18）、式（7-19）就是前面匹配滤波器的输出式（7-15）和式（7-17），故图 7.3 所示电路能实现匹配滤波器的功能，但它比传统的匹配滤波器适应性更好。因为只需改变图中本地信号发生器的输出信号 $s(t)$，就可以改变滤波器的特性以适应于任意输入的波形信号，从而免去了制作传统滤波器的麻烦。但是该电路的实现关键并非产生相同波形的本地 $s(t)$，而是本地 $s(t)$ 与输入信号的准确同步问题，即两个信号必须同频同相。只要二者能够同步，其性能是相当好的。

　　为了方便读者查阅和记忆，我们把匹配滤波器的重要参数列于表 7.1 中。

表 7.1　匹配滤波器的参数

$H(f)$	$h(t)$	$s_0(t)$	$s_0(t_0)$	$R_{0\max}$
$KS^*(f)\mathrm{e}^{-\mathrm{j}2\pi f t_0}$	$Ks(t_0 - t)$	$KR_s(t - t_0)$ $= KR_s(t_0 - t)$	$KR_s(0)$ $= KE$	$\dfrac{2E}{n_0}$

7.1.5　最大输出信噪比接收

　　由上面的讨论知道，利用匹配滤波器作接收滤波器，能获得最大输出信噪比，因此，通常利用匹配滤波器构成最大输出信噪比接收机。M 元（$M \geq 2$）数字信号的最大信噪比接收机的方框图如图 7.4 所示。

　　由于匹配滤波器就是输入信号的自相关器，因此图 7.4 所示方框图又可用自相关电路来实现，如图 7.5 所示。由于判决器每一个码元周期 T_B 进行一次判决，故积分器的积分时间为（$0 \sim T_B$）。

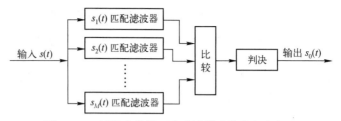

图 7.4　M 元数字信号匹配滤波器法接收机方框图

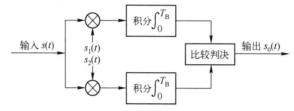

图 7.5　用相关器法实现的二元信号匹配滤波器接收机方框图

图 7.5 中，积分器分别算计算接收信号与两个可能的发送信号 0、1 之间的相关函数值，然后再根据两个函数值的大小进行判决，哪个数值大就判定发送信号为哪个信码（0 或 1）。只有当干扰使得接收信号与发送信号（0 或 1）之间相关函数值小于接收信号与另一个非实际发送的信号（1 或 0）之间的相关函数值时，才会出现误判。

7.2　最小均方误差接收机

所谓最小均方误差原则，就是指在输出信号与各个可能发送信号的均方差值中，与实际发送信号的均方差值最小。二元数字通信系统中，设发送端发送 0、1 信号的脉冲函数分别为 $s_1(t)$、$s_2(t)$，经过信道传输，接收机收到含噪声干扰的信号为 $s(t)$，则 $s_1(t)$、$s_2(t)$ 与接收信号 $s(t)$ 的均方误差 $\overline{\varepsilon_1^2(t)}$ 和 $\overline{\varepsilon_2^2(t)}$ 分别为：

$$\overline{\varepsilon_1^2(t)} = \frac{1}{T_B} \int_0^{T_B} \left[s(t) - s_1(t) \right]^2 \mathrm{d}t \tag{7-20}$$

$$\overline{\varepsilon_2^2(t)} = \frac{1}{T_B} \int_0^{T_B} \left[s(t) - s_2(t) \right]^2 \mathrm{d}t \tag{7-21}$$

按照使均方误差最小的原则，则有如下所示判决准则：

$$\begin{cases} \text{当} \overline{\varepsilon_1^2(t)} < \overline{\varepsilon_2^2(t)} \text{时,判决输入为} s_1(t) \\ \text{当} \overline{\varepsilon_1^2(t)} > \overline{\varepsilon_2^2(t)} \text{时,判决输入为} s_2(t) \end{cases} \tag{7-22}$$

满足该最小均方误差判决准则的接收机就是最小均方误差接收机，其相应的方框图如图 7.6 所示。

该框图虽然可实现，但结构较为复杂，尤其使用了非线性器件平方器，判决精度较差。将式（7-20）、式（7-21）代入准则式（7-22）中可得：

$$\begin{cases} \frac{1}{T_B} \int_0^{T_B} \left[s^2(t) - 2s(t)s_1(t) + s_1^2(t) \right] \mathrm{d}t < \frac{1}{T_B} \int_0^{T_B} \left[s^2(t) - 2s(t)s_2(t) + s_2^2(t) \right] \mathrm{d}t, \text{判为} s_1(t) \\ \frac{1}{T_B} \int_0^{T_B} \left[s^2(t) - 2s(t)s_1(t) + s_1^2(t) \right] \mathrm{d}t > \frac{1}{T_B} \int_0^{T_B} \left[s^2(t) - 2s(t)s_2(t) + s_2^2(t) \right] \mathrm{d}t, \text{判为} s_2(t) \end{cases}$$

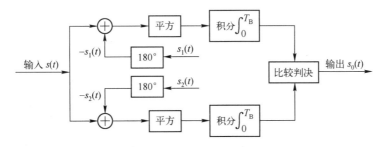

图 7.6　最小均方误差接收机方框图

一般情况下，发送的 $s_1(t)$ 和 $s_2(t)$ 为等能量信号，即：

$$\int_0^{T_B} s_1^2(t)\,dt = \int_0^{T_B} s_2^2(t)\,dt \qquad (7-23)$$

将式（7-23）代入准则式（7-22）中，得出最小均方误差准则的简化准则如下：

$$\begin{cases} \text{当} \int_0^{T_B} s(t)s_1(t)\,dt > \int_0^{T_B} s(t)s_2(t)\,dt \text{ 时，判决为 } s_1(t) \\ \text{当} \int_0^{T_B} s(t)s_1(t)\,dt < \int_0^{T_B} s(t)s_2(t)\,dt \text{ 时，判决为 } s_2(t) \end{cases} \qquad (7-24)$$

不难看出，简化准则式（7-24）实质上就是输入信号与可能的发送信号分别计算相关值，然后再根据相关值的大小作出判决。也就是说，按照最小均方误差准则建立起来的最佳接收机实质上就是一个相关接收机，其方框图如图 7.7 所示。

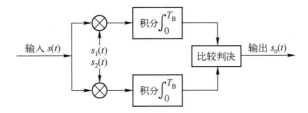

图 7.7　用相关器法实现的最小均方误差接收机方框图

该框图所示接收机是通过比较互相关函数值的大小来进行判决的。如果 $s(t)$ 与 $s_1(t)$ 的互相关函数值大于 $s(t)$ 与 $s_2(t)$ 的互相关函数值，则比较判决器将判决发送信号为 $s_1(t)$；否则，判为 $s_2(t)$。该电路的物理意义可解释为：由于互相关函数值越大，则接收到的波形 $s(t)$ 与可能的发送信号 $s_1(t)$（或 $s_2(t)$）越相似，因此判断发送端发送的是 $s_1(t)$（或 $s_2(t)$）的正确概率也越大。

事实上图 7.7 和前面的图 7.5 完全一样，那么可否认为匹配滤波接收就是最小均方误差接收呢？本章开始时我们就说过，各接收准则在一定的条件下是可以相互等效或转换的。由前面关于式（7-24）所示简化判决准则的推导可知，对于最小均方误差接收机而言，可以无条件地采用相关接收方式，它对噪声类型没有限制，也就是说相关接收法可以无条件地构成最小均方误差准则下的最佳接收机。但对于匹配滤波接收机而言，前已指出，只有当输入噪声是高斯白噪声时，它才能够达到最大输出信噪比。所以，如果干扰信号不能被视做高斯白噪声的话，则相关接收方式就不是最大输出信噪比准则下的最佳接收，但它仍然是最小均方误差准则下的最佳接收。

7.3　最小错误概率接收

　　所谓最小错误概率接收准则，就是指使得在接收端判决恢复原始发送信码时的误判概率
达到最小。由于信道中不可避免地存在噪声，必然会影响判决结果，造成误判，使得发送 s_1
时接收端可能判决为 s_1 或 s_2；发送 s_2 时也可能判决为 s_2 或 s_1。记接收端判决为 s_1 是事件 $Y1$；
判决为 s_2 是事件 $Y2$，若用 V_T 表示判决门限电平，$f(x/s_1)$ 表示发送信号 s_1 时接收信号与噪声
的联合概率密度，$f(x/s_2)$ 为发送信号 s_2 时接收信号与噪声的联合概率密度。可画出如图 7.8
所示的条件概率密度曲线及判决电平示意。由概率学知识可知，错判概率即误码率 P_e 为：

$$P_e = P(s_1)P(Y_2/s_1) + P(s_2)P(Y_1/s_2) \tag{7-25}$$

其中，

$$P(Y_2/s_1) = \int_{-\infty}^{V_T} f(x/s_1)\,\mathrm{d}x \tag{7-26}$$

$$P(Y_1/s_2) = \int_{V_T}^{\infty} f(x/s_2)\,\mathrm{d}x \tag{7-27}$$

必然存在一个最佳判决门限值可以使得误判的概率最小。从图 7.8 中可以看出，发生误判的
区域是 1、2 和 3，其中区域 2 代表发送 s_2 被误判为 s_1 的情况；区域 3 代表发送 s_1 被误判为 s_2
的情况；区域 1 则既代表发送 s_2 被判为 s_1、也代表发 s_1 被判为 s_2 的情况。整个误判面积应是三
个区域面积之和即（1+2+3）。从图中可以看出，若将门限 V_T 右移至经过两个曲线的交点，
则误判的面积将会达到最小为（1+3）。也就是说如果门限 V_T 取值使得门限的轴线经过曲线
的交点，则此时的误判概率最小，该判决门限值就是最佳门限。令 $\dfrac{\partial P_e}{\partial V_T} = 0$，通过数学计算，
得出使误判概率最小的条件为：

$$\frac{f(V_T/s_1)}{f(V_T/s_2)} = \frac{P(s_2)}{P(s_1)} \tag{7-28}$$

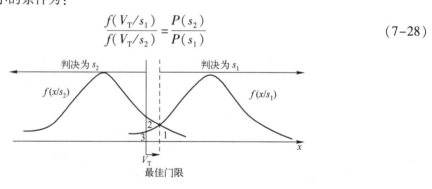

图 7.8　条件概率密度曲线及判决电平

令 $\lambda(x)$ 为似然比，即：

$$\lambda(x) = \frac{f(x/s_1)}{f(x/s_2)} \tag{7-29}$$

则称 $\lambda(V_T) = \dfrac{f(V_T/s_1)}{f(V_T/s_2)} = \lambda_B$ 为似然比门限，由于：

$$x > V_T \Rightarrow \begin{cases} f(x/s_1) \uparrow \\ f(x/s_2) \downarrow \end{cases} \Rightarrow \lambda(x) \uparrow \Rightarrow \lambda(x) > \lambda_B \tag{7-30}$$

可得判决准则为：

$$\begin{cases} x > V_T \text{ 或 } \lambda_x > \lambda_B \text{ 时,判为 } s_1 \\ x < V_T \text{ 或 } \lambda_x < \lambda_B \text{ 时,判为 } s_2 \end{cases} \tag{7-31}$$

当输入为零均值的高斯白噪声，对它进行类似分析，可得到此时的最小错误概率判决准则为：

$$\begin{cases} \displaystyle\int_0^{T_B} x(t)s_1(t)\mathrm{d}t > \int_0^{T_B} x(t)s_2(t)\mathrm{d}t \text{ 时,判为 } s_1 \\ \displaystyle\int_0^{T_B} x(t)s_2(t)\mathrm{d}t < \int_0^{T_B} x(t)s_1(t)\mathrm{d}t \text{ 时,判为 } s_2 \end{cases} \tag{7-32}$$

该判决准则显然又是一个利用相关函数值进行比较的准则，说明当噪声干扰为高斯白噪声时，最大输出信噪比准则、最小均方误差准则和最小错误概率准则等价。故可以画出最小错误概率准则下的最佳接收机模型如图7.9所示。

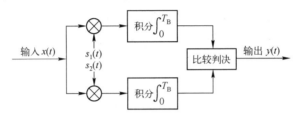

图 7.9 最小错误概率接收机方框图

7.4 最大后验概率接收

由前面所学信息论的有关知识可知，通信中的后验概率是指接收端根据收到的信息来判断发送端发送的是某个信元的概率。故最大后验概率准则就是指根据各个后验概率的大小，判决其中最大概率所对应的发送码元为发端的发送信码。在二元传输系统中，设收到信息为 x，发送端发出的码元是 s_1、s_2，其相应的后验概率就是 $f(s_1/x)$ 和 $f(s_2/x)$，则最大后验概率准则为式（7-33）所示：

$$\begin{cases} \text{若 } f(s_1/x) > f(s_2/x),\text{则判为 } s_1 \\ \text{若 } f(s_1/x) < f(s_2/x),\text{则判为 } s_2 \end{cases} \tag{7-33}$$

通常把按照这一准则进行判决的接收机称为理想接收机，其方框图如图7.10所示。

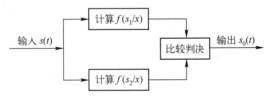

图 7.10 理想接收机方框图

设发送端发送 s_1 和 s_2 的先验概率密度为 $f(s_1)$ 和 $f(s_2)$，则它们相应的联合概率密度 $f(s_1,x)$ 和 $f(s_2,x)$ 分别为：

$$\begin{cases} f(s_1,x) = f(x)f(s_1/x) = f(s_1)f(x/s_1) \\ f(s_2,x) = f(x)f(s_2/x) = f(s_2)f(x/s_2) \end{cases} \tag{7-34}$$

对式（7-34）变换可得：

$$\begin{cases} f(s_1/x) = \dfrac{f(s_1)f(x/s_1)}{f(x)} \\[3mm] f(s_2/x) = \dfrac{f(s_2)f(x/s_2)}{f(x)} \end{cases} \tag{7-35}$$

将式（7-35）代入准则式（7-33），可以得出最大后验概率准则的另一种表达形式为：

$$\begin{cases} \text{若}\ \lambda(x) = \dfrac{f(x/s_1)}{f(x/s_2)} > \dfrac{f(s_2)}{f(s_1)} = \dfrac{P(s_2)}{P(s_1)} = \lambda_B，\text{则判为}\ s_1 \\[3mm] \text{若}\ \lambda(x) = \dfrac{f(x/s_1)}{f(x/s_2)} < \dfrac{f(s_2)}{f(s_1)} = \dfrac{P(s_2)}{P(s_1)} = \lambda_B，\text{则判为}\ s_2 \end{cases} \tag{7-36}$$

　　显然，式（7-36）与式（7-31）是完全相同的，故最大后验概率准则与最小错误概率准则等效。综上所述，对于高斯白噪声而言，按最大信噪比准则、最小均方误差准则、最小错误概率准则以及最大后验概率准则构成的接收机其结构相同，性能也相同。即该四种准则对干扰为高斯白噪声的通信系统来说，其最佳接收是完全一样的。

本 章 小 结

　　本章首先详细介绍了最大输出信噪比接收准则下的最佳接收机，然后再推导了最小均方误差、最小错误接收概率和最大后验接收概率的判决准则，并给出其相应的最佳接收机模型结构。通过推导过程说明各个接收准则的相互转换及其转换条件。由于篇幅限制，没有对各种最佳接收的性能做具体的数量分析，有兴趣的读者可自行查阅相关书籍或资料学习。为加深大家对各准则及其条件的印象，列出后三个准则的相关内容见表7.2，以便查阅、对比。

表7.2

准则名称	准则形式	准则演变形式	演变条件
最小均方误差	$\begin{cases} \overline{\varepsilon_1^2(t)} < \overline{\varepsilon_2^2(t)} \Rightarrow s_1 \\ \overline{\varepsilon_1^2(t)} > \overline{\varepsilon_2^2(t)} \Rightarrow s_2 \end{cases}$	$\begin{cases} \int_0^{T_B} s(t)s_1(t)\,dt > \int_0^{T_B} s(t)s_2(t)\,dt \Rightarrow s_1 \\ \int_0^{T_B} s(t)s_1(t)\,dt < \int_0^{T_B} s(t)s_2(t)\,dt \Rightarrow s_2 \end{cases}$	无
最小错误概率	$\begin{cases} x > V_T\ \text{或}\ \lambda_x > \lambda_B \Rightarrow s_1 \\ x < V_T\ \text{或}\ \lambda_x < \lambda_B \Rightarrow s_2 \end{cases}$	$\begin{cases} \int_0^{T_B} x(t)s_1(t)\,dt > \int_0^{T_B} x(t)s_2(t)\,dt \Rightarrow s_1 \\ \int_0^{T_B} x(t)s_2(t)\,dt < \int_0^{T_B} x(t)s_1(t)\,dt \Rightarrow s_2 \end{cases}$	零均值高斯白噪声
最大后验概率	$\begin{cases} f(s_1/x) > f(s_2/x) \Rightarrow s_1 \\ f(s_1/x) < f(s_2/x) \Rightarrow s_2 \end{cases}$	$\begin{cases} \lambda(x) > \lambda_B \Rightarrow s_1 \\ \lambda(x) < \lambda_B \Rightarrow s_2 \end{cases}$	无

习　题　7

一、填空题

　　7.1　最小均方误差原则指在输出信号与各个可能发送信号的均方差值中，与（　　　）的均方差值最小。最大后验概率准则就是指根据各接收符号的后验概率大小，判决其中（　　　）所对应的码元为发端的发送信码。实际上，对于高斯白噪声而言，按最大信噪比准则、（　　　）准则、（　　　）准则以及最大后验概率准则构成的接收机是（　　　）的。

7.2　数字信号传输过程中，在有噪声干扰的情况下，接收端能否正确地进行判决主要取决于（　　　）的大小。（　　　）越高，正确判决译码的概率就越大，系统的误码率也越低。

7.3　匹配滤波器的传递函数完全由（　　　）确定，也就是说，对于不同的信号，其相应的匹配滤波器是（　　　）的。因此，只要某一滤波器是某信号 $s(t)$ 的匹配滤波器，则对其他所有不同于 $s(t)$ 的信号，该滤波器就（　　　）匹配滤波器。

7.4　信号通过匹配滤波器后的输出信号波形将出现（　　　），故匹配滤波器一般不用于（　　　）的接收滤波，但由于它的输出可获得（　　　）而有利于（　　　），故将其用于（　　　）的接收滤波。（　　　）信号幅度和（　　　）信号作用时间都能提高信号的能量，从而提高（　　　）。

7.5　根据线性网络的特性，滤波器输出信号等于（　　　）与（　　　）的卷积，由数学推导可以得知：匹配滤波器的输出信号是输入信号（　　　）的 K 倍。因此，通常也把匹配滤波器叫做输入信号的（　　　）。

7.6　最小均方误差接收机是通过比较（　　　）值的大小来进行判决的。即如果 $s(t)$ 与 $s_1(t)$ 的互相关函数值大于 $s(t)$ 与 $s_2(t)$ 的互相关函数值，则比较判决器将判决发送信号为（　　　）；否则，判为（　　　）。这是因为（　　　）值越大，则接收到的波形 $s(t)$ 与可能的发送信号 $s_1(t)$（或 $s_2(t)$）越（　　　），因此判断发送端发送的是 $s_1(t)$（或 $s_2(t)$）的正确概率也越（　　　）。

7.7　通信中的后验概率是指接收端根据（　　　）来判断发送端发送的是某个信元的（　　　）。最大后验概率准则就是指根据各个（　　　）的大小，判决其中（　　　）所对应的发送码元为（　　　）。

7.8　若信号 $s(t)$ 的截止时刻为 t_b，则它按最大信噪比准则的匹配滤波器为 $h(t) = $（　　　），相应的最大信噪比为（　　　），该最大信噪比应选在（　　　）。

二、单选题

7.9　根据线性网络的特性，滤波器输出信号 $s_0(t)$、输入信号 $s(t)$、冲激响应 $h(t)$ 之间的关系可表示为（　　　）。

    A. $s(t) = s_0(t) * h(t)$ B. $s_0(t) = s(t) * h(t)$

    C. $h(t) = s(t) * s_0(t)$ D. $s_0(t) = s(t) \cdot h(t)$

7.10　最小均方误差原则就是指在输出信号与各个可能发送信号的均方差值中，与实际发送信号的均方差值（　　　）。

    A. 最小   B. 相等   C. 最大   D. 与此无关

三、多选题

7.11　数字通信系统中，为提高接收机性能，在相同输入信噪比的条件下，使接收机实现特定准则的最佳接收方式有（　　　）。

    A. 最大输出信噪比准则   B. 最小均方误差准则

    C. 最小错误概率准则   D. 最大后验概率准则

7.12　下列关于匹配滤波器冲激响应的说法正确的是（　　　）。

    A. 冲击响应就是输入信号的镜像在时间上延迟一个取样时刻 t_0

    B. 冲击响应就是输入信号的镜像在时间上延迟任意时刻 t_i

    C. 若某滤波器的冲激响应是波形 $s(t)$ 在时间上对于固定时刻 t_0 的镜像，则该滤波器一定是 $s(t)$ 的匹配滤波器

    D. 若某滤波器的冲激响应 $h(t)$ 是波形 $s(t)$ 在时间上对于固定时刻 t_0 的反转，则该滤波器一定是 $s(t)$ 的匹配滤波器

7.13　在二元数字传输系统中，设收到信息为 x，发送端发出的码元是 s_1、s_2，其相应的后验概率就是

$f(s_1/x)$ 和 $f(s_2/x)$，则最大后验概率准则可表示为（　　）。

A. $\begin{cases} \text{若 } f(s_1/x) > f(s_2/x)，\text{则判为 } s_2 \\ \text{若 } f(s_1/x) < f(s_2/x)，\text{则判为 } s_1 \end{cases}$

B. $\begin{cases} \text{若 } f(s_1/x) > f(s_2/x)，\text{则判为 } s_1 \\ \text{若 } f(s_1/x) < f(s_2/x)，\text{则判为 } s_2 \end{cases}$

C. $\begin{cases} \text{若 } \lambda(x) = \dfrac{f(x/s_1)}{f(x/s_2)} > \dfrac{f(s_2)}{f(s_1)} = \dfrac{P(s_2)}{P(s_1)} = \lambda_B，\text{则判为 } s_1 \\ \text{若 } \lambda(x) = \dfrac{f(x/s_1)}{f(x/s_2)} < \dfrac{f(s_2)}{f(s_1)} = \dfrac{P(s_2)}{P(s_1)} = \lambda_B，\text{则判为 } s_2 \end{cases}$

D. $\begin{cases} \text{若 } \lambda(x) = \dfrac{f(x/s_1)}{f(x/s_2)} > \dfrac{f(s_2)}{f(s_1)} = \dfrac{P(s_2)}{P(s_1)} = \lambda_B，\text{则判为 } s_2 \\ \text{若 } \lambda(x) = \dfrac{f(x/s_1)}{f(x/s_2)} < \dfrac{f(s_2)}{f(s_1)} = \dfrac{P(s_2)}{P(s_1)} = \lambda_B，\text{则判为 } s_1 \end{cases}$

7.14　对于高斯白噪声而言，按照如下（　　）构成的最佳接收机实质是彼此等效的。

A. 最大信噪比准则　　　　　　　　B. 最小均方误差准则

C. 最小错误概率准则　　　　　　　D. 最大后验概率准则

四、判断题（正确的打√，错误的打×）

7.15　（　　）采用输入匹配滤波的接收机就是最大输出信噪比条件下的最佳接收机。该匹配滤波器的传递函数与输入信号波形无关，即一个匹配滤波器可以适应多个不同的输入信号。

7.16　（　　）高斯白噪声干扰时，匹配滤波器可以使输出信噪比达到最大。因此，采用匹配滤波器进行滤波的接收机就是最大输出信噪比条件下的最佳接收机。

7.17　（　　）只要某一滤波器是某信号 $s(t)$ 的匹配滤波器，则它将可以匹配于所有的信号。

7.18　（　　）信号通过匹配滤波器后的输出信号波形将出现失真，故匹配滤波器只是相对某种程度上的最佳接收滤波，由他构成的接收机实际上也只是最大输出信噪比条件下的次最佳接收机。

7.19　（　　）信号传输过程中，由于噪声干扰必然会影响判决结果，使得发送 s_1 时接收端可能判决为 s_1 或 s_2；发送 s_2 时也可能判决为 s_2 或 s_1。最小错误概率接收准则，就是指使得在接收端判决恢复原始发送信码时的误判概率达到均值。

7.20　（　　）当干扰为高斯白噪声时，最大输出信噪比准则、最小均方误差准则和最小错误概率准则等价。

五、思考、问答与画图题

7.21　为什么最大输出信噪比接收准则下的最佳接收机一般由匹配滤波器构成？

7.22　为什么最佳接收机一般情况下就是相关接收机？

7.23　试画出 4 元数字信号匹配滤波器法接收机的方框图模型。

第 8 章 同 步 原 理

内容提要

介绍载波同步、位同步、群同步和网同步的概念，以及它们对于通信系统的作用和实现的原理。详细分析和讨论载波同步、位同步系统中的外同步法、自同步法，以及群同步系统的连续插入法、分散插入法的具体实现方式以及性能指标。此外，还对网同步系统的基本架构和实现方式进行了阐述。

同步是指通信系统的收、发双方在时间上步调一致，又称定时。同步是一个十分重要的问题，整个通信系统工作正常的前提就是同步系统正常，同步质量的好坏对通信系统的性能指标起着至关重要的作用。

如果按实现同步的方法来分，同步系统可分为外同步和自同步。由于自同步法无须另加信号传送，可以把整个发射功率和带宽都用于信号传输，其相应的效率就高一些，但实现电路也相对复杂。目前两种同步方式都被广为采纳。

按同步系统的功能划分，可分为载波同步、位同步、群同步和网同步。其中，载波同步、位同步和群同步是基础，网同步以前三种为基础，针对多点到多点间的通信。本章主要讨论前三种同步的基本原理、实现方法、性能指标及其对通信系统性能的影响。

8.1 载波同步

由前面第 2、4 两章学习可知，无论是模拟调制系统还是数字调制系统，接收端都必须提供与接收信号中的调制载波同频同相的本地载波信号才能保证正确解调，这个解调过程就是相干解调，而获取同频同相的本地载波信号的过程就是载波同步或载波提取。对于任何需要相干解调的系统而言，其接收端如果没有相干载波是绝对不可能实现相干解调的。所以说，载波同步是实现相干解调的前提和基础，本地载波信号的质量好坏对于相干解调的输出信号质量有着极大的影响。

很多读者在此都把本地载波的同频率同相位理解为与发送端用于调制的载频信号同频同相，但事实上接收端本地载波是与接收端收到信号中的调制载波信号同频同相。这是因为发送的信号在传输过程中可能因噪声干扰而产生附加频移和相移，即使收、发两端用于产生载波的振荡器输出信号频率绝对稳定，相位完全一致，也不能在接收端完全保证载波同步。第二，收到的信号中，不一定包含发送端的调制载波成分，如果包含，可用窄带滤波器直接提取载波信号，这一方法很简单，我们不再仔细讲述，而主要介绍另外两种常用的载波提取方法：直接法和插入导频法，它们都是针对接收信号中不含载波成分的情况。

8.1.1 直接法

发送端不特别另外发送同步载波信号，而是由接收端设法直接从收到的调制信号中直接提取载波信号的方法就是直接法，显然，这种载波提取的方式属于自同步的范畴。

前面已经指出，如果接收信号中含有载波分量，则可以从中直接用滤波器把它分离出来，这当然也是采用的直接法，但我们这里所介绍的直接法主要是指从不直接包含载频成分的接收信号（如抑制载波的双边带信号 $s_{DSB}(t)$、数字调相信号 $s_{PSK}(t)$ 等）中，提取载频信号的方法。这些信号虽然并不直接含有载频分量，但经过一定的非线性变换后，将出现载频信号的谐波成分，故可以从中提取载波分量。下面具体介绍几种常用的载波提取法。

1. 平方变换法和平方环法

平方变换法和平方环法一般常用于提取 $s_{DSB}(t)$ 信号和 $s_{PSK}(t)$ 信号的相干载波。

（1）平方变换法。我们以抑制载波的双边带信号 $s_{DSB}(t)$ 为例，来分析平方变换法的原理。设发送端调制信号 $m(t)$ 中没有直流分量，则抑制载波的双边带信号为：

$$s_{DSB}(t) = m(t) = \cos\omega_c t \qquad (8-1)$$

设噪声干扰的影响可以忽略不计，则 $s_{DSB}(t)$ 经信道传输后，在接收端通过一个非线性的平方律器件的输出 $e(t)$ 为：

$$e(t) = s_{DSB}{}^2(t) = \frac{1}{2}m^2(t) + \frac{1}{2}m^2(t)\cos2\omega_c t \qquad (8-2)$$

式（8-2）中第二项含有载波信号的 2 倍频分量 $2\omega_c$，如果用一个窄带滤波器将该 $2\omega_c$ 频率分量滤出，再对它进行二分频，就可获得所需的本地相干载波 ω_c。这就是平方变换法提取载波的基本原理，其框图如图 8.1 所示。

图 8.1　平方变换法

由于二相相移键控信号 $s_{PSK}(t)$ 实质上就是调制信号 $m(t)$ 由连续信号变成仅有 ± 1 两种取值的二元数字信号时的抑制载波双边带信号，该信号通过平方率器件后的输出 $e(t)$ 为：

$$e(t) = [s_{PSK}(t)]^2 = [m'(t)\cos\omega_c t]^2 = \frac{1}{2}m'^2(t) + \frac{1}{2}m'^2(t)\cos2\omega_c t \qquad (8-3)$$

其中，$m'(t)$ 为仅有 ± 1 两个取值的 $m(t)$。故二相相移键控信号 $s_{PSK}(t)$ 同样可以通过上边图 8.1所示的平方变换法来提取载波信号。

（2）平方环法。在图 8.1 所示平方变换法框图中，若将 $2\omega_c$ 窄带滤波器用锁相环（PLL）来代替，就构成了如图 8.2 所示的平方环法载波提取法框图。显然，这两种方法之间的差异仅只在于对 ω_c 的提取方式上，其基本原理是完全一样的。

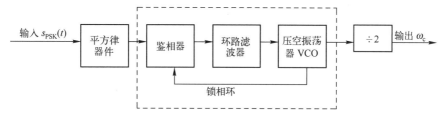

图 8.2　平方环法

由于锁相环除了具有窄带滤波和记忆功能外，还有良好的跟踪性能，即相位锁定功能，尤其是当载波的频率改变比较频繁时，平方环法的适应能力更强。因此，二者相比，平方环法提取的载波信号和接收的载波信号之间的相位差更小，载波质量更好。故通常情况下平方环法的性能优于平方变换法，其应用也比平方变换法更为广泛。

2. 相位模糊

从图 8.1、图 8.2 看出，无论是平方变换法还是平方环法，它们提取的载波都必须由 2 分频电路分频产生。该分频电路由一级双稳态触发器件构成，在加电的瞬间触发器的初始状态究竟是 1 还是 0 状态是随机的，这使得提取的载波信号与接收的载波信号要么同相，要么反相。也就是说，由于分频电路触发器的初始状态不能确定，导致提取的本地载波信号相位存在不确定的情况，这就是第 4 章中提到的相位模糊或倒相。图 8.3 通过分频器的输入/输出波形，形象地解释了这一问题的成因。

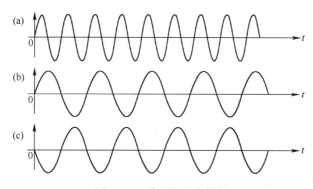

图 8.3　2 分频与相位模糊

由于触发器的初始状态可能是 0 或 1 状态，相应的电路也就有两种可能的分频方法：即它既可能把图 (a) 的第 1、2 周期，3、4 周期，5、6 周期，……合在一起（此时的输出 2 分频波形如图 (b) 所示）；也可能将 (a) 中的 2、3 周期，4、5 周期，6、7 周期，……合在一起（此时所得的 2 分频波形如图 (c) 所示）。显然，(b)、(c) 两种分频法的输出波形正好相位相反。

对于模拟的语音通信系统而言，因为人耳听不出相位的变化，所以相位模糊造成的影响不大。但对于采用绝对调相方式的数字通信系统，由于它可以使系统相干解调后恢复的信息与原来的发送信息正好相反（0 还原为 1，1 还原为 0），故它的影响将是致命性的。但对于相对调相 DPSK 信号而言，如本书第 4 章中所述，由于相对调相是针对相邻两个码元之间有无变化来进行调制和解调的，故本地载波信号反相并不会影响其信息解调的正确性。所以，上述两种载波提取电路不能用于绝对调相信号的解调，但可以提取DPSK信号的载波。

3. 同相正交环法

同相正交环法又叫科斯塔斯（Costas）环法，它的原理框图如图8.4所示。

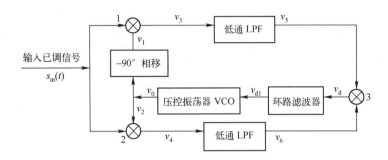

图8.4　科斯塔斯环

环路中，压控振荡器（VCO）的输出 $v_0(t)$ 经过90°移相器作用，提供两路彼此正交的本地载波信号 $v_1(t)$、$v_2(t)$，将它们分别与解调器输入端收到的信号 $s_m(t)$ 在相乘器1、2中相乘后输出信号 $v_3(t)$、$v_4(t)$，再分别经低通滤波器滤波，输出 $v_5(t)$、$v_6(t)$；由于 $v_5(t)$、$v_6(t)$ 都含有调制信号 $s_m(t)$ 分量，故利用相乘器3，使 $v_5(t)$、$v_6(t)$ 相乘以去除 $s_m(t)$ 的影响，产生误差控制电压 v_d。v_d 通过环路滤波器（LF）滤波后，输出仅与 $v_0(t)$ 和 $s_m(t)$ 之相位差 $\Delta\varphi$ 有关的压控控制电压，送至VCO，完成对振荡频率的准确控制。

如果把图中除低通LPF和压控振荡VCO以外的部分看成一个鉴相器，则该鉴相器输出就是 v_d，这正是我们所需的误差控制电压。v_d 通过LPF滤波后，控制VCO的相位和频率，最终使 $s_m(t)$ 和 $v_0(t)$ 之间频率相同，相位差 $\Delta\varphi$ 减小到误差允许的范围之内。此时，VCO的输出 $v_0(t)$ 就是我们所需要的本地同步载波信号。

设输入抑制载波双边带信号为 $s_m(t) = m(t)\cos\omega_c t$，压控振荡VCO的输出 $v_0(t)$ 为 $\cos(\omega_c t + \Delta\varphi)$，$\Delta\varphi$ 是 $v_0(t)$ 与 $s_m(t)$ 之间的相位差。设环路已经锁定，且系统受到的噪声影响可以忽略不计，则经90°移相后，输出两路彼此正交信号 $v_1(t)$、$v_2(t)$ 分别为：

$$v_1(t) = \cos(\omega_c t + \Delta\varphi - 90°)$$

$$v_2(t) = \cos(\omega_c t + \Delta\varphi)$$

经过相乘器1、2后，得到：

$$v_3(t) = v_1(t)S_m(t) = m(t)\cos\omega_c t\cos(\omega_c t + \Delta\varphi - 90°) \tag{8-4}$$

$$v_4(t) = v_2(t)S_m(t) = m(t)\cos\omega_c t\cos(\omega_c t + \Delta\varphi) \tag{8-5}$$

设低通滤波器的传递系数为 k，则经过低通后分别可得：

$$v_5(t) = \frac{1}{2}k\cos(\Delta\varphi + 90°)m(t) \tag{8-6}$$

$$v_6(t) = \frac{1}{2}k\cos(\Delta\varphi)m(t) \qquad\qquad (8-7)$$

再经过相乘器 3 相乘后输出：

$$v_d = v_5(t)v_6(t) = k^2 \cdot \frac{1}{8}m^2(t)\sin2\Delta\varphi \qquad\qquad (8-8)$$

其中，$m(t)$ 为双极性基带信号，设该基带信号为幅度为 A 的矩形波，则 $m^2(t)=A^2$ 为常数；若 $m(t)$ 不是矩形波，$m^2(t)$ 经环路滤波器滤波之后其低频成分仍将为一常数 C，故：

$$v_d = \frac{1}{8}k^2C\sin2\Delta\varphi = K\sin2\Delta\varphi \qquad\qquad (8-9)$$

即压控振荡器的输出 v_d 受 $v_0(t)$ 与 $S_m(t)$ 之间相位差的倍数 $2\Delta\varphi$ 的控制，其鉴相特性曲线如图 8.5 所示。

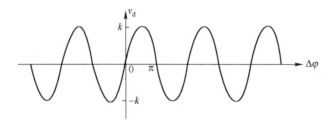

图 8.5　科斯塔斯环的鉴相特性

从鉴相特性可以看出，对于 $\Delta\varphi=n\pi$ 的各点，其曲线斜率均为正，所以这些点都是稳定的。但由于 n 可以取奇数或偶数，故 $\Delta\varphi$ 的值可以为 0 或 π，故同相正交环和前面的平方变换法和平方环法一样，也存在相位模糊的问题。但如果对输入信息序列进行差分编码调制，即采用相对相移键控 DPSK 调制，相干解调后通过差分译码，就可以完全克服由相位模糊导致的"反相工作"现象，正确地恢复原始信息。

同相正交环与平方环都利用锁相环（PLL）提取载波，由于锁相环电路的相位跟踪锁定能力强，故两种方式提取的载波质量都比较好。相比之下，虽然 Costas 环在电路上要复杂一些，但它的工作频率就是载波频率，而平方环的工作频率则是载频的两倍，当载波频率很高时，Costas 环由于工作频率较低而更易于实现；当环路正常锁定后，由于载波提取电路和解调电路合二为一，Costas 环可以直接获得解调输出，而平方环却不行。

Costas 环的移相电路必须对每个载波频率都产生 $-90°$ 相移，如果载波频率经常发生变换，则该移相电路必须具有很宽的工作带宽，实现起来比较困难，因此对于载波频率变化频繁的场合，一般不采用 Costas 环法来进行载波提取。

4. 多元调相信号的载波同步

第 4 章中介绍了多元相位调制信号（简称多相信号）的解调方法，其中相干解调过程和二元调相信号一样，在接收端必须要有同频同相的本地载波才可能完成解调。下面就以四元调相信号（简称四相信号）为例，介绍多相信号的相干载波提取方法。

（1）四次方变换法。四相信号相干解调所必需的本地载波，必须通过四次方变换器件将收到的四相信号进行四次方变换后，才能滤出其中的 $4\omega_c$ 成分，再将其四分频，就能得到载频 ω_c。其原理框图如图 8.6 所示。

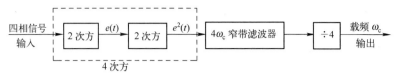

图 8.6　4 次方变换法

四相信号用载波的四个不同相位来表示四种不同的信息码元（0、1、2、3），一般只考虑四种信码等概率出现的情况。设其相位选取 $\dfrac{\pi}{2}$ 体制，则相应的四相信号 $s_{4PSK}(t)$ 为：

$$s_{4PSK}(t) = \begin{cases} a \cdot \cos(\omega_c t + 0) \cdots\cdots \text{概率}\dfrac{1}{4} \\[2mm] a \cdot \cos(\omega_c t + \dfrac{\pi}{2}) \cdots\cdots \text{概率}\dfrac{1}{4} \\[2mm] a \cdot \cos(\omega_c t + \pi) \cdots\cdots \text{概率}\dfrac{1}{4} \\[2mm] a \cdot \cos(\omega_c t + \dfrac{3}{2}\pi) \cdots\cdots \text{概率}\dfrac{1}{4} \end{cases} \qquad (8\text{-}10)$$

式中，a 为载波信号的幅度。

经过 2 次方器件后，输出 $e(t)$ 为：

$$e(t) = s_{4PSK}{}^2(t) = \begin{cases} \dfrac{a^2}{2}[1 + \cos(2\omega_c t + 0)] \cdots\cdots \text{概率}\dfrac{1}{4} \\[2mm] \dfrac{a^2}{2}[1 + \cos(2\omega_c t + \pi)] \cdots\cdots \text{概率}\dfrac{1}{4} \\[2mm] \dfrac{a^2}{2}[1 + \cos(2\omega_c t + 0)] \cdots\cdots \text{概率}\dfrac{1}{4} \\[2mm] \dfrac{a^2}{2}[1 + \cos(2\omega_c t + \pi)] \cdots\cdots \text{概率}\dfrac{1}{4} \end{cases} \qquad (8\text{-}11)$$

$$= \begin{cases} \dfrac{a^2}{2}[1 + \cos(2\omega_c t + 0)] \cdots\cdots \text{概率}\dfrac{1}{2} \\[2mm] \dfrac{a^2}{2}[1 + \cos(2\omega_c t + \pi)] \cdots\cdots \text{概率}\dfrac{1}{2} \end{cases} \qquad (8\text{-}12)$$

从式（8-12）不难看出：$e(t)$ 相当于载波频率为 $2\omega_c$ 的等概率二相调相信号，且 $e(t)$ 中不含 ω_c 频率成分。因此，采用平方变换法是无法提取四相信号的载频的。但如果将该等效二相调制信号 $e(t)$ 二次方，即对 $s_{4PSK}(t)$ 四次方，则有：

$$s_{4PSK}{}^4(t) = e^2(t) = \begin{cases} \dfrac{a^4}{4}[1 + 2\cos(2\omega_c t + 0) + \cos^2(2\omega_c t + 0)] \cdots\cdots \text{概率}\dfrac{1}{2} \\[2mm] \dfrac{a^4}{4}[1 + 2\cos(2\omega_c t + \pi) + \cos^2(2\omega_c t + \pi)] \cdots\cdots \text{概率}\dfrac{1}{2} \end{cases} \qquad (8\text{-}13)$$

其中仅包含 $4\omega_c$ 的平方项是我们所需的，即：

$$\cos^2(2\omega_c t + 0) = [1 + \cos 4\omega_c t]/2 \cdots\cdots \text{概率}\dfrac{1}{2} \qquad (8\text{-}14)$$

$$\cos^2(2\omega_c t + \pi) = [1 + \cos(4\omega_c t + 2\pi)]/2 = [1 + \cos 4\omega_c t]/2 \cdots\cdots \text{概率}\dfrac{1}{2} \qquad (8\text{-}15)$$

显然，式（8-14）、式（8-15）所示两个平方项完全相同，即它们合起来的概率为 1。也就是说，无论 $s_{4PSK}(t)$ 取（0，$\frac{\pi}{2}$，$\frac{2\pi}{2}$，$\frac{3\pi}{2}$）中的哪一个相位，它四次方后一定会有 $\cos 4\omega_c t$ 项，即存在 $4\omega_c$ 频率成分，因此可用 $4\omega_c$ 窄带滤波器将它滤出，再对其四分频便可获得载频频率 ω_c。与平方变换法相似，四分频也存在相位模糊现象（对 $\frac{\pi}{2}$ 相位体制而言，有四种可能的相位选择：0，$\frac{\pi}{2}$，$\frac{2\pi}{2}$，$\frac{3\pi}{2}$；对于 $\frac{\pi}{4}$ 相位体制而言，同样也有四种可能的相位选择：$\frac{\pi}{4}$，$\frac{3\pi}{4}$，$\frac{5\pi}{4}$，$\frac{7\pi}{4}$。），因此，四相相位调制常常采用四相相对移相调制来消除相位模糊的影响。

若将图 8.6 中的 $4\omega_c$ 窄带滤波器用锁相环代替，则四次方变换法就变成了四次方环法，如图 8.7 所示，其基本原理与平方环法相似，这里不再重复。

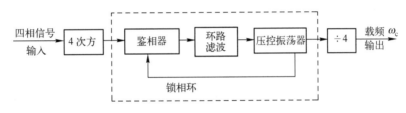

图 8.7 四次方环法

（2）四相科斯塔斯环。四相科斯塔斯环电路工作原理与前面的二相科斯塔斯环原理类似，只是二相环中的一个 90° 移相器由三个移相器：$\frac{\pi}{4}$ 移相器、$\frac{2\pi}{4}$ 移相器和 $\frac{3\pi}{4}$ 移相器替代，如图 8.8 所示。

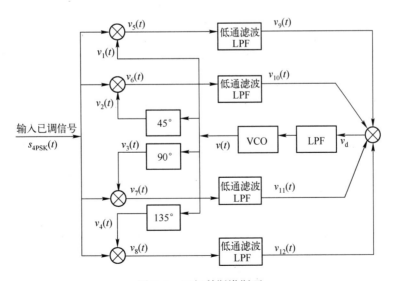

图 8.8 四相科斯塔斯环

设 $s_{4PSK}(t)$ 信号仍采用 $\frac{\pi}{2}$ 相位体制，则输入信号可取相位为 $\varphi = \left\{ 0, \frac{\pi}{2}, \frac{2\pi}{2}, \frac{3\pi}{2} \right\}$，为简便起见，令 $a = 1$，可将输入四相信号表示为 $s_{4PSK}(t) = \cos(\omega_c t + \varphi)$，则开机瞬间压控振荡器 VCO 的输出为：

$$v_1(t) = \cos(\omega_c t + \Delta\varphi)$$

则有：

$$v_2(t) = \cos\left(\omega_c t + \Delta\varphi + \frac{\pi}{4}\right) \tag{8-16}$$

$$v_3(t) = \cos\left(\omega_c t + \Delta\varphi + \frac{2\pi}{4}\right) \tag{8-17}$$

$$v_4(t) = \cos\left(\omega_c t + \Delta\varphi + \frac{3\pi}{4}\right) \tag{8-18}$$

和二相科斯塔斯环一样，可以用三角公式分别求出 $v_8(t)$、$v_9(t)$、$v_{10}(t)$、$v_{11}(t)$，将它们相乘得：

$$v_d = \frac{1}{128}\sin(4\Delta\varphi) \tag{8-19}$$

即：该压控振荡器受相差 $4\Delta\varphi$ 的控制，其鉴相特性如图 8.9 所示。

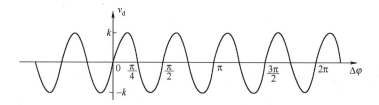

图 8.9　四相科斯塔斯环的鉴相特性曲线

从该鉴相特性不难看出，对于 $\Delta\varphi = \left\{ 0, \frac{\pi}{2}, \frac{2\pi}{2}, \frac{3\pi}{2}, \cdots, \frac{n\pi}{2} \right\}$ 各点，由于曲线斜率都大于 0，故环路均可稳定锁相，但存在 $0, \frac{\pi}{2}, \frac{2\pi}{2}, \frac{3\pi}{2}$ 四种剩余相差。所以说，四相科斯塔斯环输出的载频信号也存在相位模糊现象。

（3）多相移相信号（MPSK）的载波提取。将上述两类方法推广，可以得出 M 元相位调制信号采用相干解调方式时，接收端获取同步载波的方法——即基于平方变换法或平方环法的 M 次方变换法或 M 方环法，其框图分别如图 8.10、图 8.11 所示；而基于 Costas 环的推广方法对多进制调相信号实现比较复杂，一般实际电路中都不予采用。M 次方变换法和 M 次方环法的基本原理与前面二相信号完全类似，故不再赘述，有兴趣的读者可自行分析。

图 8.10　M 次方变换法

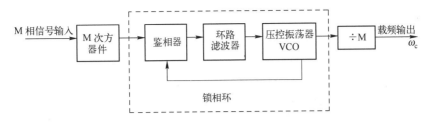

图 8.11　M 次方环法

5. 载波提取电路实例

CD4046 是目前最常见的集成锁相芯片，含有两个鉴相器，一个是异或门鉴相器，一个是鉴频 – 鉴相器，其同类产品为 MC14046、CC4046，均属于 CMOS 集成电路。有关 CD4046 的引脚排列及其功能说明详见第 4 章图 4.23 及表 4.1。图 8.12、图 8.13 所示为采用 CD4046 构成的平方环载波提取电路框图及原理图，可以从相对数字调相 $s_{DPSK}(t)$ 信号中进行载波提取。

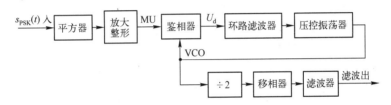

图 8.12　平方环法提取载波

图 8.12 中各单元与图 8.13 中主要元器件的对应关系如表 8.1 所示。其中模拟乘法器 MC1496 的内部结构如图 8.14 所示，其引脚序号也在图中予以指明。

表 8.1　载波提取模块框图单元与电路器件对应关系

框 图 单 元	电路图元器件
平方器	
鉴相器	锁相环 CD4046
环路滤波器	锁相环 CD4046
压控振荡器	锁相环 CD4046
÷2	D 触发器 74HC74
移相器	单稳态触发器 74LS123
滤波器	电感 L2；电容 C50

锁相环由鉴相器 PD、环路滤波器 LF 及压控振荡器 VCO 组成。PD 是一个模拟乘法器，LF 是一个低通滤波器。整个锁相环就是一个相位负反馈系统，乘法器 PD 检测 $u_i(t)$ 与 $u_o(t)$ 之间的相位差并通过运算生成误差电压 $u_d(t)$；LF 用于滤除乘法器输出信号中的高频分量，形成控制电压 $u_c(t)$，使 $u_o(t)$ 的相位逐渐逼近 $u_i(t)$ 相位。

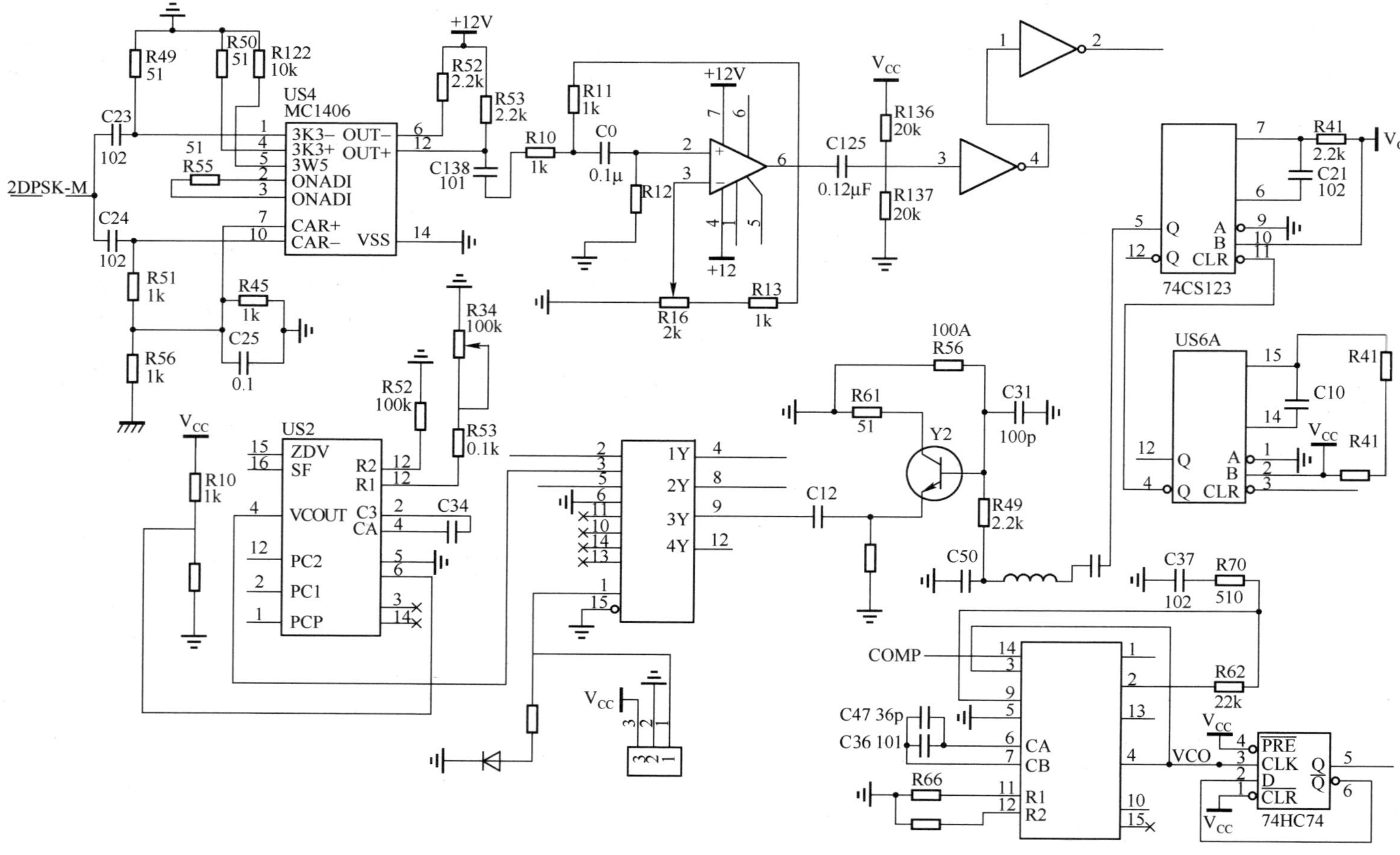

图 8.13 载波同步电路原理图

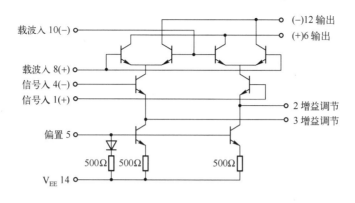

图 8.14　MC1496 的内部结构

8.1.2　插入导频法

当收到的信号频谱中不包含载波成分或很难从已调信号的频谱中提取载频分量（如单边带调制信号 $s_{SSB}(t)$ 或残留边带调制信号 $s_{VSB}(t)$）时，通常采用插入导频法来获取相干解调所需的本地载波。所谓插入导频，就是在发送端插入一个或几个携带载频信息的导频信号，使已调信号的频谱加入一个小功率的载频频谱分量，接收端只需将它与调制信号分离开来，便可从中获得载波信号。这个额外插入的频谱分量对应的就是我们所说的导频信号。与直接法相比，插入导频法需要额外导频信号才能实现载波同步，故它属于外同步法的范畴。

根据插入导频的基本原理，不难理解如下三条插入规则：

（1）为避免调制信号与导频信号之间相互干扰，通常选择导频信号在调制信号的零频谱位置插入。

（2）为减少或避免导频对信号解调的影响，一般都采用正交方式插入导频。

（3）为了方便提取载频 ω_c 信息，只要信号频谱在 ω_c 处为 0，则直接插入 ω_c 作导频，若确实不能直接插入 ω_c，则必须尽量使插入的导频能够比较方便地提取 ω_c，即导频的频率和 ω_c 之间存在简单的数学关系。

插入导频法一般分频域插入和时域插入两种，其中频域插入又可分为频域正交插入和双导频插入两种。下面分别予以介绍。

1. 频域插入

（1）频域正交插入。对于模拟的单边带调制信号 $s_{SSB}(t)$ 以及先经过相关编码再进行单边带调制或相位调制的数字信号，由于它们在载频 ω_c 附近的频谱分量都为 0 或很小，则根据上述插入导频的规则，可以直接插入载频 ω_c 作为导频信号。实现该插入导频方式的收、发电路框图分别如图 8.15、图 8.16 所示。

图 8.17 所示则是数字基带信号 $s(t)$ 在各级处理过程中的频谱变换示意。发送端之所以首先进行相关编码，是因为基带信号 $s(t)$ 直接进行绝对相位调制后的频谱在载频 ω_c 附近较强，如图 8.17 中（b）所示，（a）为基带信号 $s(t)$ 的频谱，故不能直接在 ω_c 处插入导频。但如果将输入的基带信号 $s(t)$ 首先经过相关编码，其频谱将变成图 8.17 中（c）所示，再对此信号进行绝对调相，其频谱在 ω_c 附近几乎为 0，如图 8.17 中（d）所示，于是可以直接插入导频 ω_c。

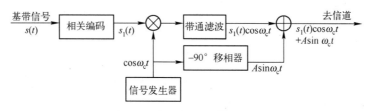

图 8.15 插入导频发信机框图

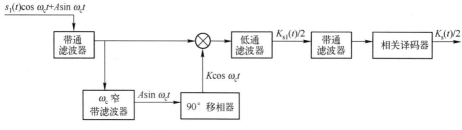

图 8.16 插入导频接收机框图

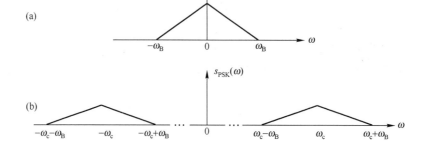

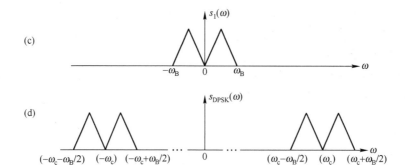

图 8.17 各级信号频谱

图 8.15 中所示的相加器就是用于插入导频信号 $A\sin\omega_c t$，它使导频 $A\sin\omega_c t$ 得以和相关编码后的 DPSK 信号 $s_1(t)\cos\omega_c t$ 迭加发送。其中 A 为常数，表示移相电路对输入的载波信号 $\cos\omega_c t$ 的幅度改变系数。

接收端的 ω_c 窄带滤波器和 90°移相器完成对载频信号 $\cos\omega_c t$ 的提取。其中，窄带滤波器输出正弦载频信号 $A\sin\omega_c t$，经过 90°移相器之后得到其正交信号 $K\cos\omega_c t$（其中 K 为常数，表示经过 90°移相器后该信号的输出幅度改变）。此正交信号 $K\cos\omega_c t$ 与原接收信号 $A\sin\omega_c t + s_1(t)\cos\omega_c t$ 相乘后，经低通滤波，再经由取样判决和相关译码，即可恢复原始基带信号 $s(t)$。

我们注意到，发端发送的导频信号 $A\sin\omega_c t$ 与载波调制的载频信号 $\cos\omega_c t$ 存在 90° 的相位差，是由载频移相 $-90°$ 后所得，即导频信号和载频信号彼此正交，这就是正交插入法的得名由来。如果直接插入载频信号 $A\cos\omega_c t$，则发送端的发送信号为 $[s_1(t)+A]\cos\omega_c t$，在接收端提取载波 $K\cos\omega_c t$ 后，经相干解调和低通滤波后，将输出 $\frac{K}{2}[s_1(t)+A]$；而按照图 8.16 中所示插入，则接收端的低通滤波输出为图中标注的 $\frac{K}{2}s_1(t)$。两者相比，采用非正交方式插入时将多出 $\frac{1}{2}KA$，这对接收端的判决输出产生直流干扰。所以，为避免直流干扰，必须插入正交的导频信号。

（2）插入双导频。根据插入导频的三条基本规则，只要信号频谱在 ω_c 处为 0 或较小，则尽可能直接插入 ω_c 作导频；若确实不能直接插入 ω_c，则必须使插入的导频信号能使接收端可以方便地提取 ω_c 的信息。正交插入就是对频谱在 ω_c 处为 0 或较小的调制信号的处置方式，但有些信号如残留边带调制信号 $s_{\text{VSB}}(t)$ 在 ω_c 处的频谱就很大，不能在 ω_c 处插入导频。对这类信号，要获取其同步载波，只能插入双导频 ω_1、ω_2。

从避免导频信号和调制信号相互干扰的角度考虑，应把导频频率选在信号频带之外；从节省带宽的角度出发，导频的谱线位置应该离信号频谱越近越好。综合以上两点要求，一般都将插入的两个导频信号频率选在信号频带之外，一个大于信号最高频率，一个小于信号最低频率，但都尽量靠近通带。

除此之外，还应注意使两个导频频率数值与 ω_c 之间存在简单关系，以方便提取载频。设插入双导频的频率分别为 ω_1 和 ω_2，它们分别位于 $s_{\text{VSB}}(t)$ 信号通频带外的上、下两侧，$\omega_1 < \omega_2$，则可按式（8-20）确定它们和 ω_c 的关系为：

$$\omega_c = \omega_1 + \frac{\omega_2 - \omega_1}{K} \tag{8-20}$$

其中，K 为整常数，为了便于分频电路的实现，一般取 K 值为 2、4、8、16 等 2 的正整数次幂。

只要确定了 K 和 ω_1 或 ω_2 两个参数中的任意一个，就可完全根据公式确定出三个主要的电路参数 ω_1、ω_2 和 K 了。这个电路的参数选择余地较大，其电路框图如图 8.18 所示。

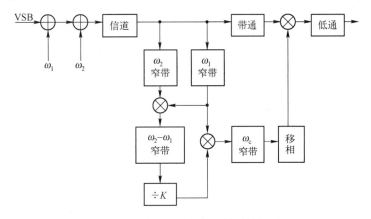

图 8.18　采用双导频插入的系统框图

比较图 8.18 和图 8.15, 不难发现和采用正交插入法的系统框图相比, 这个电路没有 $-90°$ 移相器。这是因为插入的双导频频率 ω_1、ω_2 都在信号频带之外, 只需要用带通滤波器即可将它们滤除, 故导频信号不会进入解调器, 自然也不可能对解调器的判决译码产生干扰, 因此不需将其移相 $-90°$ 后以正交方式插入。

2. 时域插入导频法

时域插入导频法是按照一定的时间顺序, 在固定的时隙内发送载波信息, 即把载波信息组合在具有确定帧结构的数字序列中进行传送, 如图 8.19 所示。这种方法发送的导频在时间上是断续的, 它只在每一帧信号周期里的某些固定时隙传送导频, 而其他时隙则只传送信息。这种方法在采用时分多址方式的卫星通信系统中应用较多。

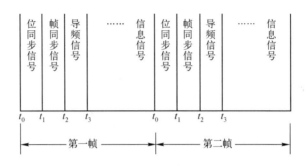

图 8.19　时域插入导频法帧结构示意

与频域插入法相比, 两种插入法的最大区别在于插入的导频信号连续与否。频域插入的导频在时间上是连续的, 信道中自始至终都有导频信号传送; 而时域插入的导频在时间上则是断续的, 导频信号只在一帧内很短的时段里出现。

由于时域插入的导频与调制信号不同时传送, 它们之间不存在相互干扰, 故一般直接选择 ω_c 作为导频频率。理论上接收端可以直接用 ω_c 窄带滤波器取出这个导频信号, 但因为导频 ω_c 是断续而非连续传送的, 所以不能直接取出作为同步载波使用。实际中通常采用锁相环来实现载频提取, 其框图如图 8.20 所示。图中, 模拟线性门在输入门控信号的作用下, 一个帧周期内仅在导频时隙 ($t_2 \sim t_3$) 打开, 将接收的导频信号送入锁相环, 使得压控振荡器 VCO 的振荡频率锁定在导频 ω_c 上; 在一帧中所有其他不传送导频的时隙, 模拟门关闭, 锁相环无导频信号输入, VCO 的振荡输出频率完全靠其自身的稳定性来维持。直到下一帧

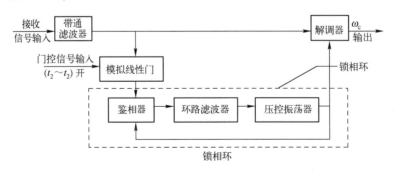

图 8.20　时域插入导频法的载频提取框图

信号的导频时隙（$t_2 \sim t_3$）到来后，模拟门再次打开，导频信号又一次被送入锁相环，VCO的输出信号再次与导频信号进行比较，进而实现锁定。如此周而复始地通过与输入的导频信号比较然后调整、锁定，压控振荡器的输出频率就一直维持 ω_c，送至解调器，实现载波同步。

8.1.3 载波同步系统的性能

1. 载波同步系统的性能指标

一个理想的载波同步系统应该具有实现同步效率高、提取的载波信号频率相位准确、建立同步所需的时间 t_s 短、失步以后保持同步状态的时间 t_c 长等特点。所以，衡量载波同步系统性能的主要指标就是效率 η、精度 $\Delta\varphi$、同步建立时间 t_s 和同步保持时间 t_c 等四个，它们都和提取载波信号的电路、接收端输入信号的情况以及噪声的性质有关。

（1）效率 η。为了获得载波信号而消耗的发送功率在总信号功率中所占的百分比就是载波系统的效率，即：

$$\eta = \frac{提取载波所用的发送功率}{总信号功率}$$

显然，这一指标主要是针对外同步法提出的。由于外同步法需要额外发送导频信号，它必然会单独占用功率、时间及频带等资源，导频信号占用的份额越多，同步系统的效率 η 就越低。自同步法由于不需另外发送导频信号，其效率自然较高。

（2）精度 $\Delta\varphi$。载波同步系统的精度是指提取的载波信号与接收的标准载波信号的频率差和相位差。由于对频率信号进行积分所得结果就是相位，一般就用相位差 $\Delta\varphi$ 来表示精度。显然，相位差 $\Delta\varphi$ 越小，系统的载波同步精度就越高，理想情况下，$\Delta\varphi = 0$。

一般相位差 $\Delta\varphi$ 都包含稳态相位差 $\Delta\varphi_0$ 和随机相位差 $\Delta\varphi_1$ 两部分。其中，稳态相位差 $\Delta\varphi_0$ 由载频提取电路产生，而随机相位差 $\Delta\varphi_1$ 则主要由噪声引起。

对于接收端使用窄带滤波器来提取载波的同步系统，稳态相差 $\Delta\varphi_0$ 由窄带滤波器特性决定。当采用单谐振回路作窄带滤波器时，其 $\Delta\varphi_0$ 则与该谐振回路中心频率 f_0 的准确度以及回路的品质因素 Q 有关。

对于采用锁相环方式来提取载波的同步系统，$\Delta\varphi_0$ 就是锁相环的剩余相差，而随机相差 $\Delta\varphi_1$ 则由噪声引起的输出相位抖动确定。

（3）同步建立时间 t_s。指系统从开机到实现同步或从失步状态到同步状态所经历的时间，显然，t_s 越小越好。当采用锁相环提取载波时，同步建立时间 t_s 就是锁相环的捕捉时间。

（4）同步保持时间 t_c。指同步状态下，若同步信号消失，系统还能维持同步的时间，显然，t_c 越大越好。采用锁相环提取载波时，同步保持时间 t_c 就是锁相环的同步保持时间。

2. 相位误差对解调性能的影响

相位误差是导频信号对系统解调性能产生影响的主要因素。对于不同信号的解调，相位误差的影响是不同的。

我们来分析图 8.21 所示双边带调制信号 $s_{DSB}(t)$ 和二元数字调相信号 $s_{2PSK}(t)$ 的解调过程。

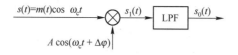

图 8.21 DSB、PSK 信号解调示意

$s_{\text{DSB}}(t)$ 和 $s_{2\text{PSK}}(t)$ 信号都属于双边带信号，它们的表示形式十分相似。设 $s_{\text{DSB}}(t)$ 信号为：

$$s(t) = m(t)\cos\omega_c t \tag{8-21}$$

当 $m(t)$ 仅有 ± 1 两种取值时，$s_{\text{DSB}}(t)$ 就成为 $s_{2\text{PSK}}(t)$ 信号了。为简便起见，我们用 $s(t)$ 来统一代表这两种信号。设提取的相干载波为 $A\cos(\omega_c t + \Delta\varphi)$，其中 $\Delta\varphi$ 为提取载波与原接收载波信号之间的相位差，则相乘器输出为：

$$s_1(t) = s(t)A\cos(\omega_c t + \Delta\varphi) = Am(t)\cos\omega_c t\cos(\omega_c t + \Delta\varphi)$$

$$= \frac{A}{2}m(t)\cos\Delta\varphi + \frac{A}{2}m(t)\cos(2\omega_c t + \Delta\varphi) \tag{8-22}$$

经过低通滤波之后，输出解调信号：

$$s_0(t) = \frac{A}{2}m(t)\cos\Delta\varphi \tag{8-23}$$

设干扰信号为零均值的高斯白噪声，其单边带功率谱密度为 n_0，信号的单边带宽为 B，则输出噪声功率为 $2n_0B$。显然，若没有相位差，即 $\Delta\varphi = 0$，则 $\cos\Delta\varphi = 1$，那么解调输出 $s_0(t)$ 将达到最大值 $\frac{A}{2}m(t)$，相应的，此时的输出信噪比 $\frac{S}{N}$ 也最大；若存在相位差，即 $\Delta\varphi \neq 0$，则 $\cos\Delta\varphi < 1$，解调输出 $s_0(t)$ 的幅度下降，输出信号功率减小，输出信噪比 $\frac{S}{N}$ 也随之下降。相位差 $\Delta\varphi$ 越大，$\cos\Delta\varphi$ 的值就越小，$\frac{S}{N}$ 也越小，解调输出的质量也就越差。对于 2PSK 信号，输出信号幅度的下降同样将会导致输出信噪比 $\frac{S}{N}$ 下降，使判决译码的错误率增高，误码率 P_e 也随之增大。

对于单边带调制信号 $s_{\text{SSB}}(t)$ 和残留边带调制信号 $s_{\text{VSB}}(t)$ 的解调，数学分析和实验都证明载波失步不会影响解调输出信号的幅度，但将使解调信号产生附加相移 $\Delta\varphi$，破坏原始信号的相位关系，使输出波形失真。只要 $\Delta\varphi$ 不大，该失真对模拟通信不会造成大的影响；但波形失真将引起或加重数字通信系统的码间串扰，使误码率 P_e 大大增加。因此，在采用单边带或残留边带调制的数字通信系统中，必须尽可能减小相位误差 $\Delta\varphi$。

综上所述，本地载波和标准载波之间的相位误差 $\Delta\varphi$ 将使双边带调制解调系统的输出信号幅度减小，信噪比下降，误码率增加，但只要 $\Delta\varphi$ 近似为常数，则不会引起波形失真；对单边带和残留边带调制系统的解调而言，相位误差主要是导致输出信号波形失真，这将导致数字通信的码间串扰，使误码率升高。

8.2 位同步

数字通信系统传送的任何信号，究其实质，都是按照各种事先约定的规则编制好的码元序列。由于每个码元都要持续一个码元周期 T_B，而且发送端是一个码元接一个码元地连续发送的，因此接收端必须要知道每个码元的开始和结束时间，做到收、发两端必须步调一致，即发送端每发送一个码元，接收端就相应接收一个同样的码元。只有这样，接收端才能选择恰当的时刻进行取样判决，最后恢复出原始发送信号。一般来说，发送端发送信息码元的同时也提供一个位定时脉冲序列，其频率等于发送的码元速率，而其相位则与信号的最佳取样判决时刻一致。接收端只要能从收到的信码中准确地将此定时脉冲系列提取出来，就可进行正确的取样判决，这个提取定时脉冲序列的过程就是位同步，有时也叫做码元同步。显然，位同步是数字通信系统所特有的，是正确取样判决的基础。

位同步与载波同步既有相似之处又有不同的地方。不论模拟还是数字通信系统，只要采用相干解调方式，就必须要实现载波同步，但位同步则只有数字通信系统才需要。因此，进行基带传输时不存在载波同步问题，但位同步却是基带传输和频带传输系统都需要的；载波同步所提取的是与接收信号中的载波信号同频同相的正弦信号，而位同步提取的则是频率等于码速率、相位与最佳取样判决时刻一致的脉冲序列；两种同步的实现方法都可分为外同步法（即插入导频法）和自同步法（即直接提取法）两种。下面分别具体介绍位同步的这两类实现方式。

8.2.1 外同步法

位同步的外同步实现法分为插入位定时导频法和包络调制法两种。

1. 插入位定时导频法

和载波同步中的插入导频法类似，插入的位定时导频也必须选在基带信号频谱的零点插入，以免调制信号和导频信号相互干扰，影响接收端提取的导频信号准确度。除此之外，为方便在接收端提取码元重复频率 f_B 的信息，插入导频的频率通常选择为 f_B 或 $\dfrac{f_B}{2}$。这是因为一般基带信号的波形都是矩形波，其频谱在 f_B 处通常都为 0，如图 8.22（a）所示全占空矩形基带信号功率谱，故此时应选择插入导频信号频率为 $f_B = \dfrac{1}{T_B}$，T_B 为一个基带信号的码元周期。而相对调相中经过相关编码的基带信号频谱第一个零点通常都是 $\dfrac{f_B}{2}$ 处，所以此时选择插入导频信号频率为 $\dfrac{f_B}{2} = \dfrac{1}{2T_B}$。实现该插入法的系统电路框图如图 8.23 所示。

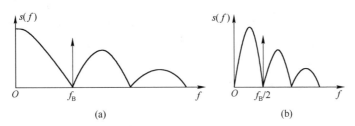

图 8.22　插入位定时导频信号的频率选择

该框图对应于图 8.22 中（a）所示的信号频谱情况。输入基带信号 $s(t)$ 经过相加电路，插入频率为 f_B 的导频信号，再通过相乘器对频率 f_c 的正弦信号进行载波调制后输出。

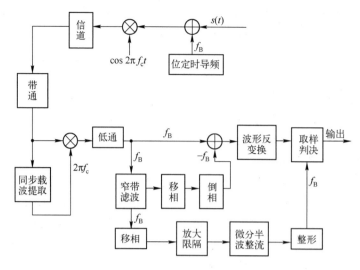

图 8.23　插入位定时导频法系统框图

　　接收端首先用带通滤波器滤除带外噪声，通过载波同步提取电路获得与接收信号的载波完全同频同相的本地载波后，由相乘器和低通完成相干解调。低通滤波器的输出信号经过窄带滤波器滤出导频信号 f_B，通过倒相电路输出导频的反相信号 $-f_B$，送至相加电路与原低通输出的调制信号相加，消去其中的插入导频信号 f_B，使进入取样判决器的只有信息信号，避免插入导频影响信号的取样判决。图中的两个移相器都是用来消除窄带滤波器等器件引起的相移，有的情况下也把它们合在一起使用。由于微分全波整流电路具有倍频作用，对图 8.23 中插入的位定时导频 f_B，其最后送入取样判决电路的位同步信息将是 $2f_B$，故框图中采用了半波整流方式。而针对图 8.22 中（b）所示的频谱情况，由于插入导频是 $\dfrac{f_B}{2}$，接收机中采用微分全波整流电路，利用其倍频功能，正好使提取的位同步信息为 f_B。

　　和 8.1 节的相关内容比较发现，载波同步插入法与位同步插入法消除插入导频信号影响的方式是截然不同的。前者通过正交插入来消除其影响，后者则采用反相抵消来达到目的。这是因为相干解调通过载波相乘可以完全抑制正交载波，而载波同步在接收端又必然有相干解调过程，故它不需另加电路，只要在发送端插入正交的载频信号，接收端就一定能抑制其影响。位定时频信号在基带加入，不通过相干解调过程，故只能用反相抵消的办法，来消除导频对基带信号取样判决的影响。理论上讲，反相抵消同样也适于载波同步情况。但相比之下，正交插入法的电路简单些，实现起来更为方便，并且反相抵消过程中一旦出现较大的相位误差，其解调性能将远低于正交插入。因此，载波同步基本上不采用反相抵消方式来消除插入导频对信号解调的影响。

2. 包络调制法

　　使用包络调制法提取位同步信号主要用于移相键控 2PSK、移频键控 2FSK 等恒包络（即调制后的载波信号幅度不变）数字调制系统的解调。如图 8.24 所示就是其原理框图。图中，发送端采用位同步信号的某种波形（图中为升余弦滚降波形）对已经过 2PSK 调制的

射频信号 $s_{\mathrm{2PSK}}(t)$ 再进行附加的幅度调制，使其包络随着位同步信号波形的变化而变化，形成双调制的调相调幅波信号发送。（其中调幅频率为位同步信号频率 f_{B}）。

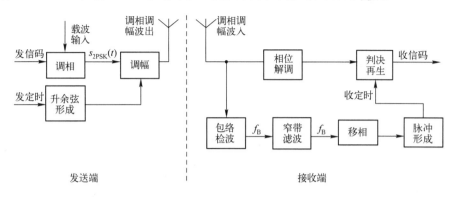

图 8.24　包络调制原理框图

接收端将收到的双调制信号分两路分别进行包络检波和相位解调。通过包络检波，得到含有位同步信息 f_{B} 的输出信号，再通过窄带滤波器即可取出该 f_{B} 信号。移相器消除窄带滤波器等引起的 f_{B} 相位偏移后，再经过脉冲整形电路，输出和发定时完全同步的收定时脉冲序列，对经过相位解调后送至译码器进行判决再生的信息信号提供位定时，使其准确地恢复输出原始信码。为减少位定时对信号解调产生的影响，附加调幅通常都采用浅调幅。

除了上述从频域插入位定时信号外，位同步系统也可采用时域插入方式，在基带信号中断续地传送导频 f_{B} 信号，接收端通过它来校正本地位定时信号，实现位同步。由于位同步的时域插入使用较少，这里不再赘述。

8.2.2　直接法

直接法在位同步系统中应用最广，属于同步中的自同步法一类。和载波同步的自同步法一样，它不在发信端单独发送导频信号或进行附加调制，仅在接收端通过适当的措施来提取位同步信息。通常使用的位同步自同步法有滤波法、包络"陷落"法和锁相法等，下面一一给予介绍。

1. 滤波法

对于单极性归零脉冲，由于它的频谱中一定含有 f_{B} 成分，故接收端只要把解调后的基带波形通过波形变换，如微分及全波整流，再用窄带滤波器取出该 f_{B} 分量，经移相调整后就可形成位定时脉冲 f_{B} 用于判决再生电路。

但是，对非归零脉冲信号而言，不论是单级性还是双极性，只要它的 0、1 码出现概率近似相等，即 $P(0) \approx P(1) = \dfrac{1}{2}$，则其信号频谱中将不再含有 f_{B} 或 $2f_{\mathrm{B}}$ 等 nf_{B} 成分（n 为正整数），即频谱中没有 nf_{B} 谱线，因此不能直接从接收信号中提取位同步信息。但如果先对信号进行波形变换，使其变成单极性归零脉冲，则其频谱中将出现 nf_{B} 谱线，这时就可用前述对单极性归零脉冲的处理方法来提取位定时信息了，其原理框图如图 8.25 所示，它首先形成含有位同步信息的信号，再用滤波器将其取出。

图 8.25　滤波法原理框图

图 8.26 所示是框图 8.25 中各对应点的波形图，其中（a）表示输入基带信号波形，（b）、（c）分别表示输入信号依次经过微分及全波整流后的输出波形，有的教材上把这两步合在一起称为波形变换，这是滤波法提取位同步信号过程中十分重要的两个环节。微分使输入的非归零信号变成归零信号；全波整流则保证输出信号的频谱中一定含有 nf_B 分量。由于输入信码中 $P(0) \approx P(1) = \frac{1}{2}$，如果不进行全波整流，微分电路输出的正负脉冲数目相等，则频谱中的 f_B 谱线仍将为 0，仍然不可能从中提取 f_B 信息，因此必须通过全波整流把随机序列由双极性变为单极性。由于该序列码元的最小重复周期为 T_B，它的归零脉冲中必然含有 $\frac{1}{T_B} = f_B$ 线谱，故可获得 f_B 信息。框图中的移相电路用来调整位同步脉冲的相位，即位脉冲的位置，使之适应最佳判决时刻的要求，降低误码率。

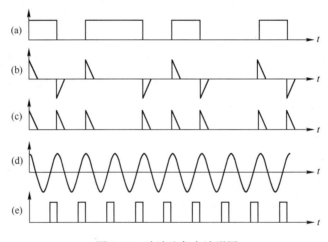

图 8.26　滤波法各点波形图

2. 包络"陷落"法

对于频带受限信号如二元数字调相信号 $s_{2PSK}(t)$ 等，可以采用包络"陷落"法来提取位同步信息。图 8.27、图 8.28 分别画出了包络"陷落"法的实现框图和框图中对应各点的波形变换。

图 8.27　包络"陷落"法接收机框图

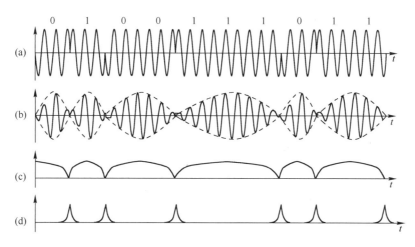

图 8.28　包络"陷落"法各点波形

设频带受限的 $s_{2PSK}(t)$ 信号带宽为 $2f_B$，其波形如图 8.28 中（a）所示。如果接收端的输入带通滤波器带宽 $B < 2f_B$，则该带通的输出信号将在相邻码元信号的相位反转处产生一定程度的幅度陷落，如图 8.28 中（b）所示。这个幅度陷落的信号（b）经过包络检波后，检出的包络波形如图 8.28 中（c）所示。显然，这是一个具有一定归零程度的脉冲序列，而且它的归零点位置正好就是码元相位发生反转的时刻，所以它必然含有位同步信号分量，用窄带滤波器即可将它取出，如 8.28（d）所示。

用于产生幅度陷落的带通滤波器的带宽不一定取值恒定，只要 $B < 2f_B$，带通滤波器的输出就一定会产生包络陷落现象，只是带宽 B 不同，陷落的形状和深度也不同。一般来说，带宽 B 越小，包络陷落的程度就越深。

3. 锁相法

（1）原理。位同步锁相法与载波同步的锁相法一样，都是利用锁相环的窄带滤波特性来提取位同步信号的。锁相法在接收端通过鉴相器比较接收信号和本地位同步信号的相位，输出与两个信号的相位差相应的误差信号去调整本地位同步信号的相位，直至相位差小于或等于规定的相位差标准。

位同步锁相法分为模拟锁相和数字锁相法两类。当鉴相器输出的误差信号对位同步信号相位进行连续调整时，称之为模拟锁相；当误差信号不直接调整振荡器输出信号的相位，而是通过一个控制器，对系统信号钟输出的脉冲序列增加或扣除相应若干个脉冲，从而达到调整位同步脉冲序列的相位，实现同步的目的时，称之为数字锁相。

数字锁相电路由全数字化器件构成，以一个最小的调整单位对位同步信号相位进行逐步量化调整，故有的教材把这种位同步锁相环叫做量化同步器。其原理框图如图 8.29 所示。

这是一个典型的数字锁相环电路，它由信号钟、控制器、分频器和相位比较器等组成。其中，信号钟包括一个高 Q 值的晶振和整形电路，控制器则指图中处于常开状态的扣除门、常闭状态的附加门和一个或门。

设接收码元的速率为 $R = f_B$，一般都选择晶振的振荡频率为 nf_B。晶振产生的振荡波形经整形电路整形后，输出周期 $T = \dfrac{1}{nf_B}$ 的脉冲方波，分成互为反相的 a（Q 端出）、b（$\overline{Q}$ 端出）两路，分别送至扣除门和附加门。n 分频器实质上是一个计数器，只有当控制器输入了 n 个脉冲后，它才输出一个脉冲，形成频率 f_B 的位同步脉冲序列信号，一路送入相位比较器，另一路则作为位同步信号输出到信号解调电路。相位比较器对输入的接收码元序列与分频器送来的位同步序列进行相位比较，若位同步码元序列相位超前就输出超前脉冲，滞后则输出滞后脉冲。该超前或滞后脉冲又被再送回控制器，相应扣除或添加信号钟输出脉冲。

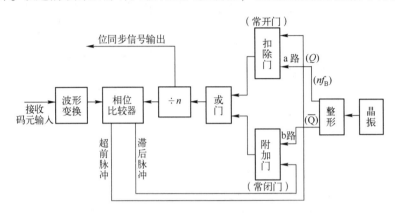

图 8.29　数字锁相环原理框图

扣除门是一个处于常开状态的门电路，而附加门则是常闭状态，故或门的输入一般都由整形电路的 Q 端输出信号从 a 路加入，再由或门送到分频器，经 n 次分频后输出。

相位比较器把分频器送来的位同步信号相位与接收码元的相位进行比较，若两个相位相同，则这种电路状态就继续维持下去，即晶振输出的 nf_B 振荡信号经整形及 n 分频后，所得的 f_B 信号就是位同步信号。

如果相位比较器检测到位同步信号相位超前于接收码元相位，就输出一个超前脉冲。该脉冲经反相器加到扣除门，扣除门将关闭 $\dfrac{1}{nf_B}$ 的时间，使整形电路 Q 端输入的脉冲被扣掉一个，与此相应，分频器输出延时 $\dfrac{1}{nf_B}$，即输出位同步信号相位将滞后 $\dfrac{2\pi}{n}$。到下一个码元周期相位比较器再次比相时，若位同步相位仍然超前，相位比较器就再输出一个超前脉冲，则送入分频器的 Q 端脉冲将再被扣除一个，使位同步信号相位再滞后 $\dfrac{2\pi}{n}$。如此反复，直到分频器输出位同步信号的相位等于接收信号的相位为止。

反之，如果相位比较器检测到位同步信号相位滞后于接收码元相位，则它输出一个滞后脉冲，并送到附加门。一般情况下，附加门都是关闭的，它仅在收到滞后脉冲的瞬间打开，使 $\overline{Q}$ 端的一个反向脉冲被送到或门。由于 Q 端脉冲正好与 $\overline{Q}$ 端脉冲反相，该反相脉冲的加入相当于在 Q 端两个正脉冲之间插入一个脉冲，使送至分频器的输入脉冲序列在相同的码元时间内增加了一个脉冲，于是，分频器将提前 $\dfrac{1}{nf_B}$ 的时间输出分频信号，即位同步信号相位提前了 $\dfrac{2\pi}{n}$。如此这般经过若干次调整，分频器输出脉冲序列与接收码元序列相位相同，实现了位同步。该数字锁相环的工作过程如图 8.30 所示。

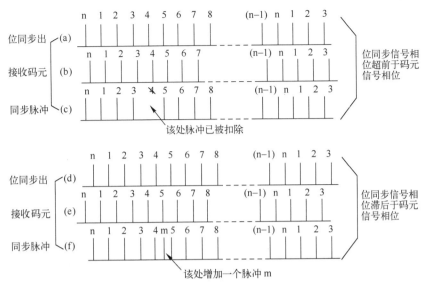

图 8.30 位同步数字锁相环的工作波形示意

不难发现，每次相位前移、后移的调整量都是 $\frac{2\pi}{n}$，此即最小相位调整量或相位调整单位。显然，$\frac{2\pi}{n}$ 的值越小，调整后输出位同步信号的精度越高。因此，要提高调整精度，必须加大 n 的值，也即晶振频率越高越好。当然，相应分频器的分频次数也要提高。

图 8.30 中，（a）、（d）为 n 次分频后输出的位同步信号，（b）、（e）是接收到的码元波形，（c）、（f）分别是扣除、增加一个同步脉冲的情况，前三个波形图（a）、（b）、（c）共同表示了位同步信号相位超前时，锁相环通过扣除输入分频器的脉冲使输出位同步信号相位滞后，进而达到位同步的工作过程。后三个波形图（d）、（e）、（f）则是位同步信号相位滞后时，锁相环通过增加输入分频器的脉冲使位同步信号相位超前，最后实现位同步的工作过程示意图。

根据相位比较器的不同结构和它获得接收码元基准相位的不同方法，可将位同步数字锁相环分为微分整流型数字锁相环和同相正交积分型数字锁相环两种，此处不再详细讲述。

（2）抗干扰性能的改善。由于噪声干扰，数字锁相环中送入相位比较器的输入信号将出现随机抖动甚至是虚假码元转换，使相位比较器的比相结果相应出现随机超前或滞后脉冲，导致锁相环立即进行相应的相位调整。但这种实际上是毫无必要的，因为一旦干扰消失，锁相环必然会重新回到原来的锁定状态。如果干扰时时存在，锁相环将常常进行这类不必要的调整，导致输出位同步信号的相位来回变化，即相位抖动，影响接收端译码判决的准确性。为此，实际系统中，通常仿照模拟锁相环在鉴相器之后加环路滤波器的方法，在数字锁相环的相位比较器后面也加上一个数字滤波器，插在图 8.29 的相位比较器输出之后，滤除这些随机的超前或滞后脉冲，就可以解决这一问题，提高锁相环抗干扰的能力。

用于这一目的的数字滤波器中，"N 先于 M" 滤波器和 "随机徘徊" 滤波器两种最为常见。图 8.31、图 8.32 分别画出实现上述抗干扰方案的两种滤波器原理框图。

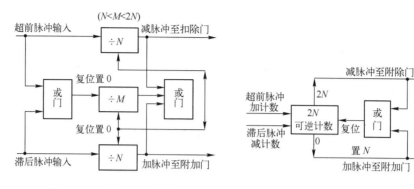

图 8.31　N 先于 M 滤波器　　　　图 8.32　随机徘徊滤波器

　　"N 先于 M" 滤波器包括 2 个 N 计数器，一个或门和一个 M 计数器。2 个 N 计数器分别用于累计超前脉冲和滞后脉冲的个数，一旦计数达到 N 个，就输出一个加或减脉冲，用于锁相环中送入分频器的 nf_{B} 整形电路输出脉冲的扣除或添加。无论超前还是滞后脉冲，通过或门后都将送入 M 计数器，所以 M 计数器对超前和滞后脉冲都要记数。一般选定 $N < M < 2N$。三个计数器中的任意一个计满都会使所有计数器复位。

　　当相位比较器输出超前（或滞后）脉冲时，由于该数字滤波器的插入，输出的超前或滞后脉冲不能直接加至扣除门或附加门，锁相环不会立即进行相应的相位调整。设 $N = 5$，$M = 8$，若锁相环中 n 分频器的输出信号确实相位超前（或滞后）了，则相位比较器一般都会连续输出若干个超前（或滞后）脉冲。如果输出的超前（或滞后）脉冲个数达到了 5 个，图 8.31 中上（或下）面的 N 计数器将计满，输出一个减（或加）脉冲到扣除门或（附加门）进行相应相位调整，同时三个计数都复位，重新开始刚才的计数过程。

　　如果不是位同步信号超前，而是由于干扰影响使相位比较器发生误判，进而输出超前（或滞后）脉冲，只要干扰不太强烈而持久，连续 5 次输出超前（或滞后）脉冲的情况将是极少的，一般都输出随机且分散的超前（或滞后）脉冲。由于 M 计数器对超前或滞后两种脉冲进行累加记数，故这种情况下，一般都是 M 计数器首先计满而使三个计数器复位，两个 N 计数器将没有输出，锁相环不进行相位调节，位同步信号的相位将保持不变，消除了随机干扰引起的相位抖动。

　　随机徘徊滤波器的工作原理与 N 先于 M 滤波器相似。但其中 2N 可逆计数器的记数原理异于普通记数器，即它既能进行加法计数又能进行减法计数。当输入超前脉冲时，计数器做加记数；反之则做减记数。只有当相位比较器连续输出 N 个超前脉冲（或 N 个滞后脉冲）时，可逆计数器的计数值才会计满到 2N（或减少为 0），输出相应的减（或加）脉冲至扣除门（或附加门）用于相位调整。

　　当位同步信号相位正常时，可逆计数器将停在 N 处，计数器没有输出，扣除门和附加门都不工作，电路维持现状，以锁相环中 N 分频器的输出为位同步信号。受到干扰影响时，由于一般干扰引起的超前或滞后脉冲是随机而零星的，使相位比较器交替地输出超前和滞后脉冲，极少会出现连续输出多个超前或多个滞后脉冲的情况，使超前与滞后脉冲个数之差达到 N 的概率极小。相应地，可逆计数器则因计数没有加至 2N（或减到 0）而不会输出加

· 222 ·

（或减）脉冲，锁相环不进行相位调节，输出位同步信号当然就没有相位抖动了。

由于滤波器采用累计计数方式，即必须要输入 N 个超前（或滞后）脉冲后，才能输出一个加（或减）脉冲进行一次相位调节，使锁相环对相位的调整速率下降为原来的 $\frac{1}{N}$。故数字锁相环路中增加上述两种滤波器必然会导致环路的同步建立时间加长，使提高环路抗干扰能力（希望 N 大）和缩短锁相同步建立时间（希望 N 小）之间出现矛盾。因此，在选择 N 的值时要注意两方面的要求，尽量做到两者兼顾。当然，也可以另外设计采用一些性能更为优良的电路来改善或解决这一问题，有兴趣的读者可自行查阅相关资料。

8.2.3　位同步系统的性能

与载波同步系统相似，位同步系统的性能指标主要有相位误差 $\Delta\varphi$、同步建立时间 t_s、同步保持时间 t_c 及同步带宽 B。由于位同步系统大多采用自同步法实现，其中又以数字锁相环法应用最为广泛，下面主要结合数字锁相环来介绍，并讨论相位误差对误码率的影响。

1. 位同步系统的性能指标

（1）相位误差 $\Delta\varphi$。用数字锁相法提取位同步信号时，其相位调整不是连续进行而是每次都按照固定值 $\frac{2\pi}{n}$ 跳变完成的。所以，相位误差 $\Delta\varphi$ 主要由这种按照固定值进行跳变调整引起。每调整一次，输出位同步信号的相位就相应超前或滞后 $\frac{2\pi}{n}$，周期提前或延后 $\frac{T}{n}$。其中，n 是分频器的分频次数，T 是输出位同步信号的周期。故系统可能产生的最大相位误差为：

$$\Delta\varphi_{\max} = \frac{2\pi}{n} \tag{8-24}$$

因此，增大 n 的值可以使每次调整的相位量更小一些，相位改变更精细一些，相应地相位误差 $\Delta\varphi$ 也就自然降低了。

（2）同步建立时间 t_s。指开机或失步以后重新建立同步所需的最长时间，记作 t_s。分频器输出的位同步信号相位与接收的基准相位之间的最大可能相位差为 π，显然，此时对应的同步调整时间最长，需要进行相位调整的次数 L 也最多，即：

$$L_{\max} = \frac{\pi}{\left(\frac{2\pi}{n}\right)} = \frac{n}{2} \tag{8-25}$$

这就是系统所需的最多可能调整次数。由于接收码元是随机的，对二元码来说，相邻两个码元之间的代码为 0（或者为 1）、变与不变的概率相等，也就是说平均每两个码元出现一次 0、1 代码的改变。由于相位比较器只在出现 0、1 变化时才比较相位，0、1 之间无变化时则不比相，每比相一次相位最多调整一步——增加或减少 $\frac{2\pi}{n}$ 或不变。与此对应，系统的最大可能位同步建立时间为：

$$t_{s\max} = 2T_B \times \frac{n}{2} = nT_B \tag{8-26}$$

式中，T_B 为一个码元周期。

如考虑抗干扰电路的影响，即引入数字滤波器的影响，则最大可能位同步建立时间为：

$$t_{smax} = nNT_B \tag{8-27}$$

式中，N 为抗干扰滤波器中计数器的计数次数。

可以看出，n 增大时系统的位同步精度提高，但相应的同步建立时间也增长，即这两个指标对电路的要求是相互矛盾的。

（3）同步保持时间 t_c。同步状态下若接收信号中断，位同步信号相位误差 $\Delta\varphi$ 仍保持在某规定值范围内的时间，即系统由同步到失步所需时间，就是同步保持时间 t_c。

同步建立之后，数字锁相环的相位比较器不输出调整脉冲，电路将维持现态。如果中断输入信号或输入信码中出现长连 0、连 1 码时，相位比较器不进行比相，锁相环将失去相位调整作用。接收端时钟输出信号不作任何调整，相位误差 $\Delta\varphi$ 完全依赖于双方时钟输出信号的频率稳定度。由于收、发频率之间总是会有频差存在的，故接收端位同步信号相位将逐渐发生漂移，时间越长，漂移量越大，直至 $\Delta\varphi$ 达到或超过规定数值范围时，系统就失步了。

显然，收、发两端振荡器输出信号的频率稳定度对 t_c 影响极大，频稳度越高，位同步信号的相位漂移就越慢，$\Delta\varphi$ 超过规定值需要的时间就越长，t_c 就越大。

（4）同步带宽 B。同步带宽 B 指系统允许收、发振荡器输出信号之间存在的最大频率差 Δf。前已指出，数字锁相环平均每两个码元周期调相一次，每次的相位调整量为 $\dfrac{2\pi}{n}$。由于收、发两端振荡频率不可能完全相同，故每 2 个码元周期将产生相位差为：

$$\Delta\theta = 2\left(\frac{\Delta f}{f_0}\right)2\pi \tag{8-28}$$

所以，数字锁相环能够实现相位锁定的前提，就是每次调相的相位调整量必须不小于每两个码元周期内由频率误差导致的相位误差，即：

$$\frac{2\pi}{n} \geqslant 2\left(\frac{\Delta f}{f_0}\right)2\pi$$

亦即：

$$\Delta f \leqslant \frac{f_0}{2n}\Delta f \tag{8-29}$$

否则，锁相环将无法锁定，电路也就不可能实现位同步。其中，f_0 为收、发两端频率 f_1、f_2 的几何中心值，即：

$$f_0 = \sqrt{f_1 \cdot f_2} \tag{8-30}$$

显然，一旦频差大于 $\dfrac{f_0}{2n}$，锁相环就会失锁。故数字锁相环的同步带宽为：

$$B \leqslant \frac{f_0}{2n} \tag{8-31}$$

2. 相位误差对位同步性能的影响

位同步的相位误差 $\Delta\varphi$ 主要造成位定时脉冲的位移，使抽样判决时刻偏离最佳位置。我们在前面各章节进行的所有误码率分析，都是针对最佳抽样判决时刻的。显然，当位同步信号和接收端输入信号之间存在相位误差时，由于不能在最佳时刻进行判决取样，必然会使误码率超过原来的分析结果。这个相位误差$\Delta\varphi$对接收性能的影响可从如下两种情况考虑：

（1）当输入相邻信码无0、1转换时，相位比较器不比相，故此时由$\Delta\varphi$引起的位移不会对取样判决产生影响。

（2）当输入信息出现0、1转换时，$\Delta\varphi$引起的位移将根据信号波形及取样判决方式的不同而产生不同影响。对于最佳接收系统，因为进行取样判决的参数是码元能量，而位定时的位移将影响码元能量，故此时的位移将影响系统的接收性能，使误码率上升。但对基带矩形波而言，如果选择在码元周期的中间时刻进行取样判决，由于一般每2个码元比相一次，这种情况下，只要位移不超过$\frac{\pi}{4}$就不会影响判决结果，自然，系统误码率也不会下降；但超过$\frac{\pi}{4}$就不行了。

8.3 群同步

数字通信中的信息传播是以字、句为单位来进行的，首先是由若干个码元组成一个字，然后再由若干个字组成一句。和阅读一段文字的情况类似，如果不能正确地使用标点符号断句，是无法真正充分地理解一段文字的含义的，有时甚至于还可能完全理解为相反的意思。因此，接收端收到信息流时，必须要知道这些由数字代码组成的每一个字、句的开始与结束，获得与这些字、句起止时刻一致的定时脉冲序列，才可能准确地恢复原始发送信息。通常就把这个在接收端获取与每一个字、句起止时刻相应的定时脉冲序列的过程叫做群同步。

在时分多路复用系统中，各路信码都按约定在规定时隙内传送，形成具有一定帧结构的多路复用信号。发送端必须提供每一帧信号的起止标记，接收端只有检测并获取这个标记后，才能根据发送端的合路规律准确地将复用信号中的各路信号分离。这个检测并获得帧信号起止标记的过程就是通常所说的帧同步，它也属于群同步的范畴。

虽然本书所讲的群同步都是针对数字通信的，但模拟通信系统中有时会存在群同步要求，如模拟电视信号中的帧同步及场同步等，只是它们的实现方式不同而已。具体内容请查阅有关电视的原理，此处不再多讲。

虽然群同步信号的频率可以很容易地由位同步信号分频产生，但是每一群的开始和结束时刻却无法由此分频信号确定，因此，仅仅通过分频是无法得到群同步信号的。一般都通过在发送的数字信息流中插入一些特殊码组作为每一群的起、止标记，而接收端根据这些特殊码组的位置确定各字、句和帧的开始及结束时刻来实现群同步。这种插入特殊码组实现群同步的方法又具体分为连贯插入法和分散插入法，下面分别给予介绍。

8.3.1 连贯插入法

连贯插入法也叫集中插入法，它在每一个信息群的开头集中插入作为群同步码的特殊码组。这个作为群同步码插入的码组应当极少出现在信息码组中，即使偶尔出现，也不具有该信息群的周期性规律，即不会按照信息群的周期出现。接收端根据这个群的周期，连续数次检测该特殊码组，就可获得群同步信息，实现群同步。

显然，选择适当的插入码组是实现连贯插入法的关键。它的选择应根据如下两点要求：

（1）具有明显的可识别特征，以便接收端能够容易地将同步码和信息码区分开来。

（2）码长应既能保证传输效率较高（不能太长），又可使接收端易识别（不能太短）。

经过长期的实验研究，目前所知符合上述要求的码组有全 0 码、全 1 码、10 交替码、巴克码、电话基群帧同步码 0011011 等，其中又以巴克码最为常见。

1. 巴克码

巴克码是一种长度有限的非周期性序列，它的自相关性较好，具有单峰特性。目前已找到的所有巴克码组如表 8.2 所示，其中 + 、 – 号分别表示该巴克码组第 i 位码元 X_i 的取值为 +1、 –1，它们分别与二元码的 1、0 对应。

表 8.2　常见巴克码码组

码组中的码元位数	巴克码组	对应的二进制码
2	（++），（-+）	（1 1），（0 1）
3	（++-）	（1 1 0）
4	（+++-），（++-+）	（1 1 1 0），（1 1 0 1）
5	（+++-+）	（1 1 1 0 1）
7	（+++--+-）	（1 1 1 0 0 1 0）
11	（+++---+--+-）	（1 1 1 0 0 0 1 0 0 1 0）
13	（+++++--++-+-+）	（1 1 1 1 1 0 0 1 1 0 1 0 1）

对长度有限的 n 位码组 $\{a_1, a_2, a_3, \cdots, a_n\}$，一般数学上定义其自相关函数 $R(j)$ 如式（8-32）所示，而称满足条件式（8-33）的自相关函数为具有单峰特性的自相关函数。

$$R(j) = \sum_{i=1}^{n-j} a_i a_{i+j} \tag{8-32}$$

$$R(j) = \begin{cases} n, j=0 \\ 0 \text{ 或 } \pm 1, j \neq 0 \end{cases} \tag{8-33}$$

利用定义式（8-32），算出表 8.2 中 5 位巴克码的自相关函数如下：

$R(0) = a_1^2 + a_2^2 + a_3^2 + a_4^2 + a_5^2 = 1^2 + 1^2 + 1^2 + (-1)^2 + 1^2 = 5$

$R(1) = a_1 a_2 + a_2 a_3 + a_3 a_4 + a_4 a_5 = 1 \cdot 1 + 1 \cdot 1 + 1 \cdot (-1) + (-1) \cdot 1 = 0$

$R(2) = a_1 a_3 + a_2 a_4 + a_3 a_5 = 1 \cdot 1 + 1 \cdot (-1) + 1 \cdot 1 = 1$

$R(3) = a_1 a_4 + a_2 a_5 = 1 \cdot (-1) + 1 \cdot 1 = 0$

$R(4) = a_1 a_5 = 1 \cdot 1 = 1$

$R(5) = 0$

同样，可算出表 8.2 中 7 位巴克码的自相关函数值分别为：

$R(0) = 7$ 　　　 $R(1) = 0$ 　　　 $R(2) = -1$ 　　　 $R(3) = 0$

$R(4) = -1$ 　　 $R(5) = 0$ 　　　 $R(6) = -1$ 　　 $R(7) = 0$

依此类推，可把 $R(j)$ 的定义扩展到 j 为负数的情况，如：

5 位巴克码的 $R(-1) = a_2a_1 + a_3a_2 + a_4a_3 + a_5a_4 = 0$

　　根据上述计算，画出 5 位、7 位巴克码的自相关函数特性曲线如图 8.33 所示。明显地，这两个 $R(j)$ 曲线都呈现单峰形状，当 $j=0$ 时达到最大峰值。这是因为 5 位、7 位巴克码的自相关函数都满足条件式（8-33），故有时又称之为单峰自相关函数。事实上，所有巴克码的自相关函数都具有单峰特性。不难理解，巴克码的位数越多，它的 $R(j)$ 曲线峰值越大，自相关性就越好，识别这个码组也就越容易，而这正是我们对连贯插入的群同步码组的主要要求之一。正如图 8.33 中所示，7 位巴克码的单峰形状比 5 位巴克码的更为陡峭，也即 7 位巴克码的自相关特性优于 5 位巴克码，识别 7 位巴克码就比 5 位巴克码容易。

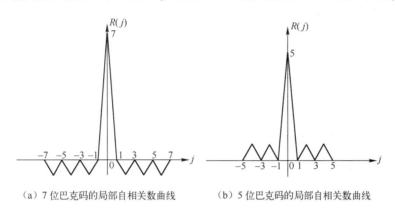

（a）7 位巴克码的局部自相关数曲线　　　　（b）5 位巴克码的局部自相关数曲线

图 8.33　巴克码的局部自相关函数曲线

2. 巴克码识别器

　　巴克码识别电路由移位寄存器、相加电路和判决电路组成。以 7 位巴克码为例，只需用 7 个移位寄存器、相加器和判决器各一就可以构成它的识别器了，如图 8.34 所示。

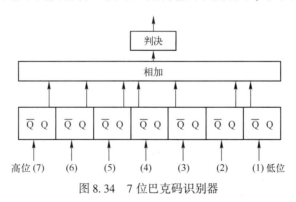

图 8.34　7 位巴克码识别器

　　每个移位寄存器都有 Q、$\overline{Q}$ 两个互为反相的输出端。当输入某寄存器的码元为 1 时，它的 Q 端输出高电平 +1，$\overline{Q}$ 端输出低电平 −1；反之，当输入信码为 0 时，寄存器的 $\overline{Q}$ 端输出 +1，Q 端输出 −1。相加电路则把 7 个寄存器的相应输出电平值算术相加，每个移位寄存器都仅有一个输出端（Q 或者 $\overline{Q}$）和相加电路连接。从图中可以看出，各寄存器究竟选择 Q 还是 $\overline{Q}$ 端输出电平送入相加器由巴克码确定：即凡是巴克码为"＋"的那一位，其对应的寄存器输出端就选择 Q；而巴克码为"—"的那一位则由 $\overline{Q}$ 端输出到相加电路。图 8.34 中，各个寄存器的输出端从高（7 位）到低（1 位）依次是"$QQQ\overline{Q}\,Q\,Q\,\overline{Q}$"，正好与表 8.2 中的 7 位巴克码"++ + － － + －"相对应。所以说，相加电路实际上就是对输入的巴克码进行相关运算，而判决器则根据该相关运算结果，按照判决门限进行判决。当一帧信号到来后，首先进入识别器的就是群同步码组，只有当 7 位巴克码正好已全部依次进入 7 个移位寄存器时，每个寄存器送入相加电路的相应输出端都正好输出高电平+1，使相加器输出最大值+7，而其余所有情况下相加器的输出均小于+7。若将判决器的判决门限定为+6，那么就在 7 位巴克码的最后一位 －1 进入识别器的瞬间，识别器输出一个+7，作为同步脉冲表示一个新的信息群的开始。

从上述分析可以推知，如果输入信码的自相关函数具有单峰特性，其相应识别电路的输出也将呈现出单峰形状，即只有当群同步码组全部进入识别器时其输出才达到最大，一旦错开一位，输出立刻下降许多，这对判决识别显然非常有利。所以，同步码的自相关特性越好，其自相关函数特性曲线的单峰形状越尖锐陡峭，系统通过识别器识别该同步码组就越容易，发生同步码误判的概率也就越小。

8.3.2 间隔式插入法

1. 原理

间隔式插入法也叫分散插入法，它将群同步码均匀地分散插入在信息码流中进行发送，接收端则通过反复若干次对该同步码的捕获、检测接收及验证，才能实现群同步。多路复用的数字通信系统中常常采用这一插入方式，在每帧中只插入一位信码作为同步码。PCM 24 路系统就是在每一帧 $8 \times 24 = 192$ 个信息码元中插入一位群同步码，按照 0、1 交替插入的规则，一帧插"1"码，下一帧则插"0"码。由于每一帧中只插入一位数码 1 或 0，同步码与信息码元混淆的概率高达 $\frac{1}{2}$，但接收端进行同步捕获时要连续检测数十帧，只有每一帧的末位代码都符合 0、1 交替规律后才能确认同步。所以说采用这种插入方式的系统其群同步的可靠性还是较高的。

连贯插入法插入的是一个码组，而且这个群同步码组必须要有一定的长度，系统才能达到可靠同步，故连贯插入式群同步系统的传输效率必然较低。与此相应的，分散插入式群同步系统的同步码仅占用极少的信息时隙，故传输效率必然较高，但是由于接收端必须要连续检测到几十位同步码元后才能确定系统同步，其同步捕获时间较长。所以，分散插入法适用于信号连续发送的通信系统，若发送信号时断时续，则反而会因为每次捕获同步的时间长而降低效率。

2. 滑动同步检测法

分散插入式群同步系统一般都采用滑动同步检测法来完成同步捕获，它既可用软件控制的方式来完成，也可用硬件电路直接实现。滑动同步检测法的软件实现流程图和硬件实现方框图分别如图 8.35、图 8.36 所示。

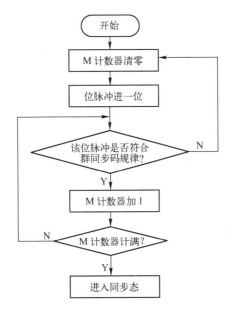

图 8.35　软件实现滑动检测法的流程图

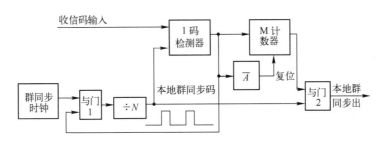

图 8.36　滑动同步检测框图

开机的瞬间，系统显然不可能已经实现了群同步，则称此时系统处于同步捕捉态，简称捕捉态。设群同步码以 0、1 交替的规律插入，接收端在收到第一个与同步码相同的码元"0"后，就认为已收到了一个群同步码；然后再检测下一个帧周期中相应位置上的码元，如果也符合约定的插入同步码规律为"1"，就认为已收到了第二个群同步码；又再继续检测第三帧相应位置上的码元……，如果连续检测了 M 帧（M 一般为几十），每一帧中相同位置上的码元都符合 0、1 交替规律，则认为已经找到了同步码，系统由捕捉态转入同步态，接收端根据收到的同步码找出每一个字、句的起、止时刻，进行译码。

如果上述同步捕获过程中，检测到某一帧相应位置上的码元不符合 0、1 交替规律，则顺势滑动一位，从下一位码元开始再按上述同步捕捉步骤，根据帧周期重新检测是否符合 0、1 交替规律；一旦检测到不符合规律的码元，则又再滑动一位重新开始检测……。如此反复进行下去，若一帧共有 N 个码元，则最多滑动（$N-1$）位后，总可以检测到同步码。必须注意的是，无论是在第 1 位还是第 N 位才检测到群同步码，都必须要经过 M 帧的验证，方可确认系统同步。

设群同步码为全 1 码，即每帧插入的群同步码元均为"1"，每帧共有 N 个码元，M 为确认同步时至少要检测的帧数，我们来分析框图 8.36 实现群同步的过程。图中，1 码检测器通过比较接收信码与本地群同步码中的群同步码元"1"的位置是否对齐来判断同步与否，一帧检测一次。若两个输入信码都为"1"，检测器就输出正脉冲，M 计数器加1；反之则输出负脉冲。

如果本地群同步码与接收信码中的群同步码已经对齐，则 1 码检测器将连续输出正脉冲，计数器计满 M 后输出一个高电平，打开与门2，使本地群同步码输出，系统由捕捉态转入同步状态。如果本地群同步码与接收信码中的群同步码尚未对齐，1 码检测器只要检测到两路输入信码中相应位置上有一个"0"，便输出负脉冲，经非门 $\bar{A}$ 倒相后送入 M 计数器，使之复位，与门2关闭，本地群同步码不能输出，系统仍然处于捕捉状态。与此同时，该负脉冲还送入与门1，使之关闭一个周期，封锁住一个位脉冲，使 N 分频器送入检测器的本地群同步码组顺势向后滑动一位，1 码检测器随之重新比较检测，M 计数器又从 0 开始计数。若其间又遇到"0"码，则本地群同步码组再滑动一位，1 码检测器再次重新检测，M 计数器再从 0 开始……。如此反复，直到本地群同步码组与信息码中的群同步码组完全对齐，计数器连续输出 M 个正脉冲后，与门2才打开，输出本地群同步码，系统进入同步状态。

群同步时钟电路输出频率 N 倍于群同步码速率的时钟信号。当电路处于同步状态时，该时钟信号经 N 次分频后输出本地群同步信号；而处于捕捉状态时，1 码检测器输出负脉冲关闭与门1，使送入分频器的信号中断相应时间，导致分频器输出也相应延迟。即本地群同步码顺势后延一个码元后，再次与接收信码在 1 码检测器中比较检测。

框图 8.36 是针对每帧中插入的群同步码都为"1"的情况，若群同步码按照"0"、"1"交替的规律出现，则框图中相应的组合逻辑门电路部分还要复杂些，但其基本框架和实现过程是一样的。

8.3.3 群同步系统的性能

由于群同步信号是用来指示一个群或帧的开头或结尾的，对它的性能要求主要就是应当指示正确，所以，衡量群同步系统性能的主要指标是同步的可靠性及同步建立时间 t_s，而可靠性一般都用漏同步概率 P_1 和假同步概率 P_2 两个指标来共同表示。这和载波同步系统以及位同步系统的性能指标中主要包含精度方面的指标有明显的区别。

1. 漏同步概率 P_1

由于干扰影响，接收的群同步码组中可能会有一些码元出错，导致识别器漏识已经发出的同步码组，称出现这种情况的概率为漏同步概率 P_1。漏同步概率与群同步的插入方式、群同步码的码组长度、系统的误码率以及识别器的电路形式和参数选取等都有关系。

对 7 位巴克码识别器而言，如果设定判决门限为 6，则只要有一位巴克码出错，7 位巴克码全部进入识别器时，相加器将输出 5 而非 7，系统就会认为还没有达到同步，这就是通常所说的漏同步。如果将判决门限由 6 降低为 4，刚才的漏识情况就不会发生了，即这个 7 位巴克码识别器有一位码元的容错能力，或者说，这个识别系统不会漏识 7 位巴克码中一位巴克码出错时的同步情况。

根据上述分析，对采用连贯插入法的群同步系统，若 n 为选定的同步码组长度，P 为系统误码率，m 是识别器允许的码组中最多错误码元个数，则 n 位同步码组中错 r 位，即 r 位错码和 $(n-r)$ 位正确码同时出现的概率为 $P^r \cdot (1-P)^{n-r}$。当 r < m 时，识别器可以识别

这些共 C_n^r 种错误的情况，即识别器没有漏识的概率为 $\sum_{r=0}^{m} C_n^r P^r (1-P)^{n-r}$。故连贯式插入群同步系统的漏同步概率为：

$$P_1 = 1 - \sum_{r=0}^{m} C_n^r P^r (1-P)^{n-r} \tag{8-34}$$

对于采用分散插入法的群同步系统，因为每次只插一个码元，只要这个码元出错，则系统就必然发生漏同步。所以，分散式插入群同步系统的漏同步概率就等于系统的误码率，即：

$$P_1 = P \tag{8-35}$$

2. 假同步概率 P_2

当信息码中含有和同步码相同的码元时，识别器会误认为接收到同步码，进而输出假同步信号，这时我们就说该群同步系统出现了假同步，记发生这种情况的概率为假同步概率 P_2，它等于信息码元中所有可能被错判为群同步码的组合数与全部可能的码组数之比。

对于连贯式插入的群同步系统，仍然令 n 为选定的同步码组长度，P 为系统误码率，m 是识别器允许的码组中最多错误码元个数，若信息码取值 0、1 是随机等概的，则长度为 n 的所有可能码组数共有 2^n 个。其中，能被错判为同步码组的组合数显然与 m 有关。由于出现 1 位错码仍可被判为同步码的码组个数共为 $C_n^1 = n$，则此时系统的假同步概率为 $P_2 = \dfrac{n}{2^n}$。同理，由于出现 r 位错码后仍被判为同步码的码组组合数为 C_n^r，故采用连贯插入法的群同步系统的假同步概率为：

$$P_2 = (\sum_{r=0}^{m} C_n^r)/2^n \tag{8-36}$$

对于分散插入式系统而言，由于需要连续检测 M 帧都符合群同步规律，才可确认系统实现了群同步，故当信码 0、1 等概率（或近似等概率）地取值时，对于有 N 位码元的一帧来说，必有 N 种可能性，但其中只有一种才是真的群同步码，则系统的假同步概率 P 为：

$$P_2 = (N-1)/(N \cdot 2^M) \tag{8-37}$$

比较式（8-34）、式（8-35）、式（8-36）和式（8-37），可以发现，降低判决门限电平即增大 m，将使 P_1 减小，P_2 增大；增加码组长度 n，则 P_2 减小而 P_1 增大。所以，这两个指标对判决门限电平 m 和同步码长度 n 的要求是相互矛盾的。因此在选择参数时，必须注意兼顾两者的要求。

3. 平均同步建立时间 t_s

对于连贯式插入法，如果既无漏同步也无假同步，则实现群同步最多只需要一群的时间。设每群的码元数为 N 位（其中 n 位为群同步码），每个码元的持续时间为 T_B，则最长的群同步建立时间为一群的时间 NT_B。在建立同步过程中，如果出现一次漏同步，则最长群同步建立时间将增加一群的时间 NT_B；如果出现了一次假同步，则最长同步建立时间也将增加 NT_B。因此，考虑漏同步和假同步的话，群同步的建立时间就要在 NT_B 的基础上增加，按照统计平均的方法可知，系统群同步系统的最长平均建立时间 t_s 为：

$$t_s = (1 + P_1 + P_2)NT_B \tag{8-38}$$

将此公式用于连贯插入法和分散插入法系统中进行分析，得出两种插入法对应的系统平均最长群同步建立时间分别为：

$$连贯插入法：t_s = (1 + P_1) N^2 T_B \tag{8-39}$$

$$分散插入法：t_s = (2N^2 - N - 1) T_B \tag{8-40}$$

比较式（8-39）和式（8-40）可知，连贯式插入系统的群同步平均建立时间远小于分散插入系统，这也是连贯插入法虽然效率较低却仍然广为使用的主要原因。

8.3.4　群同步的保护

为了确保群同步系统稳定可靠，提高系统抗干扰的能力，预防假同步以及漏掉真同步，必须要对群同步系统采取保护措施，既减小漏同步概率 P_1 又降低假同步发生的可能。

前已指出，漏同步概率 P_1 与假同步概率 P_2 对电路参数的要求往往是彼此矛盾的，即改变参数使得 P_2 降低的同时会导致 P_1 上升，反之亦然。因此，一般都将群同步的工作状态划分为捕捉态和同步态，针对同步保护对漏同步概率 P_1 和假同步概率 P_2 都要低的要求，在不同状态下根据电路的实际情况规定不同的识别器判决门限，解决两个概率 P_1、P_2 对识别器判决门限相互矛盾的要求，达到降低漏同步和假同步的目的。

捕捉态时，由于系统尚未建立起群同步，根本就谈不上漏同步的问题，故此时主要应防止出现假同步。所以此时的同步保护措施是：提高判决门限，减小识别器允许的码组最大错误码元个数 m，使假同步概率 P_2 下降。

同步态时，群同步保护主要就是要防止因偶然的干扰使同步码出错，导致系统以为失步，进而错误地转为捕捉态或失步的情况。此时系统应以防止漏同步为主，尽量减小漏同步概率 P_1。所以此时的同步保护措施为：降低判决门限，增大识别器允许的码组最大错误码元个数 m，使 P_1 下降。

上述只是介绍了群同步保护的基本原则和总的解决思路，对于采用连贯插入或分散插入方式的群同步系统来说，其相应的具体保护措施及电路是不同的。有兴趣的读者可参阅相关资料，此处不再详述。

8.4　网同步

8.4.1　网同步原理

1. 网同步的发展及必要性

通信网发展初期，由于数据业务量以及业务种类都较少，对同步的要求不高，同步系统并没有独立出来形成一个单独的网络，这就是通常意义的网同步系统。随着通信网的不断发展扩大，需要同步的业务网日益增多，尤其是高速数据业务和 SDH 传输系统在网上的大量使用，上述传统的同步方式已无法保证同步的质量及可靠性，这就导致了独立于业务网之外的真正意义的数字同步网的出现。

早期的同步系统以使交换网同步为目标，采用简单的树状结构。在网络运营维护中心设置一个由自主运行的铯原子钟组成的基准钟，其基准定时信号经传输网传递到各个交换中心，以各个交换机的时钟作为同步网的节点时钟即从时钟。由于这种同步系统的维护管理都要依赖于交换网络来实现，所以严格的说它还称不上是一个独立的物理网。现行的独立同步网具有各级节点时钟以及相应的传输链路，它保证了更高的网络安全性和可靠性，并建立了相应的运行、监控、维护和管理机制，是一个完全自主的独立网络机制。

目前，同步网已经与电信管理网、信令网一起并列为电信网的 3 大支撑网，在电信网中具有举足轻重的地位。

由于数字传输系统和交换设备构成的综合数字网内传送的是离散脉冲信号，当通信双方由于位定时偏差，数字交换设备间的时钟频率或相位不完全一致，数字交换系统缓存器中就会产生码元丢失或者重复，导致码流在交换节点中出现滑动，即滑码。滑码与误码作为数字网的同步损伤，对网络应用造成多种负面影响，如使通信网难以定位等。

不同电路对滑码率的性能指标要求也各不相同，编码冗余度愈高，相同滑动造成的损伤愈小。如语音通信过程中，如果话音编码的冗余量大，则系统对滑动的敏感度就比较低，这时通话话音中可能只是出现"喀喀"的声音；而数据传输由于编码冗余较小，对滑动较敏感，一旦出现滑动则会造成丢包率高、接通率低、图像花屏以及伴音中断等现象，严重时甚至会中断通信。所以，网络中各个交换节点出现滑动时，其影响主要取决于该节点此次群码流所传送的具体业务类别，如表 8.3 所举的示例。

表8.3　一次群码流业务受滑动的影响

传送的业务	滑动产生的影响
话音通信	产生"喀喀"的噪声
C3 类传真	图文垂直位置信息丢失
数据通信	数据包的丢失，可靠性降低
压缩视频	产生帧定格
SDH 传输系统	数据业务无法正常工作

因此，随着越来越多新业务的引入，数据传输速率越来越高，信号的编码冗余也越来越小，这都要求数字网具有一个高稳定度、高精度、高安全可靠的网络同步环境，必须建立一个独立于业务网的同步网。

2. 数字同步网

任何通信设备都需要时钟为其提供工作频率，所以时钟可以说是通信设备的心脏，是影响系统性能的重要因素。时钟的工作性能主要由其自身性能和外同步信号的质量两方面来确定，而后者就是由数字同步网来提供保证的。当通信设备组成系统和网络后，数字同步网必须为系统和网络提供精确的定时，这是整个系统正常运行的基本前提。

数字同步网的结构主要取决于同步网的规模、网络中的定时分配方式和时钟的同步方法，而这些又取决于业务网的规模、结构和对同步的要求。

同步网主要有全同步网、准同步网和混合网三类。全同步网是在全网设一组基准钟，全网所有数字通信设备的时钟都直接或间接同步于这一基准钟，各节点时钟之间采用主从同步。准同步是指数字通信网中的各节点都设置独立的高精度时钟，互不控制，具有同一标称频率，频率的变化在规定的范围内。这种方法容易实现，但费用太高。混合网是全同步方式和准同步方式两者混合的组网方式。结合两者的优势，即把网络划分成几个同步区，在同步区之间采用准同步方式，在每个同步区内采用主从同步方式。

世界各国国内的数字通信网则普遍采用同步方式，并可再细分为主从同步、互同步和等级主从同步三种。节点时钟之间一般采用主从同步方法，将网内节点时钟分级，设置高稳定度和高准确度时钟（如铯原子钟或 GPS 时钟，其频率准确度不大于 $\pm 1 \times 10^{-11}$ 量级）为基准主时钟 PRC。基准时钟信号通过传输链路送到同步网络中的各个从节点上，使其可以利用锁相环，将节点的本地时钟频率锁定在基准时钟频率上，使全网时钟工作在同一频率标准上，从而实现网内同步。

主从同步是目前应用最多的一种，它实现比较容易，网络稳定性较高，但网中各个节点时钟对主时钟有很高的依赖性，系统的可靠性较低。一般都要求各从局中的节点时钟具有相当高的稳定度，能在主时钟故障期间维持工作。

互同步网中不设主时钟，由网内各交换节点的时钟相互控制，最后都调整到一个稳定的、统一的系统频率上，这样可以防止同步系统的系统频率随节点之间传输时延的变化而变化，从而实现全网的同步工作。互同步系统改善了系统可靠性，但系统较为复杂，实现起来较难。

等级主从同步是主从同步的改良方式，它提高了同步的可靠性。在采用等级主从方式的同步网中，应当根据网中时钟所处的地位并按照时钟的性能来划分同步等级。

第一级是基准时钟，是数字网中精度最高的时钟，也是其他全部时钟唯一的基准。

第二级是有保持功能的高稳定度的晶体时钟，分为 A 类和 B 类。

第三级是有保持功能的高稳定度的晶体时钟，设置在汇接局和端局，其频率偏移可低于二级时钟，通过同步链路与第二级时钟或同级时钟同步。

第四级是一般晶体时钟，设置在远端模块、数字终端设备和数字用户交换设备（PABX），并通过同步链路与第三级时钟同步。

由此可知，等级主从同步方式下，各交换局的时钟精度都具有一个准确的等级标志，所有送至交换局的时钟信息也都带有等级识别信息。当基准时钟失效时，网内各节点就采用次一级的时钟为主时钟。显然，这是一个典型的以复杂性来换取可靠性的同步方法，它降低了各节点对主时钟的依赖性，对链路故障不敏感，且适用于任何结构网络，但必须给每个时钟信号分配一个等级识别信息。

我国的数字同步网是一个"多基准钟、分区等级主从同步"的网络，它的主要特点是：

（1）国家数字同步网在北京、武汉各设置了一个铯原子钟组以作为高精度的基准时钟源，称为 PRC。

（2）各省中心和自治区首府以上城市都设置可以接收全球定位系统（GPS）信号和 PRC 信号的地区基准时钟，称为 LPR。LPR 作为省、自治区内的二级基准时钟源。

（3）当 GPS 信号正常时，各省中心的二级时钟以 GPS 信号为主构成 LPR，作为省内同步区的基准时钟源。当 GPS 信号故障或质量下降时，各省的 LPR 则转为经地面数字电路跟踪北京或武汉的 PRC，实现全网同步。

（4）各省和自治区的二级基准时钟 LPR 均由通信楼综合定时供给系统（BITS）构成。

（5）局内同步时钟传输链路一般采用 PDH 2.048Mbit/s 链路。

8.4.2　数字同步网中的时钟及其应用

1. GPS卫星定位系统

我国幅员辽阔，近年来经济高速发展，数字通信网规模庞大且分布广范，一般都需要几个基准主时钟进行共同控制。如果采取定时链路来传输定时信号，那么随着数字传输距离的增长，定时信号的传输损伤将逐渐增大，系统的同步可靠性也将逐渐降低。利用装配在基准钟上的全球定位系统GPS（Global Position System）接收机跟踪世界协调时UTC，不断调准基准钟，可以使之与UTC保持一致的长期频率准确度，使各基准钟同步。

此外，采用GPS配置基准钟的方法简单、同步精度高，在提高全网性能的同时却保持相对低廉的成本，并且维护管理也十分简单容易。因此，GPS时钟被广泛用作为基准钟。

GPS是NAVSTAR/GPS（Navigation Satellite Timing and Ranging/Global Positioning System）的简称，是由美国国防部研制的中距离圆型轨道卫星定位系统，可以为地球表面98%的地区提供准确的定位、测速、导航和高精度时间标准。一个完整的GPS授时系统可以划分为3个基本组成部分，分别是空间部分——GPS卫星、地面监控部分——地面支撑系统、用户部分——GPS接收机。

GPS卫星有24颗，包括21颗工作卫星和3颗在轨备用卫星，他们等间隔地分布在6个互成60°的轨道面上。对一个用户进行定位和授时，GPS系统需要经度、纬度、高度、用户时钟与GPS主钟标准时间的偏差共4个参数，因此，只需获取其中4颗卫星的数据就能迅速确定用户端在地球上的位置及海拔高度。若用户已知自己的确切位置，那么其定时功能则仅需接受1颗卫星的数据即可，如图8.37所示。所能连接的卫星数越多，解码出来的位置就越精确。

地面支撑系统包括1个主控站、3个数据注入站和5个监测站。GPS卫星需要地面监测站随时监控是否在其正确轨道上以及是否正常运作，另外监测站可将资料上传给卫星，卫星再将这些信息下传给GPS使用者使用。

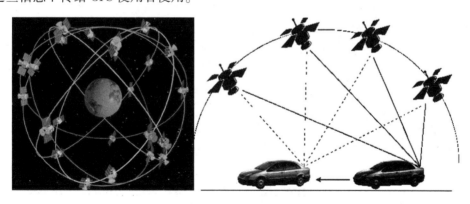

图8.37　GPS卫星及其授时原理示意

GPS接收机为系统的用户端。GPS向全球范围内提供定时和定位功能，全球任何地点的GPS用户通过低成本的GPS接收机接受卫星发出的信号，即可获取准确的空间位置信息、同步时标及标准时间。

若设 (x, y, z) 为 GPS 接收机的位置，(x_n, y_n, z_n) 为已知 GPS 卫星的位置，则求解下列方程组就可以得到 x、y、z 和标准时间 T。

$$\left.\begin{array}{l}(x-x_1)^2 + (y-y_1)^2 + (z-z_1)^2 = C^2 \cdot (T + \Delta T - T_1 - \tau_1) \\ (x-x_2)^2 + (y-y_2)^2 + (z-z_2)^2 = C^2 \cdot (T + \Delta T - T_2 - \tau_2) \\ (x-x_3)^2 + (y-y_3)^2 + (z-z_3)^2 = C^2 \cdot (T + \Delta T - T_3 - \tau_3) \\ (x-x_4)^2 + (y-y_4)^2 + (z-z_4)^2 = C^2 \cdot (T + \Delta T - T_4 - \tau_4)\end{array}\right\} \tag{8-41}$$

其中，ΔT 为用户时钟与 GPS 主钟标准时间的时差；

$T_n(n=1, 2, 3, 4)$ 为卫星 n 所发射信号的发射时间；

$\tau_n(n=1, 2, 3, 4)$ 为卫星 n 上的原子钟与 GPS 主钟标准时间的时差。

由于 GPS 定位采用的是一种被动方式，所以卫星提供的频率的高度稳定性是其实现精密定位和授时的关键。工作卫星上一般采用的是铯原子钟作为频标，其频稳度达到 $(1 \sim 2) \times 10^{-13}$ 数量级。GPS 卫星上的卫星钟通过和地面的 GPS 主钟标准时间进行比对，就可以使卫星钟与 GPS 主钟标准时间之间保持精确同步。

为防止在某些情况下 GPS 时钟信号不正常或无法获取而造成的错误，基于 GPS 的时钟模块一般都备有另一个外部时钟以防万一，并预留有外接时钟的时基和频标信号如 GLO-NASS、铷原子钟等接口。另外，GPS 时钟的频率准确度还具有自身保持性能。图 8-38 是 GPS 时钟模块原理框图。

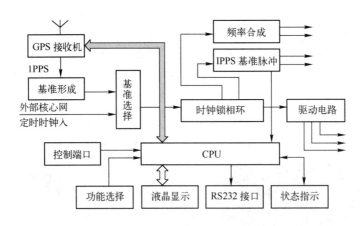

图 8.38　GPS 时钟模块

除提供各种频率信号外，GPS 模块还输出定位时间信息、GPS 接收机是否工作正常、输出的时间信号是否有效、时钟和频率处理模块激活状态、异常告警等状态信号。

由于 GPS 系统归美国政府所有，受控于美国国防部，对世界各地的用户未有任何政府承诺，且用户只支付了 GPS 接收机的费用，并未支付 GPS 系统使用费。利用 GPS 授时方式自主性较差，具有一些不稳定的情况，如 GPS 信号精度被故意降低、某地区 GPS 信号被关闭，以及 GPS 信号在某些情况下暂时消失等。因此，我们应充分利用 GPS 但不完全依靠它，对数字同步网的全网同步必须由铯钟组成基准钟 PRC，在发现 GPS 数据异常时立即控制区域基准钟 LPR 改同步于全网基准钟 PRC，以保障同步质量。

根据《中华人民共和国通信行业标准数字同步网工程设计规范》，数字同步网按照分布式、多个基准时钟同时运行的规则组网。以基准钟的同步范围划分同步区，各个同步区内采用主从同步方法。区域基准钟 LPR 的主用基准为 GPS，备用基准来自全网基准钟 PRC。LPR 平时以接收 GPS 信号为主用信号，以接收 PRC 信号为备用。当 GPS 信号不可用时，区域基准 LPR 转而同步于全网基准钟 PRC。我国现有数字同步网的网络结构如图 8-39 所示。

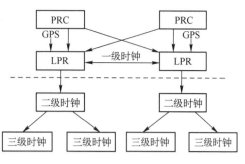

图 8.39　我国数字同步网络结构

2. 北斗双星导航系统

我国于 2000 年成功发射了 2 颗定点于东经 80°、140°上空的地球静止轨道卫星，即北斗一号卫星，再加上一个对时间进行统一管理、并配有数字高程图的地面中心，构成了北斗一号基本卫星导航系统。2003 年 5 月，又成功发射了第 3 颗导航卫星，定点于东经 110.5°赤道上空，与前两颗卫星一起组成了一个完整的卫星导航定位系统，确保全天候、全天时提供卫星导航信息。

"北斗一号"卫星导航定位系统是我国自行研制开发的区域性有源三维卫星定位与通信系统，英文缩写为 CNSS。它是继美国的 GPS、俄罗斯的 CLONASS 之后的全球第三个成熟的卫星导航系统。拥有自己的卫星导航系统，不仅能够提升我国在国际上的地位，更重要的是当接收不到 GPS 信号、或 GPS 信号被故意恶化时，仍能使用自己的卫星导航系统，确保各种定位授时需求。

北斗卫星导航定位系统包括两颗工作卫星和一颗备用卫星、地面中心站、用户终端三部分，如图 8.40，定位精度可达数十奈秒（ns），与 GPS 的精度相当。

图 8.40　北斗卫星导航定位系统及其用户机

具体地，可将北斗导航卫星的主要功能归纳如下：

（1）快速定位：北斗导航系统可为服务区域内的用户提供全天候、高精度、快速实时的定位服务，定位精度 20 米，可在 1 秒之内完成一次定位任务。

（2）简短通信：北斗系统的用户终端具有双向数据报通信能力，注册用户可通过连续方式传送多达 120 个汉字的信息，特快通信一次也能发送 13 个汉字。

（3）精密授时：北斗导航系统具有单向和双向两种授时功能，它是根据不同的精度要求，利用授时终端完成与北斗导航系统间的时间和频率同步，提供 100ns（单向授时）和 20ns（双向授时）的时间同步精度。

北斗导航卫星系统采用双星定位方式对用户进行双向测距，再通过一个配有电子高程图的地面中心站定位，确保为北斗用户机提供定位、授时功能。

北斗一号的基本工作原理可概述为"双星定位"，即以 2 颗卫星的已知坐标为圆心，分别以测得的本星至用户机距离为半径形成 2 个球面，则用户终端必然位于这 2 个球面交线的圆弧上，如图 8.41 所示。第三个球面是参数含用户机高程的地球参考椭球面，即地球半径＋高程。求解三个球面的交点即可获得用户位置。由于定位时需要用户终端向定位卫星发送定位信号，由信号到达定位卫星时间的差值计算用户位置，所以被称为"有源定位"。

北斗导航卫星系统的中心站向卫星发送连续的时分广播询问信号，卫星则向所有的用户转播。所有需要定位、通信、授时的用户随时可以响应询问，向两颗卫星发送响应信号，由它们将用户响应转发给中心站。中心站接收到两颗卫星送来的信号后，先后通过定位计算、信息交换，并算出授时所需传输路径的时延后，再将用户的位置数据和传输路径时延数据通过询问信号送回给用户，同时也将通信信息同样通过询问信号送给收信用户。

图 8.42 为北斗导航卫星系统的定位过程示意。图中，地面中心站向卫星 1 发送询问信号，卫星 1 接到该询问信号后立即向所有用户转发。目标用户设备在接收到卫星信号后，随即向两颗卫星发送响应信号，经由两颗卫星将响应信号转发给地面中心站。

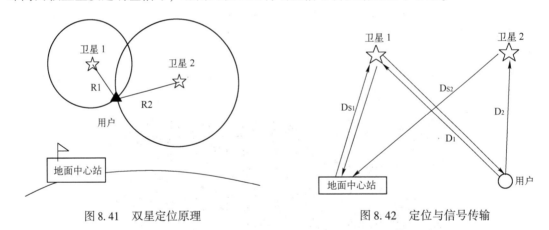

图 8.41　双星定位原理　　　　　　　　图 8.42　定位与信号传输

若以 D_1、D_2 分别表示卫星 1、卫星 2 和某用户之间的信号传输距离，D_{S1}、D_{S12} 则对应卫星 1、卫星 2 与地面中心站的通信距离。由于中心站发出的信号都有精确的时间信息和标记，根据发出访问信号的时刻和应答信号返回中心站的时刻，中心站可测定两条信号线路的路径距离即：

$$2(D_{S1} + D_1) \text{ 和} (D_{S1} + D_{S2} + D_1 + D_2) \tag{8-42}$$

上述信息的发送、查询和转发过程是在很短的时间内完成的，信号在空间转播的时间大约为 0.54 秒。只要合理设计中心站的处理计算程序，从发出访问信号到获得导航数据的整个响应过程时间将不超过 1 秒，故称之为"双星快速定位通信系统"的原因。

北斗一号的授时与定位功能是在同一信道中完成的。时标信号由地面中心站的原子钟产生，在每个超帧的起始帧向用户传送该帧时标的时间（日、时、分）和 DUT1（世界时 UT1 与协调世界时 VTC 的预计差值）。借助同一个频率的原子钟，每一帧信号的时间基准与原子钟产生的时标保持严格的时间关系。

用户需要校时，解出超帧中传送的各种时间码，并响应卫星的询问信号并发回中心站，与此同时，用户机通过计数器测出用户时钟和中心站时钟间的伪钟差。中心站根据收到的用户响应算出标准时钟基准信号送往用户的路径时延，以数字方式在询问信号信息段送回用户以修正伪钟差，得到实际钟差，进而获得精确的协调世界时或世界时。

"北斗一号"系统是我国独立自主建立的卫星导航系统，它的研制成功打破了美、俄在这一领域的垄断地位，我们应当在发展"北斗一号"的基础上，借鉴国外 GPS、GLONASS 的成功经验，进一步积极开发我国二代卫星导航系统。

本 章 小 结

同步系统虽然不是信息传输的通路，但它却是通信系统必不可少的组成部分，是实现通信的必要前提，系统只有实现同步后才可能传输信息。一旦出现较大的同步误差或者失步，系统的通信质量就会急剧下降甚至于通信中断。因此说，同步信号的质量在一定程度上决定了整个系统的通信质量。实际系统中，对同步系统的同步可靠性和精确度要求往往超过信息传输系统。

载波同步、位同步和群同步是通信系统中最基本的同步，本章主要讲述了这三种同步在通信系统中的地位和作用，以及它们各自实现的原理和方法，并详细地讨论了它们的性能指标。

三种同步虽然功能作用各不相同，但却彼此关联和相似。载波同步与位同步从原理到实现方法都比较接近，它们都是为了获得某一个特定的频率信息，但前者要获取的是频率 f_c 的正弦载波信号；而后者则是要提取频率 f_B 的周期性定时脉冲序列；群同步的目的则是要获得关于一群或一帧的起、止时刻的有关信息。虽然位同步与群同步同样存在相位同步的问题，但它们实现同步的方式却完全不同。与此相应，三种同步的主要性能指标也不尽相同，其中，载波同步和位同步比较相近，都包含有同步可靠性和准确性两方面指标，而群同步则主要是同步可靠性方面的指标。

目前，绝大多数实际系统中的同步电路都是通过软件及专用芯片来构成并实现的。

实现了载波同步、位同步和群同步之后，就可以有序而准确、可靠地进行点到点的通信联络了。然而，随着通信技术、计算机技术以及自动控制技术的不断发展和进一步融合，网络通信在数字通信的比例越来越重，成为人们日常生活和工作中必不可少的联络手段。由于通信网中的设备各式各样，由此产生及发送的信息码流也五花八门，通信方式也从两点之间发展成为点到多点和多点到多点之间。要实现这些信息的交换和复接等操作，保证网内各用户之间能够进行各种方式的可靠通信和数据交换等，必须要有一个能够控制整个网络的同步系统来进行统一协调，使全网按照一定的节奏有条不紊地工作，这个控制过程就是网同步。

目前实现网同步主要有两类方法：第一类是建立同步网，使网内各站点的时钟彼此同步。建立同步网的方法又可分为主从同步和彼此同步。主从同步是全网设立一个主站，以主站时钟作为全网的标准，其他各站点都以主站时钟为标准进行校正，从而保证网同步。彼此同步则以各站时钟的平均值作为网时钟来实现同步。第二类网同步方式是异步复接，也叫独立时钟法。这种方法一般都通过码速调整或水库法来实现。网同步是一个较复杂的问题，它涉及整个通信网络的状况以及运营要求等多种因素，有兴趣的读者可参阅网络通信的有关教材。

为便于读者对整个同步系统及其各类实现方法形成一个清晰的概念，我们列出同步系统的分类和它们的实现方法如下，以供参考。

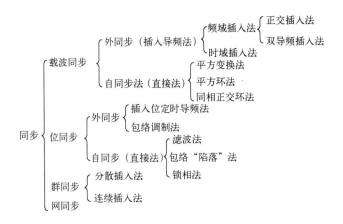

习 题 8

一、填空题

8.1 同步是指通信系统的（　　　）在时间上步调一致，又称（　　　）。这是通信系统中一个十分重要的问题，同步质量的好坏对通信系统的性能指标起着至关重要的作用。按实现同步的方法来分，同步系统可分为（　　　）和（　　　）两种。由发送端（　　　）发送同步信息、接收端根据该信息提取同步信号的方法就是（　　　）；反之，发送端（　　　）信号、由接收端设法从收到的信号中获得同步信息的方法就叫（　　　）。后者由于无须另加信号传送，相应的效率（　　　）后者，但实现电路也相对复杂。

8.2 常用的载波直接提取方法有（　　　）以及同相正交环法。同相正交环又叫（　　　）环，其锁相压控振荡器的输出电压由输出与输入之间的 2 倍相位差 2 决定，故存在（　　　）的问题。因此，必须将输入信息进行相对相移键控 DPSK 调制，就可以完全避免反相工作的可能性，正确地恢复原始信息。同相正交环利用（　　　）提取载波，相位跟踪锁定能力强，故其提取的载波质量较好。

8.3 无论是平方变换法还是平方环法，它们提取的载波都必须由分频电路分频产生。该分频电路由一级（　　　）构成，在加电的瞬间触发器的初始状态究竟是 1 还是 0 状态是（　　　）的，这使得提取的载波信号与接收的载波信号要么（　　　），要么（　　　）。也就是说，由于分频电路触发器的初始状态（　　　），导致提取的本地载波信号相位存在（　　　）的情况，这就是（　　　）或（　　　）。

8.4 当收到的信号频谱中不包含载波成分或很难从已调信号的频谱中提取载频分量时，通常采用（　　　）来获取相干解调所需的本地载波。即在发送端插入一个或几个携带载频信息的（　　　），使已调信号的频谱加入一个小功率的载频频谱分量，接收端只需将它与调制信号分离开来，便可从中获得载波信号。插入导频法一般分频域插入和（　　　）两种，其中频域插入又可分为频域正交插入和（　　　）两种，数字通信系统中主要采用（　　　）插入方式。

8.5 单极性归零脉冲由于频谱中含有 f_B 成分，接收端只要把解调后的基带波形通过波形变换如微分及全波整流，再用窄带滤波器取出（　　　）分量，经移相调整后就可形成（　　　），供判决再生电路使用。

8.6 包络"陷落"法主要用于（　　　）信号如带宽为 $2f_B$ 的调相信号 $s_{2PSK}(t)$ 等。当接收 $s_{2PSK}(t)$ 信号的带通滤波器带宽 B（　　　）$2f_B$ 时，该带通输出信号在相邻码元的（　　　）处产生幅度陷落，形成一个具有一定归零程度的脉冲序列，它必然含有（　　　）分量，用窄带滤波器即可将它取出。上述过程中，波形陷落的形状和深度与带通滤波器的带宽 B 有关。一般来说，带宽 B 越小，包络陷落（　　　）。

8.7 数字锁相法也叫做（　　　　），以最小的量化调整单位对位同步信号相位进行（　　　　）调整。具体而言，它利用锁相环的（　　　　）特性提取位同步信号，在接收端通过（　　　　）比较接收信号和（　　　　）信号的相位差，输出相应的误差信号调整本地位同步信号的（　　　　），直至相位差小于或等于规定标准。

8.8 同步状态下如果接收信号中断，系统由同步到（　　　　）所需要的时间就是同步（　　　　）时间 t_c。收、发两端振荡器输出信号的（　　　　）稳定度对 t_c 影响极大，稳定度越高，位同步信号的相位漂移就越慢，超过规定值需要的时间就越（　　　　），t_c 就越大。

8.9 数字通信系统传送的任何信号都是按照各种事先约定的规则编制好的（　　　　）序列。一般来说，发送端发送信息码元的同时也提供一个（　　　　）序列，其频率（　　　　）发送的码元速率，而其相位则与信码的（　　　　）时刻一致。接收端从收到的信码中准确地将此（　　　　）系列提取出来的过程就是（　　　　），有时也叫做（　　　　），它是数字通信系统所特有的，是正确取样判决的基础。

8.10 由于噪声干扰，数字锁相环中送入相位比较器的输入信号将出现随机抖动甚至是虚假的码元转换，使比相结果相应出现随机（　　　　）或（　　　　）脉冲，导致锁相环进行不必要的相位调整，使输出位同步信号的相位来回变化，即通常所说的（　　　　），它将对接收端译码判决的准确性产生（　　　　）影响。为此，常在数字锁相环的比相器后面加一个（　　　　），滤除这些随机的超前或滞后脉冲。

8.11 巴克码是一种长度有限的（　　　　）序列，它具有较好的自相关性，其自相关函数都具有（　　　　）特性，且随着巴克码的位数增加而增强。从插入群同步识别码的角度，同步码的自相关特性越好，其自相关函数特性曲线的单峰形状越（　　　　），系统通过识别器识别该同步组就越（　　　　），发生同步码误判的概率也就越（　　　　），抗干扰力也越（　　　　）。

8.12 分散插入式群同步系统一般都采用（　　　　）检测法来完成同步捕获，它既可用软件控制的方式来完成，也可用硬件电路直接实现。一般认为系统在开机瞬间处于（　　　　）状态。接收端在收到第一个与同步码相同的码元后，就认为已收到了一个群同步码；然后再检测下一帧中（　　　　）的码元，如果也符合约定的插入同步码规律，就认为已收到了第二个群同步码；又再继续检测第三帧（　　　　）的码元……，如果连续检测了 M 帧都符合规律，则认为已找到了同步码，系统就由捕捉态转入（　　　　）。

上述同步捕获过程中检测到某一帧相应位置码元不符合约定规律时，则（　　　　），从（　　　　）码元开始再执行上述捕捉步骤；一旦发现不符合规律，就又再向下（　　　　）再重新开始……。如此反复，若一帧共有 N 个码元，则最多滑动（　　　　）位后，总可以检测到同步码，但必须经过（　　　　）帧的验证。

8.13 为了确保群同步系统稳定可靠，预防（　　　　）以及漏掉真同步，必须要对群同步系统采取保护措施，既减小漏同步概率又降低假同步发生的可能。一般将群同步的工作状态划分为捕捉态和同步态。捕捉态时，由于系统尚未建立（　　　　）而无须考虑（　　　　），主要应防止出现假同步。所以，此时应提高判决门限，减小识别器允许的码组最大错误码元个数，减少（　　　　）。同步态时，群同步保护主要应防止因偶然干扰使同步码出错，导致系统误以为失步而转入（　　　　）态。此时系统应（　　　　）判决门限，（　　　　）识别器允许的码组最大错误码元个数，使漏同步概率下降。

二、多选题

8.14 按同步系统的功能来划分，可以把同步分为（　　　　）。

　　A. 载波同步　　　　B. 位同步　　　　C. 群同步　　　　D. 网同步

8.15 载波同步精度指提取载波与接收的标准载波之间的频率差和相位差，一般用相位差来表示精度。显然，越小，系统的同步精度就越高。理想情况下，（　　　　）。

　　A. ＝0　　　　　　B. ＝π/2　　　　　C. ＝π　　　　　D. ＝2π

8.16 位同步的外同步实现法分为插入位定时导频法和包络调制法两种，尤以插入位定时导频法为主。为免调制信号和导频信号相互干扰，插入的位定时导频必须选在基带信号频谱的零点插入。由于一般基带信号都是矩形波，以 T_B 表示其码元周期，则其频谱在 $f_B = 1/T_B$ 处通常为 0，故常选取插入导频频为（　　）。

    A. $2f_B$　　　　　　　B. f_B　　　　　　　C. $f_B/2$　　　　　　　D. $f_B/4$

8.17 下列信号中，适于采用平方变换法或平方环法来提取相干载波的是（　　）。

    A. 抑制载波的双边带调制信号 $s_{DSB}(t)$

    B. 常规双边带调制信号 $s_{AM}(t)$

    C. 调相信号 $s_{PSK}(t)$

    D. 残留边带调制信号 $s_{VBS}(t)$

8.18 用数字锁相法提取位同步信号时，其相位调整每次都跳变固定值（　　），它是引起位同步相位误差的主要因素。设 n 是分频器的分频次数，T 是输出位同步信号的周期，则每调整一次，输出位同步信号的相位就相应超前或滞后 $2\pi/n$，周期 T 相应提前或延后（　　），故该系统可能产生的最大相位误差 max 为（　　）。

    A. $\pi/(2n)$　　　　　B. π/n　　　　　　C. $2\pi/n$　　　　　　D. $4\pi/n$

    E. $T/(2n)$　　　　　F. T/n　　　　　　G. $2T/n$　　　　　　H. $4T/n$

    I. $90°/n$　　　　　　J. $180°/n$　　　　　K. $360°/n$　　　　　L. $720°/n$

8.19 相位模糊对（　　）造成的影响是可以忽略的，但对（　　）而言则是致命性的。

    A. 数字语音通信系统　　　　　　　　B. 数字数据传输系统

    C. 模拟电话通信系统　　　　　　　　D. 模拟语音通信系统

8.20 "N 先于 M"和"随机徘徊"滤波器采用累计计数方式，要连续输入 N 个超前（或滞后）脉冲后，才能进行一次相位调节，锁相环的相位调整速率下降为原来的（　　）。故增加上述滤波器必然会导致环路的（　　）加长，但增加了环路抗干扰能力。

    A. $1/(2N)$　　　　　B. $1/N$　　　　　　C. $2/N$　　　　　　D. $4/N$

    E. t_c　　　　　　　F. t_s　　　　　　　G. 同步保持时间　　H. 同步建立时间

8.21 四次方变换法四分频后也存在相位模糊现象。对 $\pi/2$ 相位体制而言，其四种可能的相位选择是（　　）。对于 $\pi/4$ 相位体制而言，同样也有四种可能的相位选择，它们是（　　）。因此，四次方变换法的输入信号必须保证已进行了相对移相调制。

    A. $(0, \pi/2, \pi, 3\pi/2)$　　　　　　　B. $(0, \pi/3, 2\pi/3, \pi)$

    C. $(0, \pi/4, \pi/2, 3\pi/4)$　　　　　　D. $(\pi/4, 3\pi/4, 5\pi/4, 7\pi/4)$

8.22 对于单边带调制信号 $s_{SSB}(t)$ 或残留边带调制信号 $s_{VSB}(t)$，很难从其接收信号中提取载频分量，此时一般应采用（　　）来获取相干解调所需的本地载波。

    A. 直接载波提取法　　　　　　　　　B. 时域插入导频法

    C. 频域正交插入导频法　　　　　　　D. 双导频插入法

8.23 插入导频时，一般都（　　）。

    A. 选择在调制信号的零频谱位置插入

    B. 采用正交方式插入导频

    C. 若信号频谱在 ω_c 处为 0，则直接插入 ω_c 作导频

    D. 尽量使导频频率和 ω_c 之间存在简单的数学关系

8.24 采用时分多址方式的卫星通信系统中，一般多采用（　　）方式提取载波同步信号。

    A. 直接载波提取法　　　　　　　　　B. 时域插入导频法

    C. 频域正交插入导频法　　　　　　　D. 双导频插入法

8.25 载波同步建立时间 t_s 指系统从开机到实现同步或从失步恢复到同步所经历的时间。显然，t_s 越小越好。当采用锁相环提取载波时，同步建立时间 t_s 就是（　　）。

A. 锁相环的同步保持时间　　　　　B. 锁相环的失步时间

C. 锁相环的输出信号周期　　　　　D. 锁相环的捕捉时间

8.26　群同步信号的频率可以很容易地由位同步信号分频产生，但是其开始和结束时刻却无法由此确定。一般通过在发送的数字信息流中插入一些特殊码组作为每一群的起、止标记，而接收端根据这些特殊码组的位置来确定各字、句以及帧的开始和结束时刻。这种插入特殊码组实现群同步的方法可分为（　　）插入法和（　　）插入法。

A. 连贯　　　　B. 随机　　　　C. 分散　　　　D. 导频

8.27　载波同步插入法通过（　　）消除插入导频信号的影响，而位同步插入法消除导频影响的方式则是（　　）。

A. 反相插入　　　B. 正交插入　　　C. 正交抵消　　　D. 反相抵消

8.28　常用的位同步自同步法有（　　）。

A. 滤波法　　　B. 包络"陷落"法　　　C. 双导频插入法　　D. 锁相法

三、判断题（正确的打√，错误的打×）

8.29　（　　）由于锁相环除了具有窄带滤波和记忆功能外，还有良好的跟踪性能，故平方环法提取的载波信号和接收的载波信号之间的相位差更小，载波质量更好。

8.30　（　　）载波同步就是获取与发送端用于调制的载频信号同频同相的本地载波信号过程。

8.31　（　　）为避免调制信号与导频信号相互干扰，减少导频对解调的影响，插入导频时大都选择在调制信号的零频谱位置、采用双导频方式插入。此外，还应尽量使导频频率和载频 ω_c 之间的数学关系简单。

8.32　（　　）时域插入的导频由于不和调制信号同时传送而没有相互干扰，故一般都直接选择 ω_c 作为导频频率，直接用 ω_c 窄带滤波器即可提取载频信号。

8.33　（　　）滤波法、包络"陷落"法和数字锁相法都属于位同步中的外同步法范畴。

8.34　（　　）相对调相 DPSK 信号具有抗相位模糊的能力。

8.35　（　　）"N 先于 M"和"随机徘徊"数字滤波器是用于减少或消除数字锁相环的相位抖动的。

8.36　（　　）单边带调制信号 $s_{SSB}(t)$ 通常采用平方环法来提取相干载波信息。

8.37　（　　）时域插入法中，由于导频与调制信号不同时传送，它们之间不存在相互干扰，故一般选择 ω_c 作为导频频率。

8.38　（　　）连贯插入法插入的是一个有一定的长度的同步码组，分散插入式群同步系统则一次插入很少的同步码，故连贯插入式群同步系统的传输效率必然低于分散式系统。

四、分析与计算题

8.39　思考图 8.23 插入位定时导频法系统框图中使用全波整流和半波整流的差异，说明此处选用半波整流的原因。

8.40　在图 8.43 中，画出图 8.25 中各对应点 b、c、d、e 的波形图，其中图（a）表示输入基带信号波形，并说明图中移相电路的作用。

8.41　设 7 位巴克码识别器中各寄存器的初始状态全为 1，试分别画出识别器在 7 位巴克码前后的输入信号为全 0 或全 1 时的相加输出波形和判决输出波形。

8.42　试述载波提取的几种常用方法，并说明单边带信号不能采用平方变换法提取同步载波的原因。

8.43　载波同步提取中为什么会出现相位模糊现象？它对数字通信和模拟通信各有什么影响？

8.44　位同步提取的两个基本要求是什么？常用的位同步提取方法有哪些？相位误差对位同步系统性能指标的影响是什么？

8.45　漏同步和假同步是怎样发生的？如何减小漏同步概率和假同步概率？

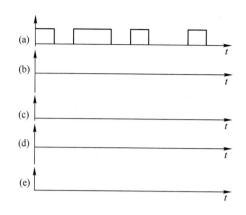

图 8.43

8.46 已知 5 位巴克码组为 {11101}，其中"1"用 +1 表示，"0"用 -1 表示。

（1）确定该巴克码的局部自相关函数，并用图形表示。

（2）当 5 位巴克码组信息均为全"1"码时，给出识别输出，并简要说明群同步保护过程。

（3）若用该巴克码作为帧同步码，试画出接收端识别器原理方框图。

部分参考答案

习 题 1

一、填空题（略）

二、单选题

1.9. A/C/B;   1.10. D;   1.11. B;   1.12. B;   1.13. A

三、多选题

1.14. ABC;   1.15. ABCD;   1.16. CD;   1.17. ABCD;   1.18. BC;   1.19. B/BCD;
1.20. AC;   1.21. ABCD

四、判断题

1.22. ×;   1.23. √;   1.24. ×;   1.25. ×;   1.26. √;   1.27. ×;   1.28. ×;
1.29. ×;   1.30. √;   1.31. √

习 题 2

一、填空题（略）

二、单选题

2.17. D;   2.18. D;   2.19. B/G;   2.20. B/H;   2.21. A;   2.22. C/F;   2.23. B;
2.24. C;   2.25. D;   2.26. D;   2.27. B

三、多选题

2.28. ABC;   2.29. BCD/EFH;   2.30. ADG/BCH;   2.31. ABC;   2.32. BC;   2.33. AB;
2.34. BCD;   2.35. ABC

四、判断题

2.36. ×;   2.37. ×;   2.38. √;   2.39. ×;   2.40. √;   2.41. √;   2.42. ×;
2.43. ×;   2.44. √;   2.45. √;   2.46. √;   2.47. √;   2.48. ×

五、分析与计算题

2.50. 输出频率成分：$\omega_m = 100\pi$; $\omega_c = 20000\pi$; $2\omega_m = 200\pi$; $2\omega_c = 40000\pi$;

$\omega_c - \omega_m = 19000\pi$; $\omega_c + \omega_m = 20100\pi$; $2\omega_c - \omega_m = 39900\pi$;

$2\omega_c + \omega_m = 40100\pi$; $2\omega_c + 2\omega_m = 40200\pi$; $2\omega_c - 2\omega_m = 39800\pi$

2.52. 已调信号 $s_{HSB}(t) = \dfrac{1}{2}\cos(\omega_c + 500\pi)t$

2.53. （1）宽带调频，$B \approx 2\Delta f_{max} = 2 \times 10^6 (\text{Hz})$

（2）$\Delta f_{max} = 2(\text{MHz})$，$B \approx 2\Delta f_{max} = 4 \times 10^6 (\text{Hz})$

（3）$B \approx 2\Delta f_{max} = 2 \times 10^6 (\text{Hz})$

2.54. 原调频信号：$s_{\text{FM1}}(t) = \cos(2\pi \times 10^6 t + 5\sin 2000\pi t)$

新调频信号：$s_{\text{FM2}}(t) = \cos(2\pi \times 10^6 t + 10\sin 20000\pi t)$，

新调频信号带宽：$B = 2(\Delta f_{max} + f_m) = 2(1000 + 1000) = 4000(\text{Hz})$

2.55. 调频时：调制信号角频率为原来2倍：$\beta_{\text{FM}} = 25$，$B_{\text{FM}} = 102\text{kHz}$，

调制信号角频率为原来1/2倍：$\beta_{\text{FM}} = 100$，$B_{\text{FM}} = 101\text{kHz}$

调相时：调制信号角频率为原来2倍：$\beta_{\text{PM}} = 50$，$B_{\text{PM}} = 202\text{kHz}$，

调制信号角频率为原来1/2倍：$\beta_{\text{PM}} = 50$，$B_{\text{PM}} = 51\text{kHz}$

2.56. 带宽2kHz的为窄带调频或调相；带宽80kHz、100kHz的为宽带调频或调相

2.57. 三种调制带宽分别为：

$B_{\text{DSB}} = 2f_m = 20\text{kHz}$，$B_{\text{SSB}} = f_m = 10\text{kHz}$，$B_{\text{FM}} = 2(1 + \beta_{\text{FM}})f_m = 40\text{kHz}$

（1）抑制载波双边带调制时的最小发射功率200kW

（2）单边带调制时的最小发射功率为200kW

（3）调频时发送端的最小发送功率为33kW

2.58. （1）载频分量的功率：$\dfrac{A^2}{2}J_0^2(4) = 10^4 \times (-0.3972)^2 = 1578\text{W}$

（2）所有边频分量功率和：$10000 - 1578 = 8422\text{W}$

（3）调频信号：$S_{\text{FM}}(t) = 100\sqrt{2}\cos[2\pi \times 10 \times 10^6 t + 4\sin 2\pi f_m t]$

2.59. $\beta_{\text{FM}} = \dfrac{\Delta f_{max}}{f_m} = 10$；$\quad m_a = \dfrac{A_m}{A} = 2J_1(10) = 0.086$

习 题 3

一、填空题（略）

二、单选题

3.17. D；　3.18. C；　3.19. B/F；　3.20. C；　3.21. B/C；　3.22. D；　3.23. A/F；　3.24. C

三、多选题

3.25. ABC；　3.26. BCEFGH；　3.27. BCD；　3.28. ACD；　3.29. BCD/C；　3.30. ABD；

3.31. ABCD

四、判断题

3.32. √；　3.33. ×；　3.34. ×；　3.35. ×；　3.36. √；　3.37. √；　3.38. ×；

3.39. ×；　3.40. √；　3.41. ×；　3.42. √；　3.43. ×；　3.44. ×；　3.45. √

五、分析与计算题

3.47. AMI 码：$+ 10 - 100000 + 1 - 10000 + 1 - 1$

HDB$_3$码：$+ 10 - 1000 - \text{V}0 + 1 - 1 + \text{B}00 + \text{V} - 1 + 1$

3.50. $F(\omega) = \pi[\delta(\omega + 2\pi) + \delta(\omega - 2\pi)] + 2\pi[\delta(\omega + 4\pi) + \delta(\omega - 4\pi)]$，抽样间隔 $\leqslant 0.25\text{s}$。

3.51. $n = 6$；$\Delta_K = \dfrac{2A}{41}$

3.52. （1）当 $R_B = \dfrac{\omega_0}{\pi}$ 时，系统能实现无码间干扰传输

（2）最大码元传输速率 $R_B = \dfrac{\omega_0}{\pi}$，带宽 $B = (2-\alpha)\omega_0$，频带利用率 $\eta = \dfrac{2}{2-\alpha}$

习　题　4

一、填空题（略）

二、单选题

4.14. B；　4.15. D；　4.16. C；　4.17. B，C；　4.18. B，D；　4.19. B，C，B；　4.20. D

三、多选题

4.21. AB；　　4.22. ABC；　　4.23. ABCD；　　4.24. AC；　　4.25. AB

四、判断题

4.26. √；　4.27. √；　4.28. ×；　4.29. √；　4.30. √；　4.31. ×；　4.32. ×；　4.33. √

五、计算、作图与分析题

4.34

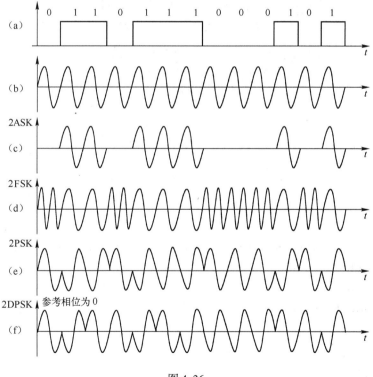

图 4.36

4.35 （1）略；　（2）4MHz

4.37

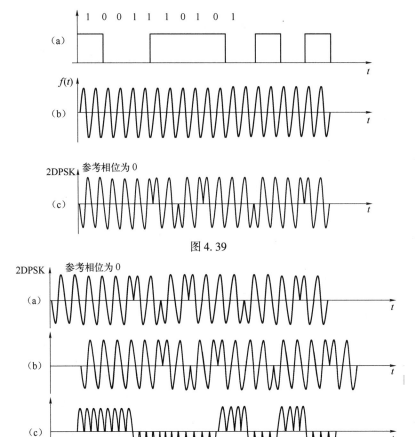

图 4.39

图 4.41

4.39 八进制时：$B = 400\text{Hz}$，$R_b = 600\text{b/s}$；二进制时：$B = 400\text{Hz}$，$R_b = 200\text{b/s}$

4.40 $B = 3200\text{Hz}$，$R_b = 1600\text{b/s}$

4.41 $B = 4200\text{Hz}$

4.42 $B = 400\text{Hz}$，$R_b = 600\text{b/s}$

习　题　5

一、填空题（略）

二、单选题

5.14. B；　　5.15. D；　　5.16. B；　　5.17. A；　　5.18. D；　　5.19. B；　　5.20. D；

5.21. A；　　5.22. A；　　5.23. B；　　5.24. B；　　5.25. D；　　5.26. B

三、多选题

5.27. ABCD； 5.28. ABCD； 5.29. ACD； 5.30. ABCD； 5.31. AC； 5.32. ABCD；

5.33. AD； 5.34. ABD

四、判断题

5.35. ×； 5.36. √； 5.37. ×； 5.38. √； 5.39. ×； 5.40. √； 5.41. ×；

5.42. √； 5.43. √； 5.44. √； 5.45. √

五、分析与计算题

5.46. （1）最小带宽 $4 \times 8K/2 = 16Kbit/s$；

（2）最小带宽 $7 \times 8K/2 = 28Kbit/s$

5.48. （1）$n * 4K$；（2）$n * 8K$；（3）$n * 8K$

5.49. 192kHz

5.50. （1）20kHz；（2）10KHz；（3）不能

5.51. 24 路：$R_b = 8 \times (24 \times 8 + 1) = 1544Kb/s = 1.544Mb/s$，$B = R_b/2 = 772kHz$

32 路：$R_b = 8 \times (32 \times 8) = 2048Kb/s = 2.048Mb/s$，$B = R_b/2 = 1024kHz$

5.52. 2000

习 题 6

一、填空题（略）

二、单选题

6.16. D； 6.17. B/A； 6.18. C； 6.19. B； 6.20. A/C； 6.21. B； 6.22. C/F； 6.23. B

三、多选题

6.24. CD； 6.25. AC； 6.26. ABCD； 6.27. ABC/GH； 6.28. CD； 6.29. BC； 6.30. ABD

四、判断题

6.31. ×； 6.32. √； 6.33. √； 6.34. ×； 6.35. ×； 6.36. √； 6.37. ×；

6.38. √； 6.39. ×； 6.40. √

五、分析与计算题

6.41. $I_1 = 1$（bit）；$I_m = 2$（bit）；$I_n = 2$（bit）；平均信息量 $I = 2$（bit）

6.42. 平均信息量 $I = 1.76$（bit）；信息速率 $R = 17600$（bit/s）

6.43. $H(x/y) = 0.47bit/符号$；$H(x) = 0.81bit/符号$；$H(y) = 0.65bit/符号$

6.44. $C = 560$（bit/s）

6.45. 信道容量 $C = 79720$（bit/s），接收端最小信噪比 42dB

6.46. 22 幅

6.49. （1）$n = 7$，$k = 4$，$\eta = 56\%$；（2）1001111；

（3）1111001 不符，应为 1111011；0101011 不符，应为：0101001

6.51. （1）3 个循环圈：①：0000000；②：1111111；

③ ►0011101→0111010→1110100→1101001→1010011→0100111→1001110┐

（2）$g(x) = x^3 + x + 1$

习 题 7

一、填空题（略）

二、单选题

7.9. B；   7.10. A

三、多选题

7.11. ABCD；   7.12. ACD；   7.13. BC；   7.14. ABCD

四、判断题

7.15. ×；   7.16. √；   7.17. ×；   7.18. ×；   7.19. ×；   7.20. √

五、思考、问答与画图题（略）

习 题 8

一、填空题（略）

二、多选题

8.14. ABCD   8.15. AD   8.16. BC   8.17. AC   8.18. CK/F/CK   8.19. CD/AB
8.20. B/FH；   8.21. A/D   8.22. BCD   8.23. ABCD   8.24. B   8.25. D
8.26. A/C   8.27. B/D   8.28. ABD

三、判断题

8.29. √；   8.30. ×；   8.31. ×；   8.32. ×；   8.33. √；   8.34. √；   8.35. ×；
8.36. √；   8.37. √；   8.38. ×

四、分析与计算题

8.41.

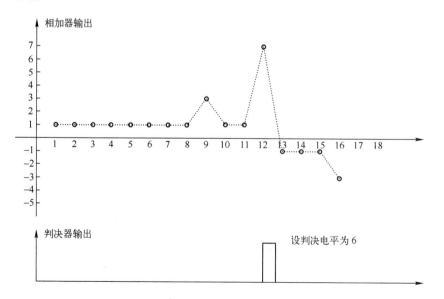

8.46.

(1) 5 位巴克码局部自相关函数曲线：

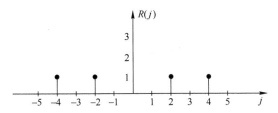

(2) 5 位巴克码全 1 时，相加器输出 3；

(3) 7 位巴克码识别器原理框图：

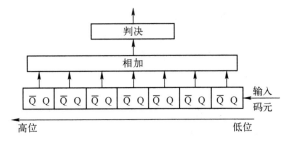

参 考 文 献

[1] 曹志刚等. 现代通信原理. 北京: 清华大学出版社, 1992.

[2] 程韬, 蒋磊. 现代通信原理与技术概论. 北京: 清华大学出版社, 北京交通大学出版社, 2002.

[3] 张辉, 曹丽娜. 现代通信原理与技术. 西安: 西安电子科技大学出版社, 2002.

[4] 沈保锁, 侯春萍. 现代通信原理题解指南. 北京: 国防工业出版社, 2005.

[5] 吴伟陵, 牛凯. 移动通信原理. 北京: 电子工业出版社, 2005.

[6] 王月清. 宽带 CDMA 移动通信原理. 北京: 电子工业出版社, 2001.

[7] [美] Vijay K. Garg. 于鹏, 白春霞, 刘睿等译. 第三代移动通信原理与工程设计 IS – 95 CDMA 和 cdma 2000. 北京: 电子工业出版社, 2001.

[8] Admin. 数字电视系统原理. 2005, http://www.zddz.com.cn/bencandy – 28. html

[9] 王献飞, 苏凯雄. 数字电视的条件接收系统原理与应用. 慧聪网. 2006.01.

[10] 西风. 2005 数字电视行业研究报告. 2005.02, http://article.pchome.net/00/03/59/36/.

[11] [美] Jerry Whitaker. 邱绪环, 乐匋, 徐孟侠, 张风超译. 数字技术: 数字电视原理与应用. 北京: 电子工业出版社, 2000.